공정계획 및 자동화

| 김인호 저 |

홍릉과학출판사

본 과제(결과물)는 교육과학기술부· 지식경제부의 출연금으로 수행한 산학협력중심대학육성 사업의 연구결과입니다.

This work is financially supported by the Ministry of Education, Science and Technology(MEST), the Ministry of Knowledge Economy(MKE) through the fostering project of HUNIC

머 리 말

세계화의 거센 물결과 경제적 풍랑 가운데서도 우리나라는 비교적 눈앞의 여러 난관들을 잘 헤쳐 나가고 있다. 특히 기계, 자동차, 조선 등의 제조업에서는 컴퓨터를 이용한 기술을 적극 활용하여 후발국의 추격을 뿌리치고 선진국을 향한 발걸음을 힘차게 뻗어가고 있다. 그리고 제조분야에서 컴퓨터를 이용한 기술이 일찍부터 도입되어 자동화에 가일층 속도를 내고 있는 실정이다. 그 중에서도 설계 및 제조의 자동화 영역인 컴퓨터 이용 설계(CAD)와 컴퓨터 이용 제조(CAM)는 컴퓨터 기술의 발달과 함께 각각 독립적으로 자동화 수준이 상당히 높은 단계에 이르렀다. 기업의 입장에서는 독립적인 자동화를 이룩한 CAD, CAM을 통합하여 전사적인 자동화에 한걸음 더 다가가고, 보다 업무효율을 높이며 생산성 향상을 이루기 위해 달려가고 있다.

공정계획은 설계와 제조를 연결하는 교량역할을 하는 분야이다. 제품을 만들기 위해서는 그 제품을 설계한 도면대로 제작을 해야 하는 데, 설계된 도면을 제작하는 방법(공정)에 대한 계획을 수립하는 것이 공정계획이며, 이 분야에 컴퓨터를 이용한 것이 자동공정계획(Computer Aided Process Planning : CAPP)인 것이다. 공정계획 분야에서는 지난 수 십년 동안 많은 혁신적인 연구들이 컴퓨터를 도입하여 진행되어왔으며, 전사적인 자동화를 위해 반드시 자동화가 되어야 할 분야이다.

이 책은 공정계획 및 자동화에 대한 내용을 담고 있다. 본인이 연구하고 강의한 내용을 중심으로 구성한 이 책을 살펴보면, 1장은 공정계획의 정의와 역할에 대한 내용을 담고 있으며, 2장에서는 공정계획을 수립하기 위해서 필요한 입력정보인 설계도면이 담고 있는 내용을 분석적으로 설명하고 있다. 3장부터 6장까지는 공정계획의 중요한 평가기준이 되는 공차표 및 표 작성에 필요한 공차 재계산법, 그리고 공정계획에서 직접적으로 수행해야 할 구체적인 기술들을 구분하여 체계적으로 설명하였다. 7장은 자동공정계획을 위해 선행되어야 할 그룹테크놀로지 및 자동화 기술에 대하여 설명하였고, 8장은 공정계획에 도입된 컴퓨터의 활용 정도에 따라 분류되는 자동공정계획에서의 변성형 공정계획, 창성형 공정계획 및 자동형 공정계획을 비교적 상세히 서술하였다. 이어서 마지막 9장은 기존의 개발된 자동공정계획시스템을 소개하고, 제조를 고려한 설계(Design For Manufacture)와 공정계획의 밀접한 관계를 설명하였으며, 특히 Boothroyd-Dewhurst사에서 개발한 절삭가공용 프로그램을 공정계획의 관점에서 소개하였다.

책의 내용을 여러 번 검토하였으나, 오자나 탈자가 있음은 불문가지일 것이다. 책의 오자나 탈자에 대한 책임은 전적으로 본인에게 있음을 밝히며, 연락을 주시면 언제든지 접수하고 올바르게 수정하여 더욱 좋은 책이 되도록 노력할 것이다. 끝으로 이 책이 나오기까지 편집을 마무리해 주신 홍릉과학출판사의 편집 담당자 분들께 감사를 드린다.

2011년 여름, 동명의 숲에서
김 인 호

차 례

part 1

공정계획의 개요

1.1 공정계획

1.2 공정계획의 역할

1.3 제품설계

일반적인 기계가공 분야에서 설계자가 제조영역에 가능한 한 보다 많은 관심을 가져야 한다는 것은 지난 수 년 동안 전문가들 사이에서 언급되어 온 사실이다. 일찍부터 설계공학자는 기계설계와 직접적으로 관계하는 업무 외에 공장(Shop)에서 행해지는 제조와 관계하는 일들을 익힐 필요가 있다고 판단하였다. 이러한 생각은 경쟁력이 있는 설계자는 불필요한 추가비용이 발생하는 것을 방지하기 위하여 제조공정을 잘 알아야 한다는 의미를 내포하고 있다.

설계란 용어는 그 용어가 사용되는 각 분야마다 여러 가지 다양한 의미로 해석되고 있다. 설계의 여러 가지 의미 중 하나는 자동차의 외양이나 병따개 케이스의 색깔, 또는 핸드폰의 모양과 같은 제품의 외부 모양을 나타내는 미적 설계를 의미한다. 사실 일부 대학의 교과과정에서는 이런 의미의 설계를 '제품설계' 교과목에서 취급하고 있다. 다른 한편으로, 설계는 하나의 정의된 시스템을 구성하는 기본 매개변수들을 결정하는 것이 될 수도 있다. 예를 들면, 발전소와 같은 동력장치의 설계는 세부적인 것들을 고려하기 전에, 발전기, 펌프, 보일러, 연결파이프 등과 같은 여러 단위부품이 갖는 특성을 결정하는 것을 의미한다. 설계의 또 다른 해석은 한 제품을 구성하는 개별 부품의 재료, 치수 및 공차 등에 대하여 상세하게 결정하는 것을 의미할 수도 있는데, 이것 또한 제품설계의 범위이다.

설계의 과정을 보면, 하나의 아이디어는 부품과 조립품의 스케치를 통해 가시적으로 출발하여 조립도나 상세부품도를 작성하는 제도판이나 CAD워크스테이션에서 작업하는 것으로 발전한다. 다음으로 이 도면은 최종 제품의 생산에 필요한 제조공정을 최적화하는 것이 주된 임무인 제조공학자나 조립공학자에게 보내진다. 종종 이 단계에서 제조문제나 조립문제가 발생하여 설계변경을 요구하기도 하며, 때로는 이러한 설계변경을 너무 많이 요청해서 최종제품의 완성까지는 상당한 시간지연을 야기하기도 한다. 게다가, 제품설계 단계를 지나 제품수명개발주기의 정해진 기간 내에서의 변경요청이 늦게 발생하면 할수록 제품생산에는 더 많은 비용이 발생한다. 그러므로 제품설계를 할 때 제조 및 조립을 고려하는 것이 필요하며 이러한 고려사항을 가능한 한 설계의 초기단계에서 확인하는 것이 중요하다.

설계자들이 과거부터 갖고 있는 전통적인 태도는 '우리가 설계실에서 원하는 부품을 설계한다. 너희는 그것을 우리가 설계한 대로 만들기만 해라'는 것이었다. 오늘날 이러한 태도는 설계자가 큰 벽의 한 부분에 혼자서 설계하며, 설계의 결과를 벽 너머의 제조공학자에게로 던지는 것, 즉 '벽을 넘어서야 하는 방법으로 인식되어왔다. 이때 제조공학자는 설계단계에서 관여하지 않았으므로, 설계실에서 설계한 대로 제조할 때 발생하는 다양한 문제들을 해결해야 한다. 공정계획의 수립은 바로 이러한 설계와 제조 사이의 정보차단으로 인해 발생하는 문제를 해결하기 위한 방법인 것이다. 공정계획자는 제품설계자들이 설계한 도면을 연구하여, 그들을 주어진 목적에 따라 공작기계의 보유, 제조의 난이성, 납기, 비용, 경제성 등의 관점에서 최적의 제조공정들과 제작기계 및 작업들과 관련한 작업조건들을 설계하는 공학자이며, 본 교재는 이러한 분야의 내용을 체계적으로 기술하고자 한다.

1.1 공정계획

공정계획은 제품설계를 완료한 다음에 부품설계도면의 정보를 이용하여 생산현장에서 소재를 계획된 부품 또는 제품으로 가공하기 위해 상세한 작업지시를 하는 활동으로써, 소재의 변환과정 즉 여러 종류의 작업을 다단계 작업장에서 수행하는 생산공정에 관한 계획이다. 공정계획은 제품설계와 생산을 연결하는 교량역할을 수행하므로, 공정계획을 수행하기 위해서는 제품설계의 결과로 주어지는 도면정보와 함께 제조를 위해 필요한 장비와 공구 등의 제조정보를 알아야 한다.

공정계획자에게 제품설계의 결과로 제공되는 도면에는 부품이름, 부품번호, 부품의 재료, 도면번호, 작성자, 작성일자, 승인자 등의 일반적인 사항과 치수, 공차, 표면다듬질정도 등의 가공기술적인 정보가 기입되어 있다. 제조정보는 생산현장에서의 제작을 위한 제조장비, 절삭공구 및 치공구 등에 관한 정보로써, 공정의 범위를 결정하고 원자재로부터 부품을 제조할 때의 제조공정 선정 및 작업 선정, 그리고 생산가격의 결정에 영향을 주는 정보이다.

공정계획은 현재 생산되는 제품과 미래에 생산될 제품을 제작하는 데 있어서 가장 효율적인 공정들을 선택하여 사용하도록 계획하며, 따라서 공정의 선정 및 선택된 공정들 상호간의 순서결정, 제작할 때 사용할 기계의 선정, 선정된 기계에서 사용되는 지그 및 고정구와 제작공구의 선정, 작업 조건의 결정, 작업에 필요한 매개변수들에 대한 값을 적절하게 결정한다. 이러한 공정계획의 업무를 넓은 의미에서 분류해 보면, 공정설계(Process design)와 작업설계(Operation design)의 2단계로 분류할 수 있다. 공정설계는 원소재로부터 부품으로 변환할 때 필요한 전반적인 제조공정들 사이의 의사결정을 수행하는 것으로 거시적 관점의 공정계획이고, 작업설계는 각 공정에서 수행이 가능한 구체적이고도 세부적인 작업들에 관한 의사결정을 설계하는 것으로 미시적 관점의 공정계획을 말한다[1].

공정계획자는 설계된 부품을 실제로 가공하기 위한 최적의 방법을 알기 위해서 다양한 제조방법들을 알고 있어야 한다. 또한 새롭게 개발된 재료에 대한 최신 제조방법들을 알아야 설계도면의 부품을 가공하는 경제적이고도 효율적인 최적의 방법을 선택하여 적용할 수 있다. 일반적으로 제조방법은 매우 다양하고 방대하며 끊임없이 새로운 소재와 가공방법들이 개발되고 있으므로, 본 교재에서는 금속 소재의 하드웨어를 대상으로 설계도에 있는 형상의 부품을 일반 기계가공으로 만드는 제조방법들을 고려하여 공정계획을 기술한다.

일반 기계가공에서 취급하는 제조방법은 주조, 성형, 절삭, 조립 공정으로 구분할 수 있다. 주조 공정은 원재료를 용해하여 용융된 금속을 모형과 주물사 또는 금속으로 만든 주형에 주입하여 주조한 후에 형 해체를 통해 고형화된 형상을 주형에서 끄집어내어 원하는 형상을 만드는 방법이고, 성형 공정은 고체 상태의 재료에 부피의 변화가 없을 정도로 압축 또는 인장의 큰 힘을 가함으로써 재료를 원하는 형상으로 만드는 방법이다. 절삭 공정은 경도가 있는 고체 상태의 원재료에 절삭공구를 이용하여 원재료의 일부를 절삭하여 작은 칩으로 배출하고 형상을 만드는 방법이다. 조립공정은 제품을 만들기 위해 절삭, 성형, 주조 등의 방법으로 가공한 두 개 이상의 부품들을 결합하는 방법으로 볼트, 너트, 리벳 등을 이용하거나, 용접을 이용한 방법이 있다. 이들 공정 외에 원하는 제품의 최종 품질을 얻기 위해서는 표면을 다듬질해야 할 경우가 많이 발생하므로 다듬질공정을 추가하여 분류하기도 한다. 대부분의 제품은 이러한 다섯 가지의 공정 중 두 개 이상의 공정을 통해 제작된다. 따라서 공정계획자가 공정계획을 수립하기 위해서는 다섯 가지의 제작 공정에 대한 기본적인 지식을 갖추고 있어야 한다.

1.2 공정계획의 역할

한 제품의 탄생은 소비자의 요구나 경영진의 판단을 반영한 제품기획단계에서부터 시작하여 연구개발, 설계, 관리 및 제작의 여러 과정을 거쳐서 시장에 출하되어 소비자에게 전달된다. 공정계획은 이러한 여러 단계 중 그림 1.1과 같이 제품설계와 생산을 잇는 교량역할을 수행하는 위치에 있다.

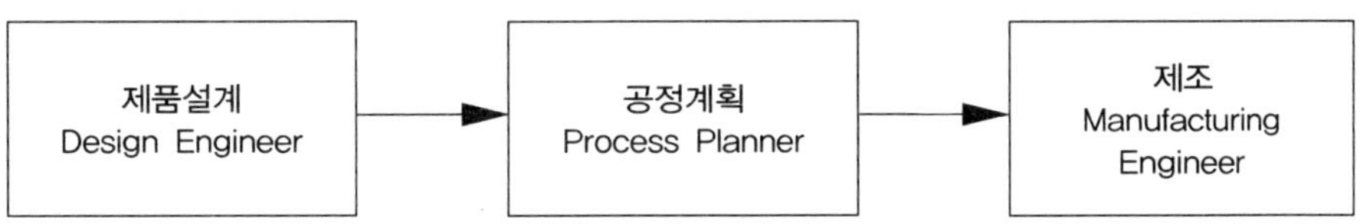

[그림 1.1] 공정계획의 위치

링크 역할을 수행하는 공정계획자는 설계뿐만 아니라 제조정보를 많이 알고 있어야 한다. 따라서 생산을 수행하는 공작기계를 알아야 하고 이는 기름 냄새나고 때로는 가공할 때의 위험에 노출된 곳에서 작업해야 됨을 의미한다. 그런데 오늘날 생산현장을 살펴보면 제조선진국의 산업에 종사하는 많은 사람들은 이러한 기름 냄새나고 위험해 보이는 공장이나 제조현장에서 근무하기 보다는, 무역, 통신, 금융 및 개인서비스업 등의 3차 산업에 종사하기를 희망한다. 따라서 제조 현장에는 신입사원들이 거의 없으며, 반면에 수년 또는 수십 년 동안 제조 현장에서 근무해 온 많은 고급 제조기술자들은 고령화되어가고 있다. 이들은 나이가 들어감에 따라 퇴직함으로써 그들이 수십 년 동안 걸쳐 제조현장에서 익혀 온 고급 제조기술들 또한 그들의 퇴

직과 함께 제조현장에서 사라질 위기에 빠졌으며, 따라서 제조선진국들은 제조업의 위기를 인식하게 되었다. 또한, 기술을 배우기 원하는 자가 출현했을지라도 고급 제조기술자의 자격을 갖추기 까지는 많은 세월이 흘러서 기술이 숙련되어야 하므로 그 사이에 고급 제조기술을 사용할 수 있는 터전을 마련할 필요성이 대두되었다. 따라서 이러한 필요성을 만족시킬 수 있는 방법 중의 하나로써, 고급기술자들이 갖고 있는 전문제조기술들을 컴퓨터에 저장해 놓고 필요한 때에 저장된 기술들을 불러서 고급 제조기술자가 하는 것처럼 활용하고자 하였으며, 이렇게 공정계획에서의 자동화(Computer Aided Process Planning : CAPP)가 시작되었다.

컴퓨터통합생산시스템(Computer Integrated Manufacturing System : CIMS)은 컴퓨터이용설계(Computer Aided Design : CAD), 컴퓨터이용제조(Computer Aided Manufacturing : CAM) 및 컴퓨터이용관리(Computer Aided Planning : CAP)시스템이 통합화된 시스템이다. 컴퓨터를 이용한 설계는 설계의 자동화 영역으로써, 제품설계, 설비배치계획 및 공정계획의 자동화를 수행하며, 이들은 상호간에 기술정보를 주고받음으로써 컴퓨터를 이용한 설계를 수행한다. 컴퓨터를 이용한 제조는 제조의 자동화 영역으로써, 원자재준비, 소재가공, 가공물의 이동 및 저장에 관한 자동화를 수행하는데, 원자재가 입고되면 주어진 기술정보에 따라 재료가 가공되면서 중간부품으로 제작되어 이동하며 최종 부품으로 가공되어 제품 창고에 저장되는, 자재정보의 흐름을 수행하는 영역이다. 그리고 컴퓨터를 이용한 관리는 관리 분야의 자동화 영역인데, 생산계획, 일정계획, 생산관리 등의 자동화를 수행하며, 이들 사이에 필요한 관리정보들을 컴퓨터를 통해 주고받으면서 장단기계획에 따른 생산흐름을 파악하고 최적 관리를 수행한다. 그림 1.2는 설계, 제조 및 관리부서 상호간의 정보 흐름을 보여준다[1].

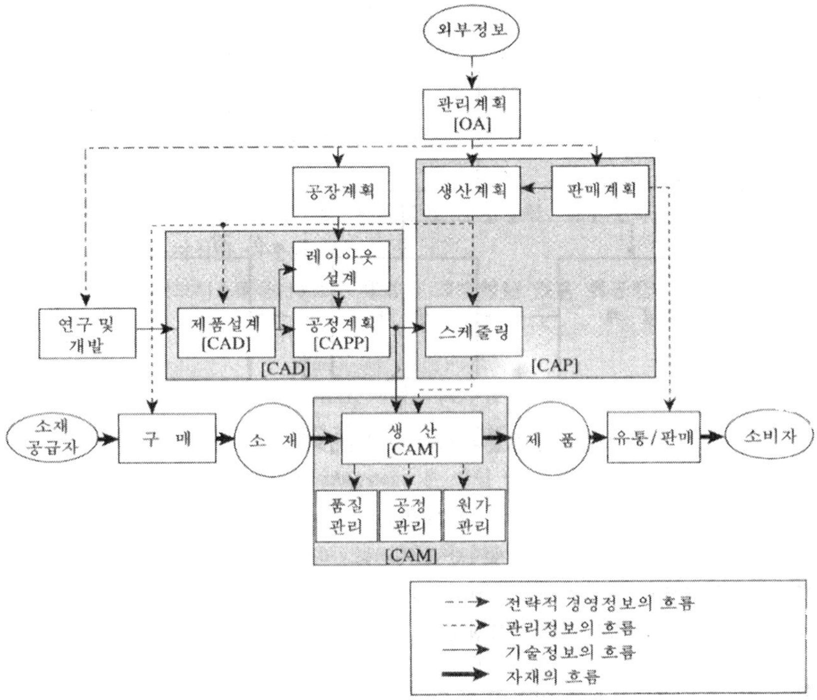

[그림 1.2] 컴퓨터통합생산시스템 [1]

공정계획의 자동화(CAPP)는 공정계획 전문가가 수행하는 활동들을 컴퓨터를 이용하여 수행하도록 하는 분야로써, 전문 공정계획자가 수행하는 도면정보의 인식으로부터 시작하여 공정계획에 필요한 정보의 획득과 공정계획의 고유업무 및 문서작성으로 서류화하여 제조기술자에게 전달하는 공정지시서(작업지시서)를 작성하는 활동들을 컴퓨터를 이용하여 수행하는 것이다. 따라서 CAPP에서 수행되는 활동들은 다음과 같다.

- 부품의 이해 : 도면정보들의 해석을 통해 얻을 수 있는 정보로써, 특징형상인식, 치수 및 공차정보 인식, 일반정보 인식, 제작가능성 확인
- 공정선정 및 순서결정 : 거시적 의미의 제조공정선정 및 공정들 상호간의 제조 특성에 따라 결정되는 명백한 순서 결정
- 가공기계선정 : 선정된 공정을 수행할 최적의 가공기계 선정
- 작업준비계획 : 선정된 기계에서의 작업 선정, 작업수행을 위한 지그 및 고정구의 설계 및 결정
- 작업계획 : 작업들 상호간의 가공순서결정, 절삭공구선정, 절삭매개변수 결정, 작업조건 결정 및 기계프로그램 작성
- 평가 및 서류화 : 공학 및 가공시뮬레이션, 경제성평가, 일반적인 문서화작업, 공정지시서 또는 작업지시서 작성

다음 그림 1.3은 공정계획의 순서에 따라 수행할 수 있는 한 부품을 구성한 형상중심의 예제 그림이다. 그림 1.3에서 보듯이 부품을 가공하기 위해서는 선반, 드릴링머신 및 밀링머신의 세 종류 기계가 필요하다. 기계에서 수행되는 선삭작업, 드릴링작업과 밀링작업은 형상만 가공하는 경우에는 가공의 우선순위에 영향을 주는 것이 없다. 따라서 공정계획자는 공정순서를 임의로 결정할 수 있다. 이런 부품이 설계도면 상에서 그려지고, 도면 내의 치수, 공차, 표면다듬질정도, 다른 조립 부품과의 관계 등의 정보가 제공되면 공정순서 및 작업설계를 계획해야 한다.

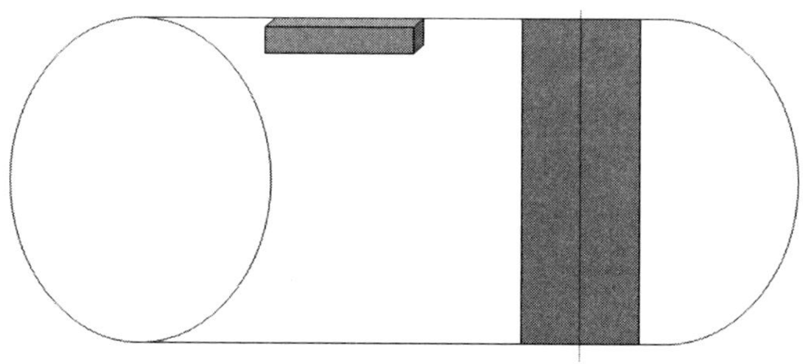

[그림 1.3] 형상중심의 예제부품

1.3 제품설계

하나의 제품이 탄생하는 것은 앞 절에서 언급하였듯이 주로 소비자 요구사항을 조사하거나, 회사 경영진이나 담당부서에서의 미래에 대한 소비패턴의 선행예측으로부터 시작된다. 생산되는 제품은 완전히 새로운 기능을 갖는 제품이거나, 과거에 출품되었던 제품의 기능 향상 내지는 현재 사용하는 제품에 새로운 기능을 추가한 형태의 제품이다. 하나의 제품은 개념설계, 기능설계, 상세설계를 수행한 후에 시작품을 제작하고 기능을 시험, 점검함으로써 평가하며, 제기된 모든 문제점을 해결하고, 생산설계를 하여 제작함으로써 제품이 완성된다. 이러한 제품개발의 체계적인 절차를 흐름도로 표현하면 그림 1.4와 같다.

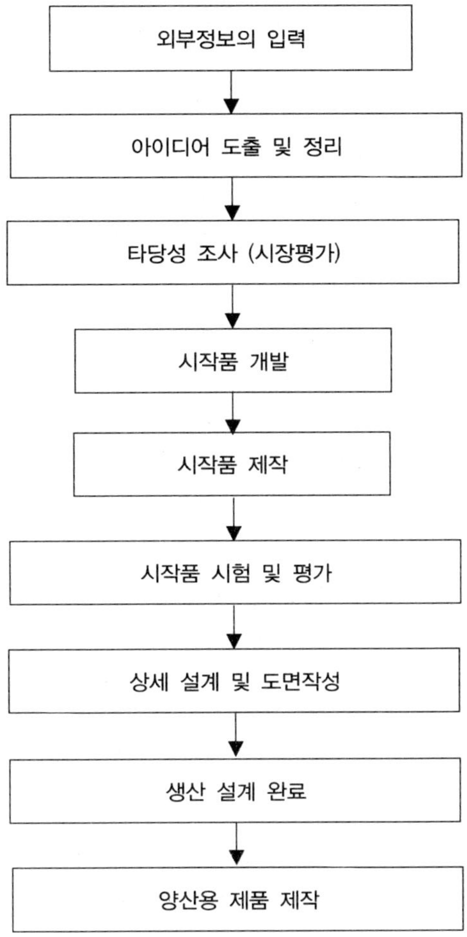

[그림 1.4] 제품개발의 체계적 절차

제품설계자는 제품의 기능, 외관 및 원가에 대한 책임이 있다. 왜냐하면 제품설계자가 설계할 때 이러한 특성에 영향을 주는 요소들을 결정하기 때문이다. 일반적으로 제품비용의 70% 이상이 제품을 설계할 때 결정되므로 제품설계자가 제품가격에 절대적인 영향을 미친다고도 볼 수 있다.

제품설계에서 세부적으로 고려해야 할 사항은

01 기능적 설계
02 외형미 설계
03 인간공학적 설계
04 품질과 신뢰성을 고려한 설계
05 경제성 고려한 설계
06 보수유지와 조립용이성을 위한 설계

제품설계의 가장 첫 번째 고려사항인 기능을 살펴보면, 신제품의 개발이나 기존 제품 개선의 중요한 목적은 기존 제품보다 우수한 성능을 가진 제품을 고객에게 제공하여 고객의 기능적 필요 욕구를 만족시켜 주어야 한다는 것이다. 초기의 기능적 설계는 순수한 기능의 제공에 초점을 두며, 제조 용이성이나 보수유지의 용이성을 고려하지 않고 제품의 외양이나 인간공학적 요소 또한 고려하지 않으며, 경제적인 부분도 고려하지 않는 경우가 많다. 제작이 불가능한 설계는 아무 의미가 없는 것처럼 제 기능을 발휘하지 못하는 설계는 고객을 만족시키지 못하기 때문에 의미가 없으며 시장에서 도태되기 때문이다. 제품은 원래의 설계 도면에 나타난 설계의 목적을 만족시켜야 한다. 잘못된 공정에 의해서 야기되는 문제와 불필요한 공정이 추가되거나 기준과는 다르게 주어진 치수 및 공차는 제작과정에서 불량을 양산할 뿐만 아니라 불량한 제품이나 불필요한 공정이 사용되어 고객에게 값비싼 제품을 사게 할 수도 있기 때문에, 공정계획자는 이런 의미에서 정확한 기능을 발휘하도록 제조공정에 관한 계획을 수립하여야 한다.

다음의 고려사항인 외형미를 살펴보면, 제품의 외양이 제품의 기능, 가격 및 판매에 영향을 미치는 관계를 알아야 한다. 일반적으로 고객이 선호하는 외부 형상을 갖는 제품은 그렇지 않은 것보다 가격이 약간 비쌀지라도 판매가 잘 된다. 제품설계에서 외관을 염두에 둘 때 고려해야 할 세부 요소들은 모양의 단순화 정도를 나타내는 단일성과 대칭의 정도를 나타내는 균형, 그리고 색상의 표현정도를 드러내는 표면처리 등이 있다.

다음은 제품의 경제성이다. 제품설계자는 판매비용에 관심을 가져야 한다. 판매비용은 생산설계와 밀접한 관계가 있다. 제품비용의 구조는 그림 1.5와 같다.

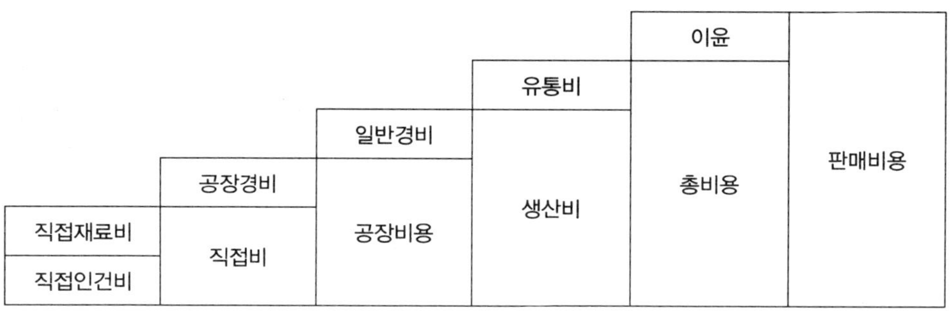

[그림 1.5] 판매비의 구성

일반적으로 공학자는 각자의 관점에서 관심을 갖는 영역이 다르다. 예를 들면, 제품설계자는 주로 제품의 기능과 외관에 관심을 가지는 반면에 공정계획자는 제품제작의 용이성과 경제성에 주로 관심을 가진다. 설계할 때 제작을 고려한 동시공학적 설계(Design For Manufacture)를 하지 않으면, 설계 후에 이들이 상충하는 경우에는 재설계를 하는 등으로 인해 많은 제작기간이 소요되고 이는 비용증가의 원인이 되며 또 적기에 출하되지 않아 원활한 판매가 이루어지지 않는 등의 어려움이 발생하게 된다. 따라서 제품설계 시에는 제작가능성, 제작용이성 및 제작공정의 경제성을 함께 고려해야 한다. 예를 들어 그림 1.6의 드릴링 작업을 필요로 하는 간이 설계도면을 살펴보자. 제품설계자는 단순하게 기능을 만족시키는 구멍을 요구하지만 공정계획자는 제작의 용이성을 고려해야 한다. 그림 1.6에서와 같이 드릴이 공작물에 접근하여 가공할 때 (a)의 경우는 드릴공구의 날 끝이 경사면을 향하므로 옆으로 밀리게 되고 드릴부시도 과도한 마멸이 발생하여 불균일한 절삭이 되며 심하면 드릴 공구가 파손될 수도 있다. 이럴 때 제작용이성을 고려하여 설계를 (b)와 같이 구멍을 가공할 부분을 수평으로 설계해도 기능면에서 문제가 없다면 드릴공구의 끝이 직각으로 표면에 접근하여 구멍을 뚫도록 설계해야 한다. 이렇게 해야 제작의 어려움을 해결하고 파손의 염려도 없게 된다. 이와 같이 제품설계자는 설계할 때 제작가능성과 제작용이성 및 제작경제성을 동시에 고려해야 한다.

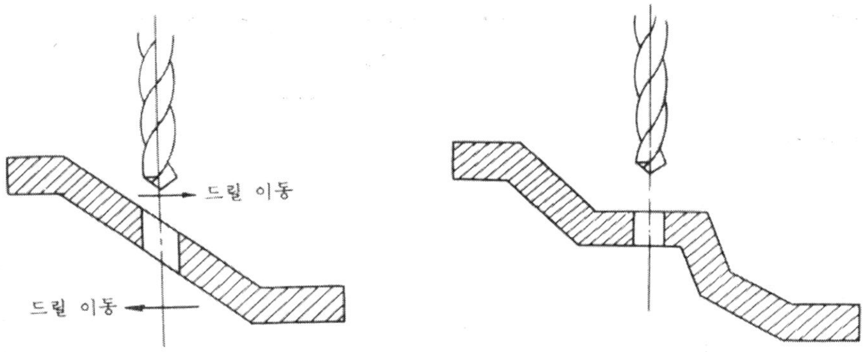

(a) 제작 불고려한 설계 (b) 제작 고려한 설계

[그림 1.6] 설계도와 드릴링 작업

그림 1.7은 구멍 길이와 직경의 비가 드릴링비용에 미치는 영향을 보여준다. 길이 대 직경의 비가 3배가 되기 까지는 드릴링비용이 정비례하나 그 이상에서는 지수함수적으로 급격히 증가함을 알 수 있다.

제품설계자가 설계를 완료한 다음, 설계도면이 필요한 부서로 전달되며 공정계획자는 제조공정을 계획한다. 이 때 공정계획자에게 제공해야 할 정보는 제품도 및 부품도의 일반설계정보로서는 년간 생산량, 반제품 및 완제품의 수량, 공정·공구 및 모든 계획의 시작일자, 제품명, 부품명, 부품번호, 사용재료의 정보 등이 제공되어야 하고, 또한 변경된 정보로써 최초로 배포된 설계 도면의 배포 후 변경되었을 때의 변경된 모든 정보를 제공해야 한다.

공정계획자는 이러한 제품설계정보를 이용하여 최적의 공정계획을 수립하며, 제조공학자는 이들을 이용하여 생산함으로써 제품을 완성하게 된다.

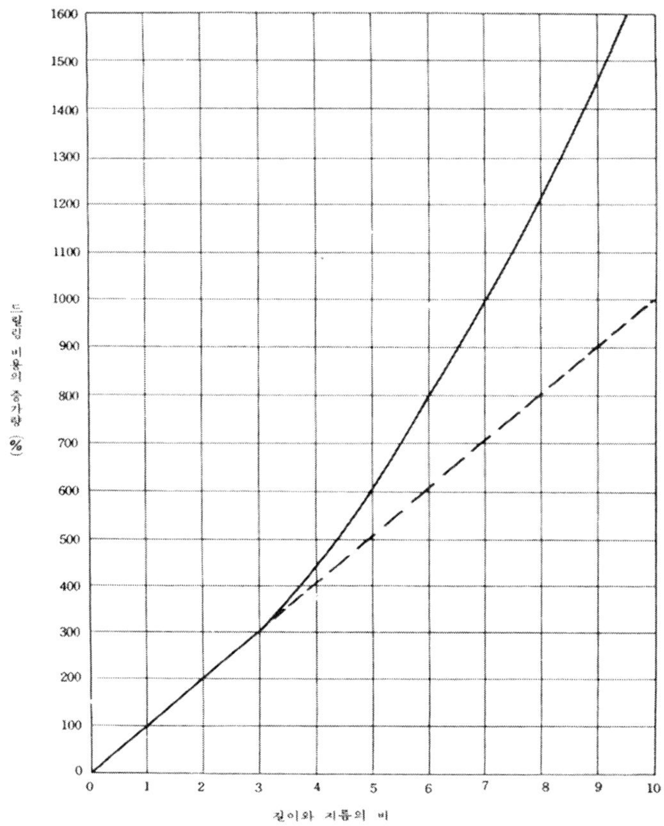

[그림 1.7] 구멍길이와 지름의 비 및 비용의 관계 그래프

복습문제

1. 공정계획을 정의하라.
2. 공정이란 무엇인가?
3. 설계란 무엇인가?
4. 공정계획에서 수행하는 기능은 어떤 종류가 있는가?
5. 제조공정들을 분류하고 세부공정들을 열거하라.
6. 제품설계를 정의하고 제품설계시 고려할 요소들은 무엇인가?
7. 자동공정계획과 컴퓨터통합생산의 관계를 기술하라.

part 2

공정계획의 입력정보

공정계획을 실행하기 위해서는 실행에 필요한 기본정보들을 알아야 한다. 그림 2.1과 같은 공정계획 시스템을 구성한 기능들의 입력, 제약조건, 출력에 관한 흐름도를 살펴보면 공정계획에 필요한 기본정보들을 알 수 있다. 입력되는 정보는 설계의 결과로 제공되는 도면정보에서의 가공기술적인 정보와, 관리 및 서류화와 관계되는 정보로 구분할 수 있다.

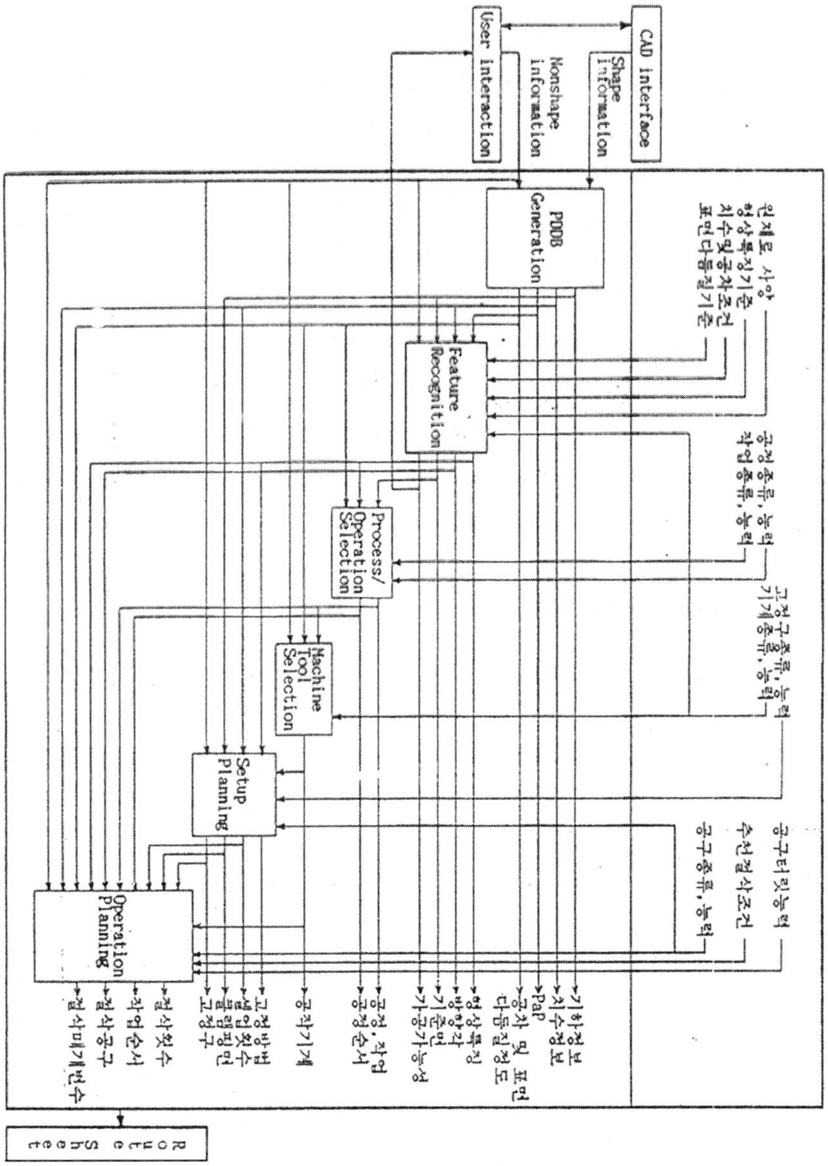

[그림 2.1] 공정계획시스템의 흐름도 [2]

2.1 도면의 관리 및 형상 정보

공정계획은 도면에 작성된 제품이나 부품을 만들기 위해 제조공정들에 관한 계획을 수립하는 것이므로, 공정계획자는 만들고자 하는 부품의 정보가 들어있는 도면의 정보들을 제대로 파악하는 능력이 있어야 한다. 부품도의 목적은 부품설계자의 의사를 부품의 제작에 관련된 사람들에게 제대로 전달하는 것이다. 부품을 제작할 때 부품도보다 더 많이 부품설계자의 의사에 관한 자료를 제공해 주고 관련된 여러 부서에 널리 배포되는 문서는 없다. 제조공정에 관한 계획의 수립은 부품도면의 정보로부터 시작되므로, 공정계획자에게 있어서 부품도의 가치는 절대적이며, 이 절에서는 부품도에 작성된 정보들 중 제조공정에 미치는 정보들에 관해 논의한다.

공정계획자는 부품도의 도면정보를 인식할 때 두 가지 중요한 점을 고려하면서 파악해야 한다. 첫째, 부품설계자의 요구가 무엇인가?, 둘째, 부품도에 나타난 요구사항을 충족시키기 위하여 어떻게 해야 하는가? 라는 것이다. 이러한 점을 인식하면서 도면정보를 파악하면 좋은 공정계획을 수립할 수 있다. 즉, 도면정보에는 부품도의 제조공정과 관계되는 기술정보를 자세히 아는 데 도움이 되는 공작물의 특성이 기록되어 있으며, 공정계획자는 이러한 도면정보의 내용을 통해 공정계획을 수립할 수 있으며, 그 내용은 다음과 같다.

2.1.1 부품의 관리 정보

부품도에서 관리와 관계하는 정보는 설계도의 우측 상단 또는 하단에 기록된 정보로써 부품이름, 부품번호, 도면번호, 작성일, 작성자, 승인자, 원재료의 사양 등이다. 이들과 제조공정과의 관계를 나타내는 예 중 하나로써, 설계도에 작성된 부품이름이 주어진 부품의 형태나 특성을 알고자 할 때 도움이 될 수 있다는 것이다. 스크류 펌프(Screw pump), 축 클램프(Shaft clamp), 클러스터 기어 하우징(Cluster gear housing)과 같은 것은 부품이름이 부품의 용도를 나타내므로 특성을 이해하기 쉽다. 또 다른 중요한 자료는 중간조립품수, 완전조립품수 등과 같이 생산하고자 하는 수량에 관한 것인데, 이는 이들의 많고 적음에 따라 공정 및 기계 선정에 영향을 주기 때문이다. 부품의 재료에 대한 사양은 일반적으로 표제란에 작성하지만, 어떤 설계자는 이를 별도의 주기를 표시하여 나타내기도 하는데 이러한 표현은 단지 설계자의 개인적인 습관이나 기호에 따른다. 공정계획자는 가능하면 이렇게 명기된 재료의 사양을 근거로 공정계획을 수립해야 하는 데, 그 이유는 명시된 재료와 다른 재료를 사용하면 제조방법도 달라지고 제조비도 달라질 수 있기 때문이다.

2.1.2 부품의 일반적 형상

부품의 형상은 부품의 크기와 모양을 의미한다. 부품의 실측이 설계도면보다 훨씬 큰 경우에는 설계도에서 척도를 사용하는 데, 척도는 보통 표제란에 포함된다. 이 때, 부품의 크기를 잘못 해석하지 않도록 해야 한다. 부품의 크기와 모양은 생산의 여러 가지 문제와 관련이 있다. 먼저, 대형 부품은 취급하기 어려우므로 저속의 방법으로 만들어지며, 취급이 쉬운 소형 부품은 속도가 빠른 기계에서 만들어지고 대량생산에 적합하다. 하지만, 예외적으로 프레스 기술은 대형 판재를 비교적 높은 속도로 가공할 수 있다. 이와 같이 부품의 크기나 모양은 기계의 크기 및 종류와 밀접한 관계가 있으며, 기계들 상호간의 가공순서에도 영향을 준다.

부품의 크기와 모양은 기계와 기계 사이에 운반하거나, 하나의 기계에서 장착을 하거나 탈착하는 경우에도 영향을 준다. 무겁거나 부피가 큰 부품은 작은 부품을 취급하는 것과는 다른 방법을 사용하여 이동시킨다. 예를 들면, 대형 주물은 크레인으로 들어올리기 위해서 특수한 돌출부를 주물에 만들어야 하는 경우도 있고, 다른 부품의 경우에는 미끄럼 장치나 대형 롤러, 또는 컨베이어를 사용하여 이동시키는 경우도 있다. 때로는 디젤엔진과 같은 대형제품은 미끄럼 장치에서 조립하거나 올려놓고 운반하여야 한다. 반대로 소형 경량 제품은 벨트 컨베이어 등을 이용하여 운반하기도 한다. 부품의 일반 형상은 그것을 취급하는 방법에도 영향을 준다. 예를 들면 코일 스프링은 한 곳에 놓아두었을 때 서로 엉켜 그것을 다시 분리시킬 때 곤란해진다. 따라서 이런 경우에는 부품의 끝부분 모양을 엉키지 않도록 변형을 시키기도 한다. 둥글거나 원통 모양의 부품들은 잘 구르기 때문에 중력에 의해 이동될 수도 있으며, 직육면체나 평면 부품들은 자동활송장치(Slidedown chute)에 의해 이동될 수도 있다.

부품의 크기와 모양은 기계에서 가공을 위해 장착 또는 탈착하거나 필요한 투울링을 결정하는 데도 중요한 인자가 된다. 동일 축선에 대한 몇 개의 원주 형태를 갖는 공작물은 일련의 선삭작업으로 만들 수 있으며 적은 수의 지그와 고정구만을 필요로 하지만, 동력변환장치의 몸체는 형태가 좀 더 복잡하여 밀링과 드릴링을 위한 지그와 고정구 등 여러 가지 공구가 필요하다. 소형 부품을 위한 공구는 머신 테이블 위에서 수동으로 뒤집거나 돌리도록 설계할 수 있는 반면에, 대형 부품에 필요한 공구는 무게 때문에 적은 이동을 하도록 해야 한다.

앞에서 언급한 것처럼 부품의 크기는 운반에 큰 영향을 주므로 이는 바로 생산성에 영향을 준다고 할 수 있다. 뿐만 아니라 공작물의 한번 세팅으로 조합할 수 있는 공정 수에도 영향을 준다. 가공 속도와는 별도로 공작물의 취급의 편리성에도 영향을 준다. 공작물의 형상이 취급에 편리한 것은 다른 공작물과 쉽게 구분해 선택할 수가 있다. 이와 같이 부품의 일반적인 형상은 제조공정을 사전에 추정할 수 있는 중요한 정보를 담고 있기 때문에 공정계획자에게 매우 중요한 요소이다.

2.1.3. 기본(기초) 공정

기초 공정은 공작물의 일반 형상을 만드는 공정이다. 이러한 공정은 보통 원자재를 가공하는 업체에서 사용하기 때문에 여기서는 이것을 기초 공정이라고 한다. 실제로 부품도에서는 공작물을 어떻게 최초형상을 만드느냐 하는 것을 결정하지는 않고, 재료사양만 주고 공정계획자에게 그 부품을 주조, 단조 또는 봉재 등으로 선택하도록 하기도 한다. 그러나 대개의 경우, 공정계획자에게 일임하는 경우는 드물고, 일반적으로 부품도에 재료사양이 주어지거나 일반 주기로 표시한다. 기초 공정은 간단한 설명을 통해 표현할 수 있는 데, 예를 들어 "주조목형 번호를 여기에 넣을 것"이라고 했다면 이 부품은 주물사주조를 하라는 것을 뜻하며, 이때의 재료사양은 주철이나 황동 또는 기타 재료를 사용하는 것을 나타내는 것이다.

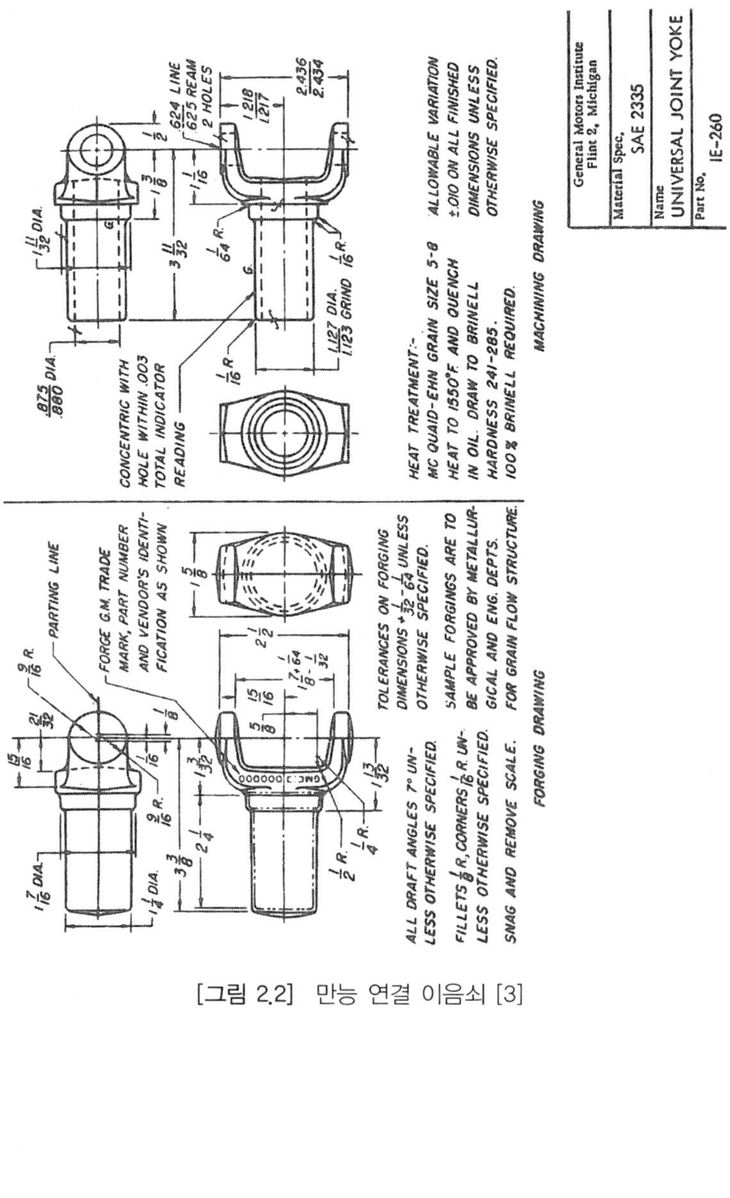

[그림 2.2] 만능 연결 이음쇠 [3]

설계도는 많은 경우에 기초 공정을 좀 더 확실히 나타내고 있다. 그림 2.2의 만능 연결 이음쇠는 단조 도면과 이에 대응하는 기계 가공 표면을 복합시킨 것을 보여준다. 이러한 기본 공정은 공정계획에서 제품생산을 위한 주요 공정을 결정하는 데 큰 영향을 미친다. 예를 들면, 부품의 소재로 사용되는 공작물이 단조품이면 이 공작물은 부품도에서 요구하는 최종 형상을 얻도록 기계 가공하여야 하고, 소재가 판재품이면 다음 제작공정에 스탬핑 작업이 필요할 수도 있다. 또한 몇 가지의 부품들이 조립되어 만들어지는 제품은 조립 공정을 거쳐야 한다.

뒤에서 더 자세히 언급하겠지만 공작물의 치수 변화는 기초 공정에 따라 다르므로 공정계획자가 공작물을 위한 기초 공정을 어떤 방법으로 할 것인가 하는 것은 공정계획의 초기 단계에서 가능한 한 가장 먼저 결정하는 것이 좋다.

2.1.4 설계 변경 기록

부품도 상에 작성되어있는 여러 정보들 중 설계 변경을 요구하는 내용이 더러 있다. 이와 같은 설계도의 기록된 수정사항은 정확히 파악해야 하며, 만일 잘못 확인하면 생산비가 많이 든다. 설계도를 수정하는 이유는 오류를 수정하고, 원가를 절감하며, 생산방법을 개선하고 구매에 도움을 주며, 현재의 설계를 개선하고, 검사를 용이하게 하며 품질을 향상시키는 등 여러 가지 이유가 있을 수 있다. 설계도의 수정은 보통 공정계획자의 요구에 의해 수행된다. 설계의 변경은 공정계획이 실행되기 전에 마무리 되어야 한다. 왜냐하면 설계 변경은 작업순서(operational sequence), 공구류, 위치결정방법, 보조공정, 지원공정 및 모든 제조의 경제성에 영향을 주기 때문이다. 그러므로 작업할 때 가장 최근의 부품도를 갖는 것이 반드시 필요하다. 대개의 경우 제품에 대한 설계변경의 확인은 하나의 부품도에만 해당되는 것이 아니다. 보통의 제품은 여러 부품들의 조립에 의해 만들어지거나 다른 조립품의 일부가 된다. 이런 이유 때문에 단 하나의 제품도의 변경을 확인하는 것만으로는 불완전하며, 변경의 내용이 제품을 구성한 여러 부품들 상호간에 어떤 연관이 있는 지를 알아보기 위해서는, 주어진 부품에 대한 설계도의 변경을 확인하는 것이 필수적인 것이다. 제품설계자에 의해 관계도면이 수정되어 있지 않은 경우도 있을 수 있는데 이러한 경우에 공정계획자는 수정을 생략한 이유와 그에 대한 이유를 들어야 한다. 하지만, 이때 공정계획자는 제품설계자의 부품도에 대한 해석을 자기 나름대로 해석하려고 하는 경우가 종종 있는데, 공정계획자는 어떤 경우에든지 제품설계자가 표현한 도면을 유추해석해서는 안 된다. 반드시 공정계획자와 제품설계자는 제품생산에 도움이 될 수 있는 설계의 변경을 항상 상호 협의해야 하며, 이 때 결정되는 부품도의 설계변경 사항은 부품도에 잘 기록해 두어야 한다.

2.2 도면정보의 이해를 위한 보조방법

설계 도면에는 형상에 대한 다양한 정보가 있으며, 종종 아주 복잡한 형상을 갖는 부품의 도면은 2차원의 도면만으로는 표시하기가 어렵고 이를 완전히 표시하기 위해서는 도면에 많은 주기, 사양 및 치수가 기입되어야 한다. 이런 경우, 공정계획자가 부품도를 해석하고 이해하려고 할 때 종종 어려운 입장에 놓일 때도 있다.

설계자까지도 때로는 복잡한 부품을 시각적으로 나타내는데 상당한 곤란을 겪는 경우가 있다. 이런 경우 공정계획자는 제품설계자와 그 문제를 토의함으로서 많은 도움을 얻고 공정계획에 드는 노력과 비용을 절약할 수가 있다. 어떤 경우에는 부품도를 해석하는 보조방법이 도움이 되는 때도 있다. 또 어떤 경우에는 공작물의 일반적인 형상을 검토할 때 세부사항이 오히려 혼동을 일으키기도 하기 때문에 상세한 치수를 제외하고 부품도를 만들어 보는 것이 도움이 되기도 한다.

도면의 척도를 이용하면 부품을 더 잘 이해할 수 있다. 공정계획자는 세부사항의 척도를 확대함으로써 공작물을 더 잘 이해할 수 있고 반지름을 조합하는 것과 같은 일반적인 문제를 해결하고 공작물의 위치결정 · 지지 · 클램핑을 위한 가장 좋은 표면을 결정하는 등 많은 문제를 해결할 수 있다.

단면도는 부품도의 여러 투영도에 나타나지 않는 공작물의 형상에 대한 자료를 나타내는데 이용된다. 이 때, 어느 단면을 나타내고 어느 방향을 취하느냐 하는 것을 결정하여 나타내면 요구되는 부분의 해석에 도움이 되기도 한다.

이러한 척도, 단면도 등의 여러 가지 사항이 공정계획자의 공정계획 수립에 큰 도움이 될 수 있다 하더라도 그 어느 것도 실제적인 제품을 대신할 수는 없다. 어떤 경우에는 제품설계자가 실험적으로 또는 다른 목적으로 실제 제품을 만들어 가지고 있는 경우도 있다. 또한 실제 제품을 만들 수 없을 경우에는 모델을 만들어 볼 수도 있다. 모델에는 비누조각에서부터 나뭇조각이나 플라스틱 등으로 만든 다양한 종류가 있다. 모델을 설계 크기보다 몇 배 더 크게 만들면 이것을 기본 공정으로부터 완전히 가공하였을 때 나타난 것과 같이 그 제품을 보기 쉽게 만들 수 있다. 과거에는 입체 모델을 만드는데 많은 비용이 들었으므로 제품이 너무 복잡해서 이해하기 어려운 경우가 아니면 만들지 않았다. 하지만 요즘은 가공기술의 발달로 인하여 빠른 시간 내에 적은 비용으로 모델을 제작하는 쾌속조형(Rapid prototyping : RP)법을 이용하여 모델을 만들어 보기도 한다. 그림 2.3은 각각 임펠러의 실물과 쾌속조형에 의해 제작한 그림을 보여준다. 이러한 쾌속조형은 캐드시스템 상에서 디자인된 제품형상을 가공 등의 일반 절차를 거치지 않고 신속하게 실물형상을 만드는 행위로써 제작 형상을 얇은 층으로 하나씩 적층하는 방식이다. 쾌속조형의 종류는 포토폴리머(photopolymer) 방식, 신터링(Sintering)방식, 익스트루젼(Extrusion)방식, 3D프린

팅방식(3D Printing), 레이저절단(Laser cutting)방식 등이 있으며, 이 방법은 주로 설계를 확인하는 모델 제작, 시작품 제작, 시작금형 평가 이후의 양산 금형 제작에 많이 사용되고 있다.

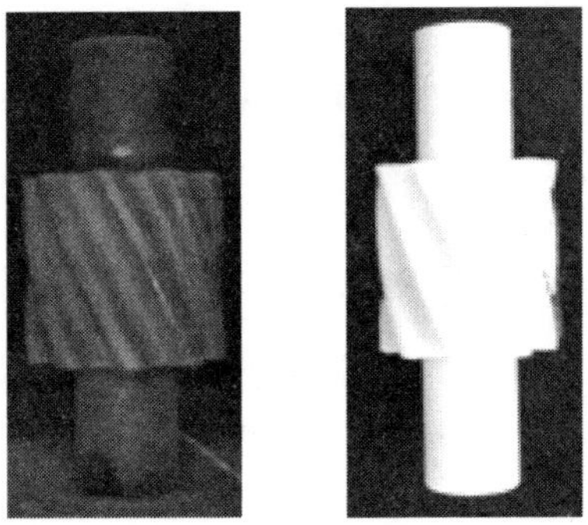

[그림 2.3] 임펠러의 실물 및 쾌속조형에 의한 모델

2.3 표면 정보

2.3.1 기능적인 표면

부품의 형상들을 가공할 때 구성하고 있는 표면들 중에 기능적으로 중요한 표면이 있으며, 이런 표면은 제 기능을 수행할 수 있도록 가공되어야 한다. 예를 들면, 조립되는 표면들 중에 두 개 이상의 부품이 서로 접촉하는 표면들은 이러한 기능표면의 역할을 하며, 한 부품을 가공하기 위해 지지하거나 운반을 할 때 필요한 표면들도 기능표면의 역할을 하게 된다. 설계도면이나 제품도 상에는 이런 표면을 확인할 수 있으며, 이 표면은 제조를 통해 공작물에 만들어져야 하는 표면을 말한다.

절삭기계로 가공하는 공작물을 생각해 보자. 원칙적으로 기계 가공된 면은 다른 기계 가공된 면과 결합되어야 한다. 하지만, 어떤 제품의 외관이 매우 중요하고 기계가공을 하지 않았음에도 불구하고 실제 기능에 지장을 줄 경우가 아니면 다른 표면과 실제적으로 접촉하지 않는 표면은 굳이 기계 가공할 이유가 없다. 그 이유는 불필요한 곳에 추가된 공정은 제조원가를 높이는 결과만 초래하기 때문이다. 그러나 반대로 공작물의 모든 표면을 전부 기계 가공해야만 하는 경우도 생긴다. 고속 회전하는 제품이 그 예이다. 이와 같은 원칙에 대해 예외 사항이 생길 수도 있지만, 여기서는 공작물을 구성한 여러 표면들 중 어느 표면부위를 절삭기계로 가공해야 하느냐를 결정하는 것에 대해서만 언급하기로 한다. 기능적인 표면은 기본 형상, 표면 거칠기 및 치수공차가 어느 정도인지를 인식함으로써 알 수 있다.

도면상에 주어진 기본 형상은 원재료로부터 얻어야 하므로 이러한 사실은 기계가공에 대한 필요성을 명백히 보여주는 것이다. 도면상에 그려진 진원도・직각도・평면도·평행도 및 기타 형상에 대한 특별한 요구사항은 기계 가공할 표면을 이해하는데 도움을 준다. 일반적으로 주어진 형상의 합격 또는 불합격에 대한 사항은 도면상에서 해당되는 표면에 주기한 것을 확인함으로써 알게 된다. 공작물의 기본 형상을 얻는데 사용된 제조공정은 형상의 표면이 기본적으로 어떤 특성을 갖고 있으며 표면특성이 유지되는 정도를 알려주기도 한다. 셸몰드 주조에 의한 부품은 주물사주조로 만든 동일 부품과 비교하면 기계가공을 하지 않아도 되며, 기계가공을 하더라도 극히 간단하게 가공하면 된다.

치수공차와 관계되는 내용으로써, 치수의 한계에 관한 생각은 제품도의 사전분석과정에서 결정될 수가 있다. 공작물의 기능적인 요구사항을 만족시키기 위한 조건들 중의 하나로써, 치수공차는 제조과정에서 허용할 수 있는 오차의 한계를 나타내며 합격품의 한계가 된다. 공작물의 기본형상, 일반적인 주기 및 치수는 제품에서 요구하는 것을 나타내지만, 공차 및 사양은 이러한 특성을 어느 정도 요구하는지를 지시하는 역할을 한다. 공차는 기능적인 표면을 나타내는 중요한 요소일 뿐 아니라 공정계획을 수립하는 데 있어서도 매우 중요한 요소이다. 공차가 표면에 주어지면 그 표면은 기능적인 표면이며, 그 표면에서 수행되어야 할 작업의 종류를 부분적으로 결정하게 하기 때문이다.

부품도에서 표면 거칠기가 있는 표면은 공정계획자가 어느 표면을 얼마만큼 기계가공해야 하는가를 결정하는데 매우 큰 도움을 준다. 또한 표면 거칠기 정보는 표면을 가공하기 위한 공작기계는 어떤 종류가 필요한 지를 알려주는 자료가 되기도 한다. 그리고 표면 거칠기가 있는 표면은 어느 정도 가공하는 방법을 제한하기도 한다.

2.3.2 제조공정에 사용되는 표면의 결정

공작물을 구성한 표면들 중에는 공작물의 기능에 영향을 끼치는 표면도 있고, 제조에 중요한 영향을 끼치는 표면도 있다. 이런 표면들은 제조공정순서에 따라 제조할 때 필요한 위치결정면, 지지면, 고정면을 결정하는 일에 영향을 준다. 어떤 표면이 다른 표면에 비해 더 중요할 때 이 표면을 '상대적 중요표면'이라고 명명한다. 상대적 중요표면은 공작물의 다른 표면과 관계를 가진 면으로써 위치결정면으로 사용되는데, 이런 표면은 치수를 측정하는 데 사용되는 기준선이나 정밀한 치수공차 또는 원래 중심선을 찾음으로써 확인할 수가 있다. 공정을 전개할 때 사용되는 표면들의 우선순위는 먼저 공작물의 위치 결정에 가장 적합한 표면을 정하고, 이어서 공작물의 지지에 가장 적합한 표면을 결정하며, 마지막으로 공작물을 고정하는데 가장 적합한 표면을 결정한다.

기본공정에 의해 만들어진 거친 주물 또는 단조상태의 공작물을 넘겨받았을 경우에는 그 표면의 상태가 모두 거칠기 때문에 기계가공공정에서 적절한 치수 관리를 유지하는데 문제가 된다. 따라서 공정계획자가 공작물을 만드는 기본공정이 어떻게 이루어졌는가를 알면 관리해야 할 면과 치수 변화를 결정하는데 도움이 된다. 공정계획자는 공작물과 공정에 반드시 따르는 고유한 치수변화를 잘 관리함으로써 하나의 공정을 통해 가장 좋은 제품을 얻도록 해야 하며, 이 목적을 위하여 위치결정에 가장 적합한 표면을 선정하여야 한다. 주조물이나 단조물을 대상으로 한 최초의 위치결정 표면은 거친 표면이 된다. 가장 짧은 시간 내에 공작물을 가공되지 않는 상태로부터 가공된 표면을 얻으면 작업순서를 신속히 결정하는데 도움을 준다. 따라서 기계 가공된 최초의 표면은 다음 작업에서 위치결정에 가장 적합한 표면이 된다. 이렇게 선정된 표면은 기하학적으로 적합한 표면, 치수적으로 그리고 역학적으로 적합한 표면이어야 한다. 이들 표면은 부품도에서 얻은 자료로부터 결정된다.

공작물이 적절하게 위치결정이 되더라도 추가적인 지지를 하는 경우 공정계획자는 어떤 표면이 추가적인 지지면으로 적합한 가를 결정해야 한다. 어떤 공작물이라도 절대적으로 견고한 것은 없다. 절삭가공으로 발생되는 힘은 공작물의 지지되지 않은 부분을 변형시켜 공구가 진동을 일으키고, 결과적으로 표면다듬질을 좋지 못하게 하고 치수관리도 곤란해진다. 공작물에 지지면을 정할 때는 반드시 위치결정 표면을 설정한 후에 지지면을 정하며, 지지면을 선정하는 기준은 아래와 같다.

01 공작물에서 최대의 휨이 가장 일어나기 쉬운 곳을 지지면으로 한다.
02 제품도를 검사하여 공작물의 위치 결정에 영향을 미치지 않거나 위치 결정에 방해되지 않는 면을 지지면으로 선정한다.
03 선정할 지지면이 가공될 면과 같은 표면(부위)가 안 되도록 확인한다.
04 공작물을 설치할 때나 풀 때 공구에 방해됨이 없이 지지구의 기계적 지지요소가 작동되도록 지지면을 선정한다.

기계가공에서 공작물을 고정하거나 클램핑에 적합한 면을 선정하는 것은 위치결정 및 지지하는 것만큼이나 어렵고도 중요한 것이다. 왜냐하면 제조하기 전에 표면을 결정하는 마지막 순서가 고정에 관한 것이므로 적합한 표면을 선정하는데 제한이 될 수도 있기 때문이다. 고정이나 조임에 적합한 이상적인 표면들은 바로 위치결정점이 있는 표면들의 반대편에 위치한 지점들이다. 그런 표면은 기계가공을 요하는 표면일 가능성이 많으므로 공정계획자는 둘 사이를 잘 절충해야 한다. 이 경우에 이상적인 고정력에 상응하는 합력의 고정력이 다른 표면에서 작용해야 한다. 이것은 생각보다 쉬운 작업은 아니며 부품도가 없이는 사전에 결정할 수도 없다. 공작물의 고정을 위해 표면을 선정하는 기준은 다음과 같다.

01 기계가공 표면을 알아보기 위해 도면을 확인한다. 직전 표면이 기계가공에 포함되는 경우에는 이 면을 클램핑 표면으로 사용하는 것을 피한다.
02 위치결정을 위해 선정된 표면인지 확인한다. 가능하면 위치결정에 대한 반대쪽을

클램핑 표면으로 선정한다.

03 위치결정의 반대쪽 표면을 가공해야 할 경우 위치결정구에 대하여 합력이 작용하도록 대체 표면을 선정한다.

04 클램핑 작용으로 공작물을 변형시키지 않도록 표면을 선정한다.

05 클램핑 힘을 분배하는데 충분히 넓은 표면을 선정한다. 고정력이 좁은 면적에 집중하게 되면 때로 공작물을 손상시키게 된다. 기계가공 중 공작물이 이탈되는 것을 방지하기 위하여 충분한 크기의 힘을 가하는 것을 잊어서는 안 된다.

06 고정력을 가할 때 표면이 손상될 우려가 있을 때에는 앞서 기계 가공한 표면을 클램핑하는 것을 가급적 피한다.

2.3.3 공작물의 표면특성과 작업의 관계

설계도 상의 부품을 제작할 때 항상 염두에 두어야 할 사실 중 하나는 경제성이다. 공정계획자는 부품을 제작할 공정이나 작업을 선택할 때, 부품이 갖고 있는 특성을 발견하면 경제적 생산을 할 수 있는 작업을 선택하여 생산성 향상을 꾀할 수 있다. 예를 들면 부품의 대칭성을 확인한다든지, 가공할 표면들 중 상호 관련된 표면들은 어떤 표면들인지, 또는 표면들의 특성에 따라 그룹화를 해서 가공할 표면들은 있는지 등에 관한 것이다.

먼저 부품을 구성한 표면들의 대칭정도를 확인하는 것은 그들 표면이 하나의 축이나 중심선을 공유하는 표면들인 경우이다. 대칭인 표면을 가진 부품은 한 번의 셋업으로 여러 표면들을 가공할 수 있으므로 대칭이 아닌 표면들을 가진 부품보다 적은 횟수의 셋업으로 가공할 수 있다. 이들은 정밀도, 경제성 및 취급의 용이성 등에서 유리하며, 특히 원통형상을 취급하는 선삭작업에 있어서는 동일한 중심선에 대해 기본 원통형상을 얻을 수 있으므로 더욱 유리하다.

절삭가공을 통해 얻을 수 있는 표면들은 부품도에 기입된 치수의 표시를 살펴보면 그룹화를 꾀할 수 있는 표면들이나 독립적 관계를 유지해야 할 표면들을 알 수 있다. 즉, 설계도면상에 기입된 치수 표시를 통하여 한 번의 셋업에 의해 가공될 수 있는 표면들의 그룹을 파악할 수 있다. 그리고 대칭 표면들을 가진 부품은 동일한 위치결정으로 관련 표면들을 가공할 수도 있다. 예를 들면 그림 2.4는 여러 개의 표면이 상호 관계로 위치 결정되어 있어 갱 밀링으로 한 번에 가공할 수 있는 것을 나타낸다.

앞서 언급했듯이 부품도에서 상호관련이 있는 표면들을 파악하는 가장 중요한 이유들 중 하나는 부품의 정밀도와 생산의 경제성을 얻기 위한 것이다. 뛰어난 공정계획자는 표면들 간의 관계를 제대로 설정하지 않으면 부품도에 규정된 정도를 얻을 가능성이 매우 낮거나 없다는 것을 알고 있다. 생산의 경제성이란 부품도의 요구대로 만들어진 합격된 부품이 얻어질 때만 유효하다.

부품도에 주어지는 공작물의 모든 표면은 실제로는 서로 직접적으로나 간접적으로 관계가 있다. 부품도에 표시된 치수는 다만 일반적으로 부품을 구성하는 표면들 간에 엄격한 관계가 얼마나 많이 존재하는가를 알려준다. 부품도에 표시된 각 치수는 두 개의 표면이나 선 사이의 직접적 관계를 나타낸다. 그림 2.5에서 표시한 부품은 다양한 치수 관계의 정도를 나타낸다. 예를 들면, A 표면은 B면, D면 및 F면과 직접적인 관계가 있다. 표면 A와 표면 E의 관계는 A 표면이 D면, D 표면이 E면과 관계되므로, 표면 A는 E면과는 간접적인 관계가 있다.

B면과 C면 사이의 관계는 표면 A와 표면 D를 통해서만 관계가 되므로 더욱 간접적이다. 직접적인 치수 관계의 수 또는 치수 관계의 연결은 한 표면과 다른 표면의 관계에서 관련정도를 고려하여야 한다. 그러므로 A 표면과 D 표면은 제 1의 관계이며 A 표면과 E 표면은 제 2의 관계이며, B 표면과 C 표면은 제 3의 관계이다.

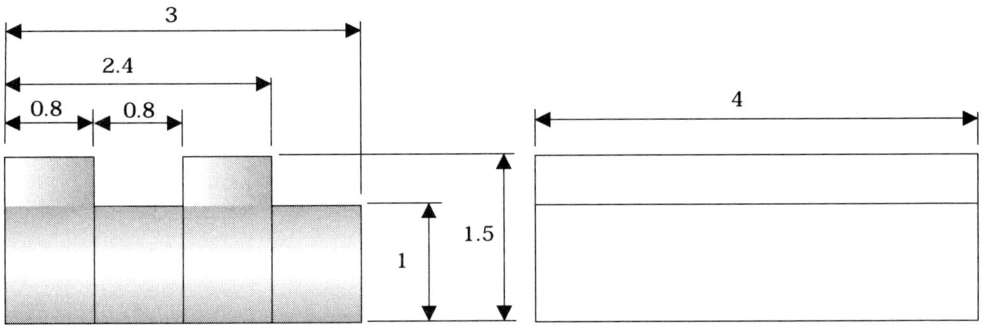

[그림 2.4] 동일 높이의 홈과 스텝 형상의 부품

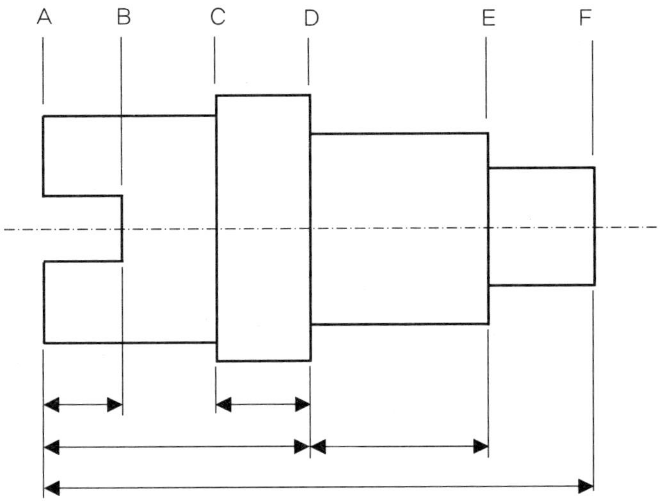

[그림 2.5] 표면들의 상호관련성을 내포한 부품

표면들의 관계를 파악할 때 치수 공차도 고려해야 하기 때문에 표면들의 상호 관련 정도에 따른 공차는 엄격하게 유지해야 한다. 직접 관련되지 않은 두 면 사이에 어떤 공차가 유지되어야 한다고 느껴지면 상호관계가 있는 치수의 공차는 임의의 치수 변화가 간접적 치수에서 요구되는 것을 초과하지 않도록 확실히 하기 위해 엄격하게 주어야 한다. 이러한 표면들 사이의 공차 관계는 다음의 공차도표를 언급하는 장에서 자세히 설명한다.

공정계획자는 표면들 사이의 관계를 설정하려고 할 때, 경제성을 위해 각 표면을 그룹화 하는데 보다 많은 관심을 가져야 한다. 몇 개의 표면들을 한 번의 셋업으로 가공할 수 있을 때는 많은 제작원가를 절감할 수 있기 때문이다. 그런데 어떤 표면은 치수가 밀접하게 관련되어 있어도 표면위치의 차이 때문에 기계 가공을 위해 쉽게 결합할 수 없는 경우도 있다. 또 상호간에 각도의 관계를 갖고 있는 두 표면은 가공하기 위해 만들어진 기계의 형상과 일치하지 않기 때문에 결합하기 어려울 때도 있다. 예를 들면, 그림 2.6에 나타난 세 종류의 표면 각각은 그 물체의 밑면에 대해 고유한 관계를 가지고 있다. 하지만, B 표면은 물체의 밑면에 평행하지만 A 표면과 C 표면은 서로 밑면과 어떤 각도를 이루도록 설계되어 있다. 따라서 한 번에 세 표면 모두를 그룹화하여 갱 밀링 할 수 없다는 것이 명백하다.

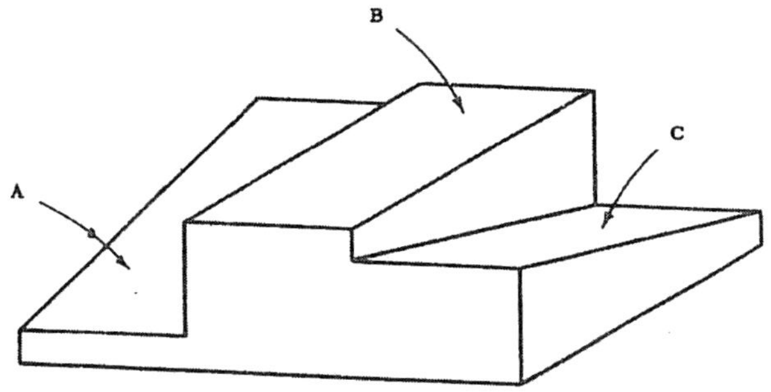

[그림 2.6] 갱 밀링이 부적합한 표면들의 부품

공정의 통합화를 위해 가장 손쉽게 그룹화 시킬 수 있는 표면은 평행한 표면이나 외부 원통면과 내부 원통면이다. 이러한 표면들은 공작기계에서 얻어지는 기본적 형상이다. 외부 원통면들은 공통 중심선을 갖고 있어 선삭되는 표면이 될 것이다. 내부 원통면들은 공통 중심선에 대해 선삭이나 보링 작업을 하게 되며 드릴 작업으로 그룹화 할 수 있게 된다. 이러한 경우에 공정계획자는 공작물에 있어서 한 그룹 내의 구멍수와 그 치수와 위치에 대해서 주로 관심을 갖게 된다.

2.4 치수 및 공차 정보

공정계획자는 제조공정과 관련하여 과거에 가졌던 제조기술정보보다 더 많은 정보를 갖고 계획을 수립해야 한다. 오늘날의 제품은 과거와는 달리 제품을 정밀하게 가공해야 할 경우가 많고 제작한 제품의 품질과 신뢰성, 내구성 등의 기능을 요구할 뿐만 아니라 가격 면에서도 적은 비용으로 생산해야 하기 때문이다. 따라서 공정계획의 수립 전에 부품도면을 미리 분석하는 것은 이러한 기능, 품질과 제조비용에 영향을 미치는 요소가 있는 지를 검토하고 인식하는 것이며, 이는 원하는 목적을 위해 이들 정보를 활용하여 공정계획을 수립하기 위함이다. 이 절에서는 제조기술에 영향을 주는 중요한 요소인 치수 및 공차, 형상공차에 대해 기술한다.

2.4.1 치수의 종류

치수는 부품을 나타내는 외형정보이며, 부품 표면들은 치수를 측정하기 위한 기하학적 형태를 직·간접적으로 잘 유지해야 한다. 하나의 표면은 다른 표면의 형상이 측정되도록 기준 표면으로 사용되어야 한다. 구멍과 같은 원통 표면은 중심선에 의해 정의되는데, 이 중심선은 가상선일 뿐이므로 구멍 형상의 측정은 평면 형상의 측정보다 어렵다. 설계자는 치수를 표시할 때 측정의 난이도 유무와 관리 용이성을 고려하여 치수를 기입해야 하며, 표면들 상호간의 관계를 표현할 때, 직교좌표계에서 사용하는 방법으로 기입하는 것이 극좌표 치수 관계로 표현하는 것보다 훨씬 좋다. 왜냐면 극좌표계에서는 각도 표현을 하는 데, 이 각도 표현은 직각좌표계의 가로와 세로의 치수보다 정확하게 측정되지 않기 때문이다. 또한 극좌표로 작성된 치수는 현장의 작업에서 불필요한 치수재계산과 오차를 가져올 수 있으며, 따라서, 공정계획자는 설계도면에 극좌표로 기입된 부분이 있다면 설계자에게 직교좌표로 변환한 설계도면을 요구하는 것이 좋다. 그리고 무엇보다도 생산현장에서 작업을 수행할 때 가공에 사용되는 공작기계는 대부분이 직교좌표계에 따라 공작기계를 구동하여 가공하기 때문이다. 그림 2.7은 두 좌표 방법에 따른 부품 치수표시방법을 나타낸다.

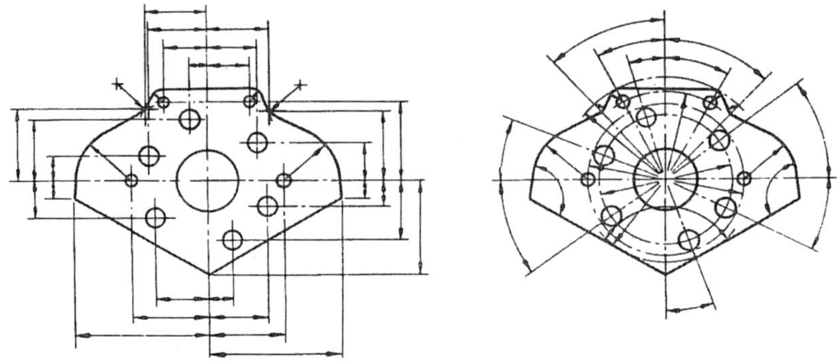

[그림 2.7] 공작물 치수표시방법

2.4.2 일반 공차

부품을 구성하는 표면은 어느 표면이든지 완벽하게 가공할 수는 없고 일정한 범위 내의 오차 안에서 가공된다. 따라서 부품도면에는 길이나 각도에 공차가 있으며 지시가 없을 경우에는 일반적인 공차기준을 따른다. 이들 일반 기준은 네 가지로 분류하여 공차등급을 한국공업규격(KS B 0413)에서 규정하고 있는 데, 이들 규정된 데이터는 일반 절삭가공부품이나 판재에서 성형되는 부품에 적용할 수 있다.

길이 치수에 대한 일반 공차는 표 2.1 및 표 2.2와 같고(KS B 0412), 이들 중 정밀한 공차를 갖는 길이를 가공하는 경우의 가공방법은 거친 등급의 공차를 갖는 길이의 가공방법과는 다르므로 공정계획에 영향을 주게 된다. 각도에 관계하는 일반 공차는 표면의 선들이나 선 요소들의 일반적인 방향만을 규정하는 것으로 이상적인 기하학적 형상과의 접선의 방향을 나타낸다.

[표 2.1] 모서리부 외의 허용 일반공차

공차등급		호칭치수 범위에 대한 허용공차							
약어	설명	0.5[1)]초과 3까지	3초과 6까지	6초과 30까지	30초과 120까지	120초과 400까지	400초과 1000까지	1000초과 2000까지	2000초과 4000까지
f	fine	±0.05	±0.05	±0.1	±0.15	±0.2	±0.3	±0.5	–
m	medium	±0.1	±0.1	±0.2	±0.3	±0.5	±0.8	±1.2	±2
c	coarse	±0.2	±0.3	±0.5	±0.8	±1.2	±2	±3	±4
v	very coarse	–	±0.5	±1	±1.5	±2.5	±4	±6	±8

1) 호칭치수 0.5mm 이하는 적절한 호칭치수와 가까운 공차를 사용할 수 있다.

[표 2.2] 모서리부의 허용 일반공차

<table>
<tr><th colspan="2">공차등급</th><th colspan="3">호칭치수 범위에 대한 허용공차</th></tr>
<tr><td>약어</td><td>설명</td><td>0.5[1] 초과 3까지</td><td>3초과 6까지</td><td>6초과</td></tr>
<tr><td>f</td><td>fine</td><td rowspan="2">±0.2</td><td rowspan="2">±0.5</td><td rowspan="2">±1</td></tr>
<tr><td>m</td><td>medium</td></tr>
<tr><td>c</td><td>coarse</td><td rowspan="2">±0.4</td><td rowspan="2">±1</td><td rowspan="2">±2</td></tr>
<tr><td>v</td><td>very coarse</td></tr>
<tr><td colspan="5">1) 호칭치수 0.5mm 이하는 적절한 호칭치수와 가까운 공차를 사용할수 있다.</td></tr>
</table>

(1) 공차의 필요성

오늘날의 생산형태는 소품종 대량생산형태에서 다품종 소량생산형태로 변화되고 있다. 그런데, 다품종 소량생산체계에서는 대량생산에서 요구하는 생산성을 얻을 수 없으므로 표준화를 통해 상호 교환할 수 있는 부품들을 가능한 한 많이 생산하도록 노력하고 있다. 또한 생산되는 개별 부품들은 경제적인 면을 고려하여 여러 곳에서 제조되고, 이들을 한 곳에서 모아 조립함으로써 대량생산체계에서 얻은 것과 유사한 생산성을 꾀하고자 하는 것이다. 이 때 조립이 되는 부품들은 아무리 엄격하게 생산관리 및 품질관리를 하여 제작할지라도 완전히 동일한 치수로 제작할 수는 없다. 작업자가 제작된 부품들을 정밀하게 측정할 수 있다면 공작물의 치수는 항상 측정값이 변하며, 이를 공작물의 치수변화라고 한다. 즉, 제작되는 부품들이 갖는 최소한의 치수변화는 피할 수 없는 것이기 때문에, 각 부품에는 호환성을 통해 허용할 수 있는 부정확도의 량을 적절히 제공하며, 부품들은 제한된 범위 내에서 제작되고 조립된다. 그리고 부품설계자는 설계도에 나타나는 치수나 공차한계를 결정하는 책임을 진다고 하더라도, 그의 첫 번째 주요 임무는 기능을 발휘하는 제품을 개발하는 것이라는 것을 명심해야 한다. 이에 반해, 공정계획자는 설계도면이 요구하는 생산량에 대해 경제적으로 생산하기 위해 필요한 공정을 정확히 파악하여 선택하도록 계획해야 한다.

이와 같은 공작물의 치수변화는 피할 수 없지만 그 원인을 분석하면 다음의 몇 가지 중 하나 또는 여러 가지의 조합으로 발생됨을 알 수 있다.

01 공작물에 작업을 수행하는 기계가 갖는 공작기계 고유의 부정확함이 있다. 오늘날 다양한 최신 기계를 제작하는데 있어서 아무리 세심한 주의를 기울인다 할지라도, 기계 역시 여러 종류의 가공된 부품들을 조립하여 제작되는 것이고, 조립된 부품들은 다양한 공작물 치수변화를 가지므로 최종으로 완성된 기계는 정밀도의 차이가 있을 뿐 어느 정도의 부정확함을 갖게 된다.

02 기계에서 사용하는 절삭공구는 반복 사용 및 많은 사용으로 인한 공구날 끝의 무디어짐, 일반적인 마모, 부분적으로 떨어져 나가거나 부러짐 등이 발생하고, 재사용을 위해 연삭하여 사용할 때는 처음 공구와 차이가 생기게 된다.

03 제공되는 원재료의 종류에 따라 변화가 있게 마련이다. 예를 들면, 주물사주조에 의해 만들어진 원재료가 공급될 때 하나하나 또는 로트와 로트마다 성분과 형상이 다를 수 있다. 주물에서의 하드 스폿은 표면 가공작업에서 공구의 과도한 마모 또는 파손을 일으키게 한다. 재료 사양의 변화는 가공성 혹은 프레스 작업에서의 드로잉 능력에 영향을 주기도 한다.

04 작업자의 수준과 능력의 다양함이 치수변화에 영향을 미친다. 작업자가 기계의 작업준비를 잘못 해독한다든지, 작업자의 불완전한 세팅은 치수변화의 원인이 된다. 즉, 숙련되지 못한 작업자는 공작물 치수변화에 직접적인 책임이 있다.

05 위에 든 여러 요인 이외에도 확인할 수 없는 우연에 의한 공작물 치수변화가 발생할 수 있다.

(2) 치수공차의 관련 용어

공정계획자가 치수변화를 적절히 관리하기 위하여 치수 및 공차에 사용되는 용어를 정확히 알아야 하며 이들은 다음과 같다.

- 호칭치수 : 호칭치수란 일반적으로 치수를 부를 때 사용하는 치수이다. 이는 정확도에 대한 표시는 없으나 어떤 표준치수에 아주 가까운 근사치를 나타낸다. 예를 들면 직경 10mm의 표준볼트는 10mm 구멍에 쉽게 사용된다.
- 실치수 : 부품의 어떤 부분에 대하여 실제로 측정한 치수이다.
- 기준치수 : 호칭치수에 대하여 기준치수는 정확한 이론적인 치수를 나타내며 치수의 한계는 허용범위와 공차의 적용으로 확립된다. 허용한계치수의 기준이 되는 치수이며, 기준치수는 제조시 제품의 허용치수가 없을 때 얻을 수 있다.
- 한계치수 : 부품에 허용할 수 있는 최대 또는 최소 치수이며, 최대허용치수와 최소허용치수로 구분할 수 있다.
- 허용차(allowance) : 허용차란 결합부품의 최대 재료한계 사이의 의도적인 차이이다. 허용차는 +이거나 −일 수 있으며, 그 중 하나는 최대허용치수에서 기준치수를 뺀 값이다. 예를 들면, +의 허용차는 축과 베어링 사이의 윤활 틈새와 같은 결합부품 사이에 최소허용 틈새를 부여한다. −의 허용차는 압입 또는 수축 끼워맞춤에 요구되는 것과 같은 결합 부품간의 최대 죔새를 표시한다.
- 공차 : 부품의 표시된 기준치수로부터의 허용치수의 변화량으로 최대허용치수와 최소허용치수의 차이를 나타낸다.

(3) 한계치수 및 공차의 표시법

한계치수는 치수의 최대허용치수 및 최소허용치수로써, 십진수의 숫자로 표시하는데, 한계치수 중에 하나는 치수선 위에 또 다른 하나는 치수선 아래에 수평선을 경계로 작성한다. 한계치수가 외측 치수에 사용될 경우 큰 한계치수를 위에 놓는다. 내측치수에 사용될 경우 작은 한계치수를 위에 놓는다. 그림 2.8은 기계 테이블의 T홈에 끼워 맞추는 고정구의 주물 베이스에 가공된 키이를 표시한다. 이 경우 키이가 홈에 끼워 맞도록 최소틈새가 0.0005로 주어졌다.

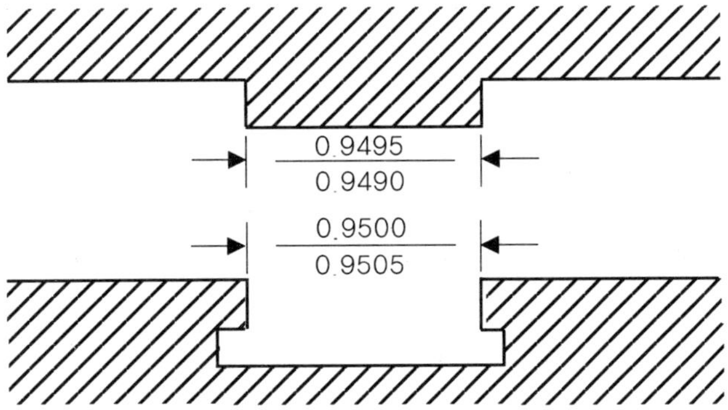

[그림 2.8] 한계치수 표기법

공차는 기준치수에 편측 공차 혹은 양측 공차로 표시하여 나타낸다. 편측 공차는 기준치수로부터 +또는 – 중에 한 방향으로 표시된 것을 말하며 양쪽으로 된 것이 아니다. 즉, 한쪽 방향으로만 허용하는 치수차이다. 양측 공차란 기준치수로부터 +와 –의 양쪽 방향으로 허용하는 치수차이다. 그림 2.9는 편측 공차 및 양측 공차의 표현의 예이다. 일반적으로 결합하는 표면은 편측 공차를 주고 결합되지 않는 표면은 양측 공차를 주지만 예외도 있다. 예를 들면 금형에서 상하형 다이의 펀치홀더를 가이드하는 안내 부싱에 다이 홀더의 가이드포스트를 결합시킬 경우를 생각해 보자. 가이드포스트의 바깥지름과 부싱의 안지름에는 편측 공차를 주어야 하나 포스트와 부싱 사이의 간격의 치수 차이는 어느 방향으로나 중요하기 때문에 이 간격은 양측 공차를 통해 관리하여야 한다.

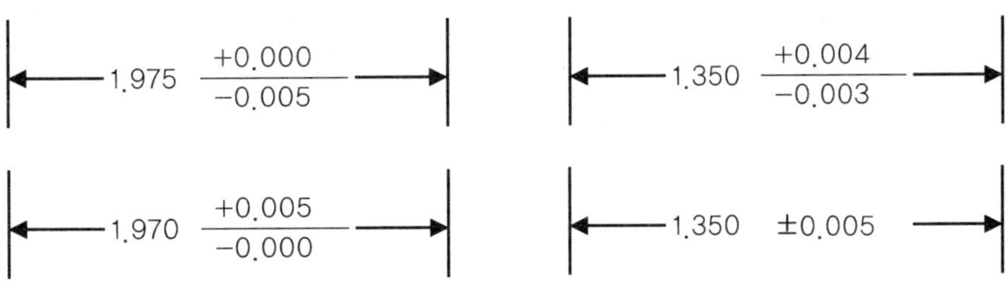

[그림 2.9] 편측 공차와 양측 공차의 예

공차는 부품도상에서 누구나 알 수 있게 상세히 표시하여야 한다. 특정한 공차는 그림 2.10 에 표시된 것처럼 치수를 더욱 제한하여 기호의 형태로 표현하기도 한다. 일반 공차는 일반 주기에 표시하는 것과 같이, "특별히 표시되지 않는 한 모든 치수 공차는 ±0.10이다"로 나타낸다. 여기서 H7은 구멍의 +허용차이고, h8은 축의 허용차를 나타내며 그 값은 한국공업규격에 표시되어있다.

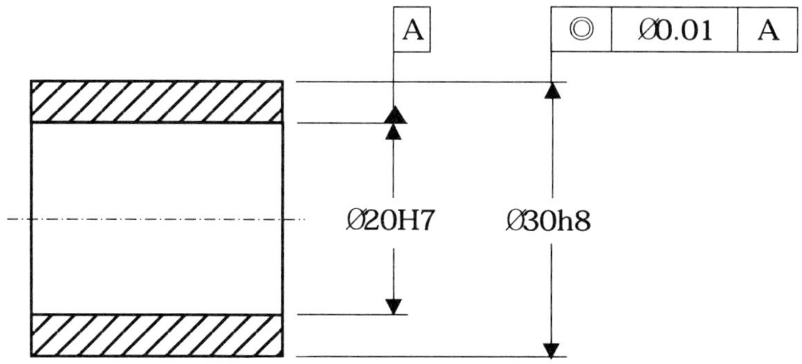

[그림 2.10] 특정 공차의 표현법

일반 공차는 도면에 중요한 공차이다. 공정계획자는 부품 가공을 위한 공정 전개에 있어 일반 공차와 특정 공차를 어느 정도를 허용할 것인가를 결정하기 위해 신중히 검토하여야 한다. 흔히 일반 공차가 합격을 보증할 수 있는 특별한 치수 규제를 하지 않는 경우를 볼 수 있다. 또 다른 경우에는 제품의 기능에 영향을 주지 않는 일반 공차에 허용한 정보보다 더 큰 공차를 적용하여도 되는 경우가 있다. 치수를 불필요하게 정확한 공차에 맞추는 것은 비용이 들기 때문에, 공정계획자는 부품의 품질과 경제성에 맞게 제품설계자와 협의하는 것이 바람직하다.

(4) 공차와 끼워 맞춤

공차와 치수차가 적당히 주어지면 공정계획자는 완전한 호환성을 가진 제품을 생산할 수 있다고 자신할 수 있다. 그러나 때로는 요구되는 끼워 맞춤이 너무 엄격하고 공차가 작아서 호환성 제품을 생산하기가 아주 어려운 경우가 있다. 이런 경우에는 적절한 조립방법의 선택이 이 문제를 해결하는 경제적인 해결책이 될 수가 있다. 조립방법의 선택이 필요한 것은 결합하는 부품들 사이에 여러 가지 끼워 맞춤의 정도가 생기기 때문이다. 보통 그림 2.11에서 보는 바와 같이 3가지 종류의 끼워 맞춤이 있다.

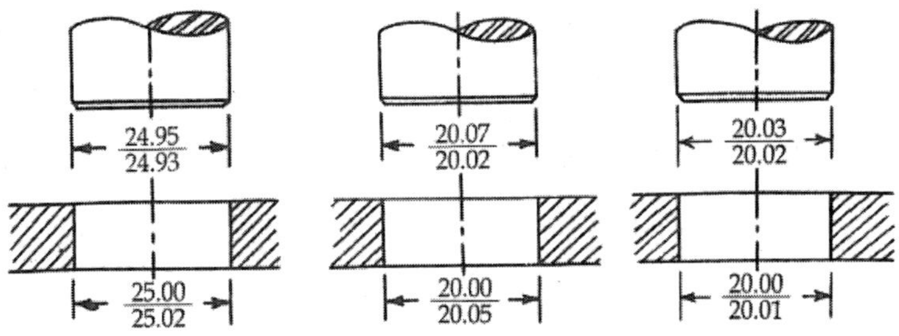

(a) 헐거운 끼워맞춤　(b) 중간 끼워 맞춤　(c) 억지 끼워맞춤

[그림 2.11] 세 가지 끼워 맞춤의 예

헐거운 끼워 맞춤은 조립품에서 안쪽으로 삽입되는 부품의 최대 치수가 바깥쪽 부품의 최소 치수보다 작을 경우에 발생한다. 이런 형태의 끼워 맞춤은 볼트가 구멍에 끼워 맞춰지거나 축이 베어링 내에서 회전할 경우에 필요하다. 조립품의 기능에 따라 헐거운 끼워 맞춤의 조립을 선택할 지가 결정되며, 틈새가 발생한다.

억지 끼워 맞춤은 조립되는 두 부품에 힘을 가하거나 바깥쪽 부품의 열팽창에 의해 결합하여 조립하는 경우에 필요하다. 어떤 금속재료는 외부 부품을 안쪽으로 삽입하여 조립하기 전에 사전에 열팽창 시키지 않을 경우에는 끼워 맞춤이 되지 않는다. 예를 들면, 철도차륜은 냉각된 차축에 압입하기 전에 가열시켜 치수를 키운 후에 끼워 맞추고 냉각시키는 데 이와 같이 조립하면 아주 심한 억지 끼워 맞춤이 된다.

중간 끼워 맞춤은 결합하는 부품들 사이의 공차가 어느 정도 중복되는 끼워 맞춤이다. 그래서 임의로 선택해 보면 헐거운 끼워 맞춤이 되기도 하고 억지 끼워 맞춤이 되기도 한다. 이 경우 결합부품 간의 원하는 끼워 맞춤이 이루어지려면 조립하기 전에 치수별로 미리 분류하여야 한다.

끼워 맞춤의 선택을 수행할 때에 모든 부품은 치수에 따라 검사하여 등급을 매겨야 한다. 이렇게 하면 모든 부품을 엄격한 공차내로 가공하는 것보다 훨씬 싸게 제작하면서도 매우 엄격한 끼워 맞춤을 얻을 수 있다.

(5) 공차 누적

공차 누적은 조립품에서 각 개별 부품의 치수에 대한 허용 공차가 합격공차이지만, 결합되었을 경우에 전체 치수 관계에서 허용될 수 없는 불합격 치수공차가 발생할 때 나타나는 것으로 종종 조립품 불량의 원인이 되기도 한다. 조립에서 각 개별 부품의 최대 한계치수가 결합될 때의 상태를 한계 누적이라고 한다. 반면에 각 개별 부품은 최대 한계치수보다 적은 치수이지만 결합된 조립품의 전체 치수가 각 부품들의 공차의 합으로 인해 불합격될 때를 공차 누적이라고 한다. 그림 2.12에 주어진 각 부품과 조립품의 공차가 모두 ±0.05mm가 되도록 주어진 경우에 공차 누적 및 한계 누적의 예를 보여준다.

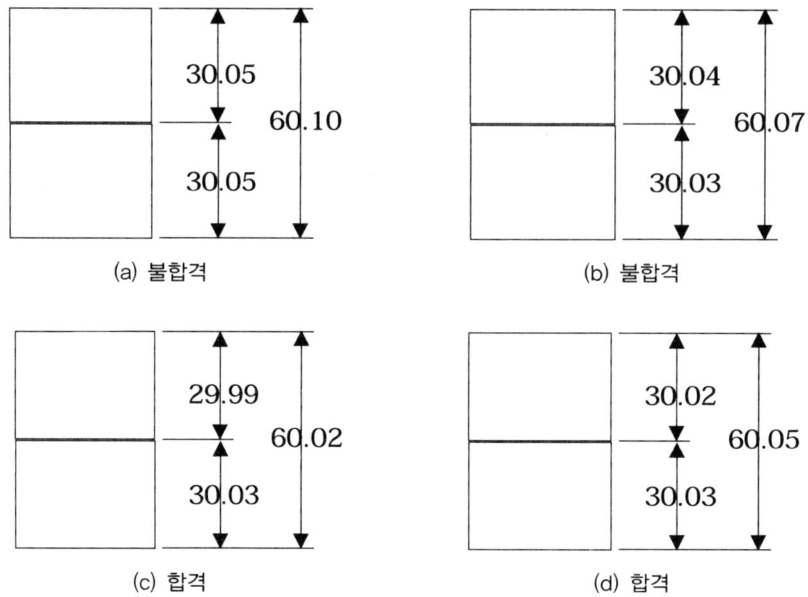

[그림 2.12] 한계 누적 및 공차 누적의 예

그림 2.12의 각 부품이 30±0.05mm로 가공되어야 하며, 전체 조립품은 60±0.05mm를 만족시켜야 한다고 하자. (a)의 경우는 한계 누적을 보여준다. 각 개별 부품의 치수는 최대한계치수를 만족시키므로 합격이나, 전체 조립품은 60±0.10mm가 되어 주어진 조건인 60±0.05mm를 초과하여 불합격이 됨을 알 수 있다. (b)의 경우는 (a)처럼 불량품을 발생하지 않도록 각 개별 부품에 대하여 최대한계치수보다도 작은 치수로 가공하여 충분히 합격되도록 각 부품 치수가 30.04mm, 30.03mm로 제작한 조립품이지만, 여전히 조립품은 원하는 조건인 60±0.05mm를 만족하지 않는 60±0.07mm임을 보여주며 이런 경우가 공차 누적이고 개별 부품은 넉넉히 합격 부품이지만 조립품은 불합격품이 되며 이런 경우에는 불합격품을 발견하기가 어렵다. 반면에 (c)와 (d)는 모두 각 개별 부품들이 주어진 범위 안에 들어가며, 이들을 조립한 조립품도 규격 안에 들어가므로 합격품임을 알 수 있다.

공차 누적을 일으키는 원인은 부품들의 가공, 결합방법, 측정방법 등을 통해 치수가 계산되므로 여러 가지가 있을 수 있고, 그 원인을 직접 찾아내기는 어렵다. 따라서 이들 모두에 대해 면밀히 추적해 볼 필요가 있다. 어떤 경우의 치수변화는 피할 수가 없기 때문에 보다 세심하게 관리를 해야 하지만, 그래도 허용되지 않는 공차 누적을 만나지 않으려면 설계도에서 요구되는 것보다도 더욱 엄격하게 공작물의 치수 및 공차를 유지해야 하고, 따라서 추가 작업이나 정밀 작업 및 정교한 치공구의 사용, 보다 숙련된 기술자의 작업을 통한 가공 등이 필요하다. 하지만, 이러한 추가되는 작업들은 결국 제조비용을 증가시키므로 절충을 해야 한다.

조립에서 발생하는 공차 문제를 해결하기 위한 방법 중 하나로 종종 공차 설계에서 과도한 공차 축소로 설계하는 경우가 발생하는 데, 이는 가공에 있어서 많은 불량품을 발생시키는 원인이 되기도 한다. 공차 누적은 이와 같이 설계상에서 발생하기도 하며, 가공할 때에 발생하기도 한다. 이들은 각각 설계공차 누적, 공정공차 누적이라고 할 수 있다.

설계공차 누적은 제품설계자에 의해 발생되는 것으로 제품도 상에서 나타난다. 설계공차 누적이 발생되면 부품의 기능이나 조립에 뚜렷한 영향을 미치므로 가능한 한 제거되어야 한다. 그림 2.13은 설계공차 누적을 잘 나타내 주는 그림이다.

그림 2.13에서 볼 때 컴프레서에서 압축실의 체적은 주어진 압력 비를 보증해 주기 위하여 엄격한 한계 내에서 유지되어야 한다. 주어진 그림에서 왼쪽은 확대 척도로서, 상사점에서 압력실의 체적이 최대가 되는 조건을 보여주고 있다. 반면에 주어진 그림의 오른쪽 부분은 압력실의 체적이 최소 체적이 발생하는 경우를 보여주고 있다. 만약 조립에 관계되는 부품이 넓은 공차 범위 쪽으로 변화하면 그 압축비는 뚜렷한 영향을 받게 된다. 이것이 다기통 컴프레서라면 작동은 지극한 불균형을 이루게 될 것이다. 설계공차 누적은 조립 부품에서 생기는 것 이외에 역시 각 부품에서도 생길 수 있다.

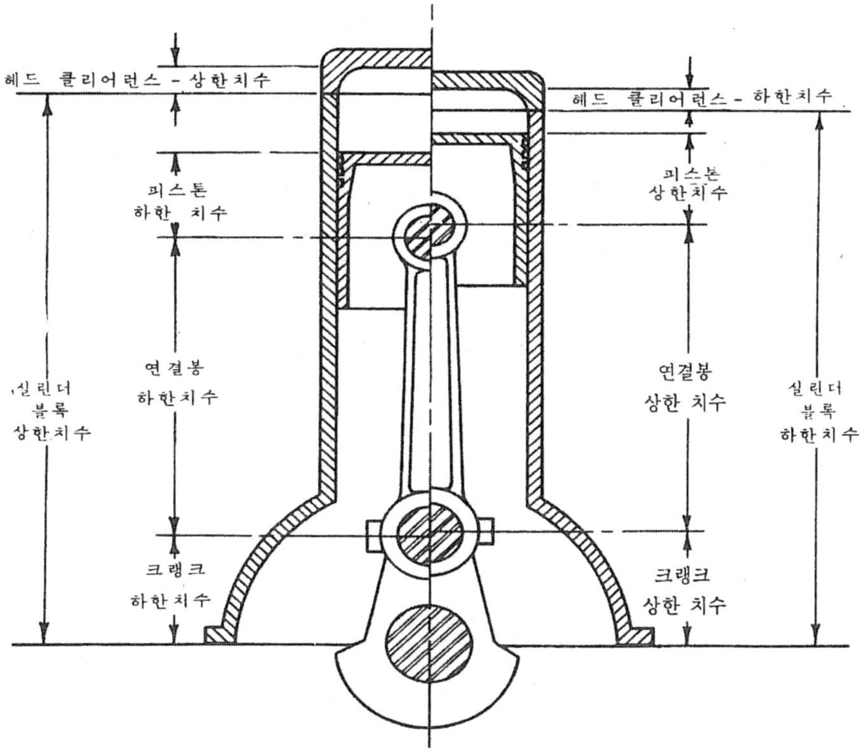

[그림 2.13] 컴프레서 압축실 체적의 설계공차 누적의 예 [2]

설계공차 누적은 조립품에서 발생하기도 하지만 그 외에 각 개별 부품에서 생길 수 있다. 그림 2.14에서 부품 (a)는 이러한 문제를 나타내는 설계도이다. 만일 부품도 상에 공차가 표시되지 않은 치수의 공차는 ±0.30mm이라고 도면상에서 주기로 표시하였다고 하자. 그러면 부품 (a)의 치수 X는 당연히 공차가 ±0.30mm를 초과하지 말아야 한다. 그러나, 그림 2.14의 부품 (a)에서 표면들 사이의 치수공차가 각각 ±0.15mm이기에 가공결과도 ±0.30mm를 만족하지만, 치수 X는 가공결과에 따라 ±0.45mm의 최대의 치수공차를 가질 수 있다는 것을 알 수 있다. 만약 설계도면이 그림 2.14의 부품 (a)와 같은 치수표기 방법을 유지한다고 하고 도면상에서 표시한 것처럼 X의 치수공차가 ±0.30mm를 초과하지 않으려면, 표시된 모든 치수들의 공차는 ±0.10mm로 축소되어야 한다. 따라서 부품의 표면들을 처음 예상보다는 정밀하게 가공해야 한다. 이러한 공차 누적을 제거하기 위해서는 기준선 치수 표기법을 적용하면 된다. 즉, 그림 2.14의 (b)에 표시한 바와 같이 동일한 기준선으로부터 치수기입을 하면, (b)의 치수 X는 안정되어 주어진 ±0.30mm의 값을 얻을 수 있다.

설계공차는 설계부서에서 작성하는 데, 공정계획자가 설계공차 누적에 대한 어떤 책임이 있는가? 설계공차는 제품설계부서에서 작성하므로, 비록 공정계획자가 제작하는 단계에서 작업공차를 조정하고 관리하는 책임이 있다고 하더라도 공차 누적이 발생하는 부분에 대해서는 객관적인 책임은 없다. 공정계획자가 부품이나 조립품의 모든 기능을 항상 알고 있어야 할 의무는 없다. 공정계획자의 의무는 부품설계도에 주어진 사양대로 부품을 생산하는 것이다. 그렇지만 오늘날 동시공학적인 설계와 생산을 추구하는 생산형태로 나아가는 것을 감안하면 공정계획자는 생산과 함께 설계에도 자신의 역할이 있으며, 앞서 언급한 것처럼 공정계획자는 고유의 업무인 공정이나 작업순서를 결정하기 전에 부품에 대한 모든 정보를 이해해야 한다. 만약 공정계획자가 스스로 처리하기 곤란한 설계공차 누적이 발생할 가능성이 있거나 부품도에 대한 자료가 충분하지 못한 경우에는 부품설계자와 머리를 맞대고 협의하여 함께 문제점 해결방안을 도출해야 하며, 임의로 추측하는 것은 피해야 한다.

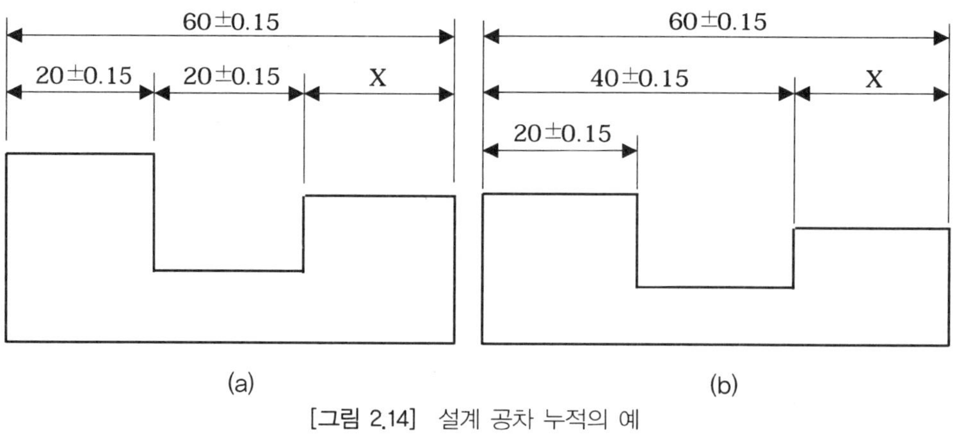

[그림 2.14] 설계 공차 누적의 예

공차누적의 또 다른 경우는 공정공차 누적이다. 이 누적은 공정순서를 적절하게 배치하지 못한 결과로 야기된다. 이는 공정계획의 원칙이 지켜지지 않을 때 생기는 것으로, 부품설계도에서는 어떠한 공차 누적이 나타나지 않을지라도 불량 제품을 생산하게 되는 것이다. 공정공차 누적이 발생한다고 확인되면 왜 발생하며, 공차 누적의 크기가 어느 정도인지를 검토하고 해결방안을 찾아야 한다. 공정공차 누적을 설명하는 하나의 예로 그림 2.15에서 세 개의 수평면(아래 평면 S1, 홈 평면 S2, 위 평면 S3)으로 구성된 부품을 가공하는 데 필요한 공정 전개를 세 가지 방법으로 작업하여 대안을 선택한다고 하자.

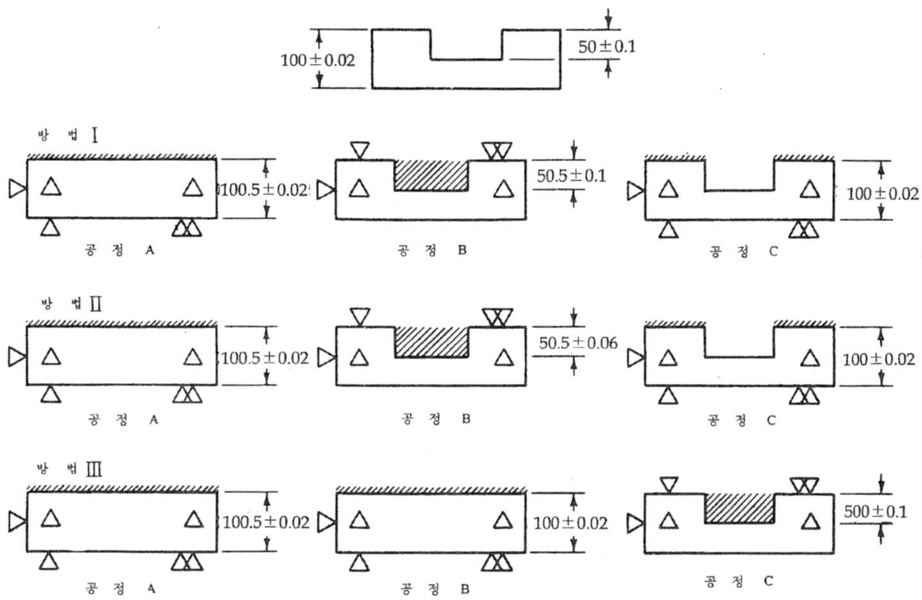

[그림 2.15] 공정계획의 세 가지 방안과 공정공차

공정계획한 각 방법들을 하나씩 분석해 보면,

▶ [공정계획 방안 1] : S1->S3, S1->S2, S3->S1의 순서를 갖는다.

이 경우, 첫 번째 공정에서는 아래 표면을 위치결정한 후, 위 표면 S3을 가공하며 가공치수는 100.5±0.02이다. 이어서 가공하지 않은 S1면을 위치결정면으로 하여 S2의 홈을 가공하는 데, 가공치수는 50.5±0.1이다. 그리고, S1면을 기준으로 최종치수를 유지하는 S3면을 가공하며 가공치수는 100.0±0.02이다. 방안 1의 공정계획의 결과를 살펴보면 홈의 깊이가 설계도상에서 작성한 규격 안에 들어갈 수 없다는 것을 알 수 있다. 만약 첫 번째 공정에서 치수공차가 큰 값으로 가공되었다면 그 부품의 높이는 100.5에서 0.02값이 더해진 100.52가 된다. 이어서 홈의 깊이는 첫 공정에서 가공된 치수로부터 정해진다. 그리고 이 경우 홈이 치수공차의 작은 값으로 가공되면 50.4의 값이 될 것이다. 세 번째 공정에서는 작은 치수공차로 가공된다고 하면 부품의 최종 높이는 99.98이 된다. 이 값은 세 번째 공정에서 100.52에서 99.98값을 뺀 값인 0.54의 크기만큼 절삭되었음을 의미하고, 이는 홈의 깊이에 영향을 주어 홈 깊이가 49.86이 되어 설계도상의 기준치수 값인 50.5± 0.1 내에 포함되지 않음을 알 수 있다.

각 공정에서의 치수공차가 앞서 언급한 것과는 반대되는 값을 갖게 하여 공정계획을 수행할지라도 홈은 여전히 기준치수보다 0.014만큼 깊이 가공됨을 알 수 있다. 따라서 방안 1에 의한 공정계획은 설계도를 만족시킬 수 없는 경우가 발생한다.

▶ [공정계획 방안 2] : S1->S3, S1->S2, S3->S1의 순서를 갖는다.

이 방안은 방안 1과 동일한 공정순서를 갖는다. 하지만 홈에 대한 치수공차가 ±0.06으로 축소되게 가공을 한다. 이 경우에는 가공된 홈의 깊이는 방안 1에서 행한 절차에 따라 계산하면 설계도에 표시한 50.0±0.01의 범위 내에 있는 값이다. 따라서 공정에서 불량품이 생기는 일은 없다. 그러나 치수공차를 축소했기 때문에 그만큼 정밀하게 가공해야 하고 그로 인해 방안 1보다 가공비용이 증가된다.

▶ [공정계획 방안 3] : S1->S3, S3->S1, S1->S2의 순서를 갖는다.

이 방안의 첫 번째 공정에서는 방안 1과 동일하게 가공하므로 가공치수는 100.5±0.02이고, 다음은 가공된 S3면을 기준으로 설계도에서 주어진 치수인 100.0±0.02로 가공한다. 이어서 홈가공을 세 번째로 하는데 가공치수는 50.0±0.01이다. 이와 같이 공정순서를 바꾸었을 경우에는 방안 1과 같은 문제도 발생하지 않고 방안 2처럼 공차를 축소시킬 이유도 발생하지 않는다. 따라서 불량품이 발생할 가능성이나 가공비용을 증가시키는 요인이 생기지 않는다. 즉, 공정공차 누적은 이와 같이 공정계획을 적절히 수립하면 피해갈 수 있으며 이는 공정계획자의 중요한 역할 중의 하나임을 알 수 있다.

2.4.3 형상정도의 측정

어떤 부품도 오차 없이 완벽한 치수의 형상을 갖춘 부품으로 만들어지는 것은 없다. 모든 부품은 그 부품의 합격 범위를 정해놓고 그 범위 안에 들어가도록 값을 측정하고 관리한다. 부품의 기능적인 요구에 따라 부품을 구성하는 형상은 부품도 상에 표현되어 있으며, 일반적인 사항은 한국공업규격에 따라 암묵적으로 표현되는 데, 일반적으로 형상을 표현할 때 하나의 형상이 평평하다, 둥글다, 직선이다 하는 것은 어떤 의미가 있는가? 부품은 자신을 구성하고 있는 형상이 정해진 치수와 공차 범위 안에 있을 때 평평하거나 둥글거나 직선이라고 말한다. 기하학적 형상과 관련된 중요정보는 한국공업규격에서 정해 놓았으며, 이들은 평면도, 진직도, 진원도, 직각도, 평행도, 동심도 등으로 표현된다.

(1) 데이텀(datum)의 필요성

생산현장에서 기하학적 형상을 얻기 위해 표면을 가공할 때는 정해진 치수와 공차 범위 안에 가공해야 하므로 가공 상의 어려움이 있고, 따라서 기준이 되는 표면이나 관련 표면들을 정확히 인식하여 원하는 형상으로 가공할 필요가 있다. 도면상에 주어진 부품의 관련 형체나 형상에 기하 공차를 지시할 때, 공차 영역을 규제하기 위하여 설정한, 이론적으로 정확한 기하학적 기준을 데이텀(datum)이라고 한다. 이 때, 기하학적 기준은 점, 직선, 축 직선, 평면일 수 있으며, 점, 직선인 경우를 각각 데이텀 점, 데이텀 직선으로 부르고 이들에 대한 상세한 내용은 한국공업규격 KS B 0243의 기하 공차를 위한 데이텀에 잘 표현되어 있다.

기하학적 형상의 변화를 관리할 때 데이텀을 사용해야 하는 이유는, 공통 표면이 되는 데이텀을 기준으로 최대치수와 최소치수를 모두 얻을 수 있다는 점 때문이다. 전체 공차영역은 이들 두 치수 사이에 들어간다. 또한 데이텀을 사용하면 형상에 관계하는 기하학적 공차를 잘못 해석하는 것을 피할 수도 있다. 그림 2.16을 보면, 직사각형 모양을 한 공작물의 치수는 최소한계치수가 1.490, 최대한계치수가 1.500이고, 최대 및 최소의 전 허용변화량은 0.010이며, 상부 표면은 작성한 것처럼 평면도 공차 0.002 이내에 들도록 유지되어야 한다. 만일 0.010의 가공 공차가 각 방향으로 0.005로 나눠진다면 평면도 공차도 양쪽으로 나뉘어져 적용되어 공차는 0.005를 허용하고 그림 2.16의 (a)에 나타난 바와 같이 기하학적 총 공차도 0.004가 될 것이다.

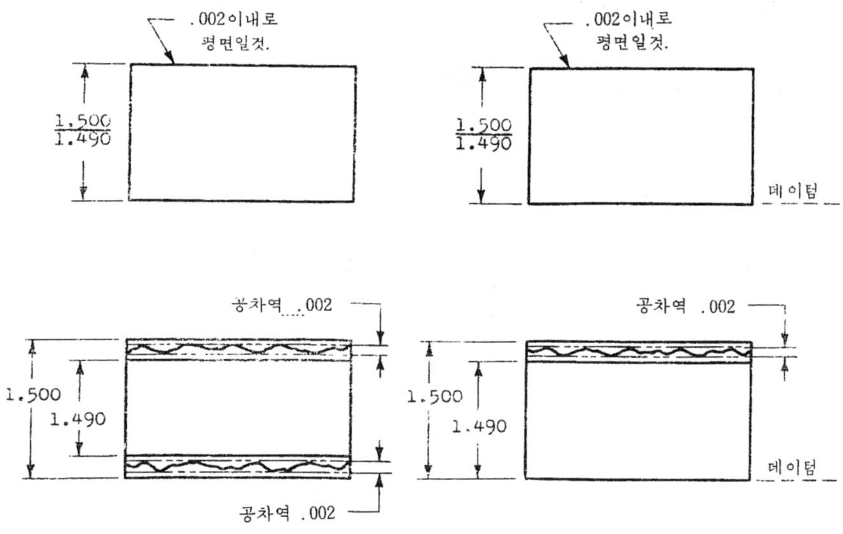

(a) 데이텀 없음 (b) 데이텀 있음

[그림 2.16] 데이텀의 유무에 따른 부품

그림 2.16의 (b)는 데이텀이 있는 부품으로써, 데이텀으로부터 기하학적 공차를 측정한 결과를 나타낸다. 그러나 실제적으로는 이러한 데이텀의 개념을 항상 쉽게 적용

할 수 있는 것은 아니다. 예를 들면, 거친 단조품의 가공된 표면은 데이텀을 설정하는 데에 문제점을 야기한다. 또한 원추의 축이나 중심선은 가상 데이텀의 일례이고, 만일 중심선이 원추의 끝에 있다 해도 실제 측정은 그 표면으로부터 수행해야 한다. 부품의 기하학적 형상을 규제하기 위해 필요한 기하공차의 도시방법은 한국공업규격 KS B 0608에 잘 기술되어 있으며, 이들은 모양공차 또는 형상공차, 방향(자세)공차, 위치공차, 흔들림공차로 분류되기도 한다.

(2) 기하학적 형상공차

기하학적인 형상을 규제하는 데 있어서 단독으로 사용하는 특징형상(feature)에 적용되는 형상공차는 데이텀을 참조할 필요가 없다. 이는 형상공차가 하나의 형상에만 적용되기 때문이며, 이 형상공차는 형상의 표면상태를 규제하는 것이므로 형상 표면의 형상공차의 규제는 형상의 치수공차 범위를 벗어날 수 없다는 것이 일반적이 규칙이다. 이와 같이 단독으로 사용되는 형상공차의 종류로는 진직도(straightness) 공차, 평면도(flatness) 공차, 진원도(roundness) 공차 및 원통도(cylindricity) 공차가 있다.

선의 윤곽도(Profile of a Line) 공차나 면의 윤곽도(Profile of a Face) 공차는 단독 또는 관련형상이 존재하는 경우의 기하공차이다.

관련형체가 있는 경우에 해당하는 기하공차는 자세, 위치, 흔들림 공차로 구분하며, 자세(Orientation)공차는 평행도(Parallelism) 공차, 직각도(Perpendicularity) 공차, 경사도(Angularity) 공차로 세분하고, 위치(Position) 공차는 위치도 공차, 동축도 또는 동심도 공차, 대칭도 공차로 세분하며, 흔들림 공차는 원주 흔들림(Circular Runout) 공차와 온 흔들림(Total Runout) 공차로 세분한다.

(2.1) 단독형체의 기하공차

1) 진직도

진직도 공차는 선이나 면, 축선의 요소가 직선인 경우의 조건으로서, 고려요소나 범위 내의 공차영역으로 제한한다. 공차영역은 두 개의 평행한 두 직선 사이의 간격을 의미한다. 그림 2.17은 부품의 원추면과 원통면에 대한 진직도 공차가 0.003 범위 내에 있어야 함을 명시한 그림이다.

2) 평면도

평면도는 하나의 지정된 평면 내에 있는 모든 요소들이 갖는 표면의 상태를 표현한 것이다. 평면도 공차는 평면이 놓여져야 하는 범위 내에서 두 평행한 평면 사이의 거리로 정의되는 공차영역이다. 평면도는 도면상에 지시선이나 표면의 연장선상에 표시되며 그림 2.18과 같이 규제되는 표면의 요소가 직선으로 나타나는 투영도에 배치된다. 평면도는 형상공차이므로 진직도와 같이 치수공차 범위 내에 있어야 한다.

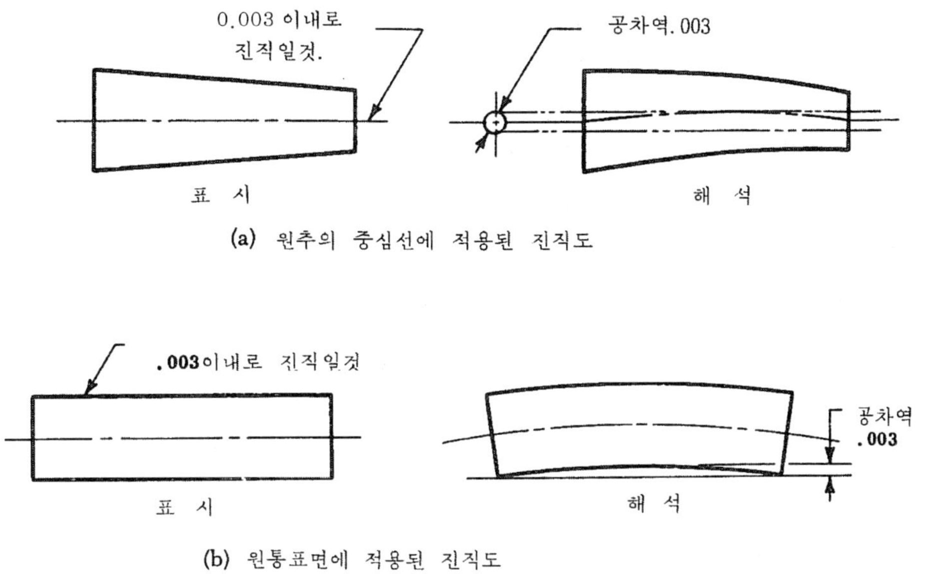

(a) 원추의 중심선에 적용된 진직도

(b) 원통표면에 적용된 진직도

[그림 2.17] 진직도의 예

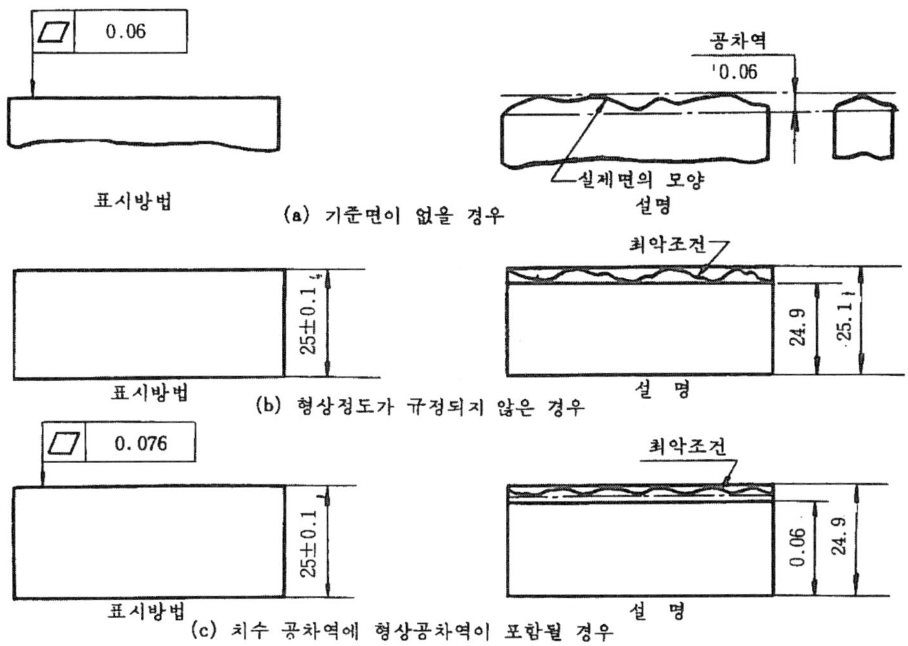

(a) 기준면이 없을 경우

(b) 형상정도가 규정되지 않은 경우

(c) 치수 공차역에 형상공차역이 포함될 경우

[그림 2.18] 평면도의 예

3) 진원도

진원도는 한 표면의 상태를 구면이나 그 외의 형상으로 구분하여 형상표현을 한다. 먼저 표면의 특징형상이 구면인 경우의 진원도 공차는 구의 중심을 통과하는 임의의 평면으로 절단한 표면의 모든 점이 그 중심에서 같은 거리에 있는 경우를 말한다. 구면 이외의 형상인 경우에서 진원도 공차는 축심에 수직인 임의의 단면으로 절단한 표면의 모든 점이 그 축 중심으로부터 같은 거리에 있는 경우를 말한다. 진원도 공차는 두 개의 동심원에 의한 직경상의 공차 영역으로 규정하며, 그 예는 그림 2.19와 같다.

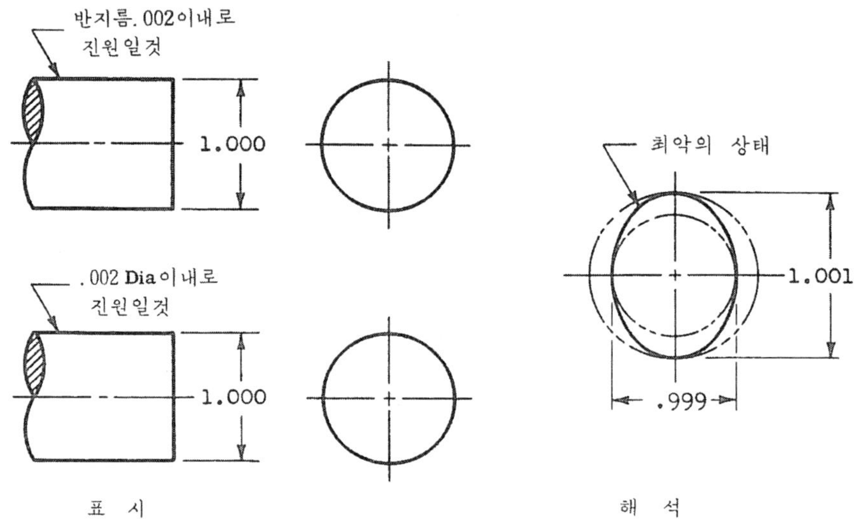

(a) 치수공차가 없는 진원도

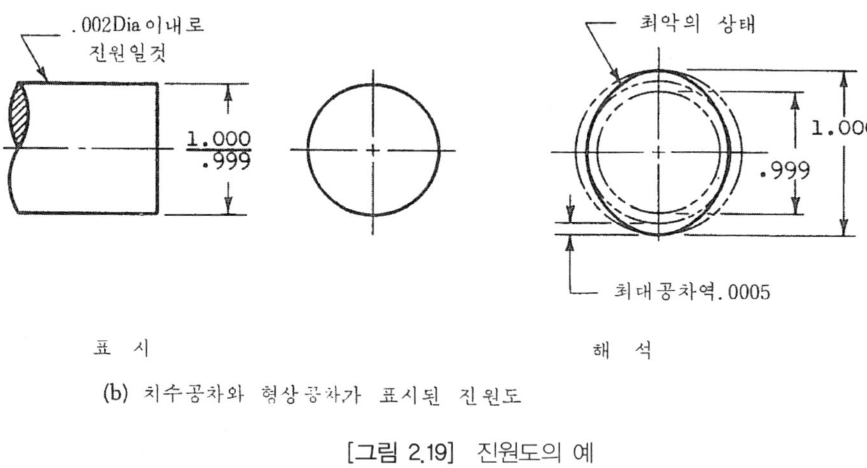

(b) 치수공차와 형상공차가 표시된 진원도

[그림 2.19] 진원도의 예

4) 원통도

원통도는 원통 표면의 모든 점들이 공통의 축심으로부터 같은 거리에 있는 두 개의 표면 사이의 상태 정도를 표현한 것이다. 원통도 공차는 표면이 놓여져야 하는 범위 내에서 두 개의 동심 원통면으로 둘러싸고 있는 부분의 공차영역으로 표현한다. 진원도와는 다르게 그림 2.20처럼 전 표면의 원형의 요소와 길이방향 요소를 동시에 공차

범위 내에 있도록 적용한다.

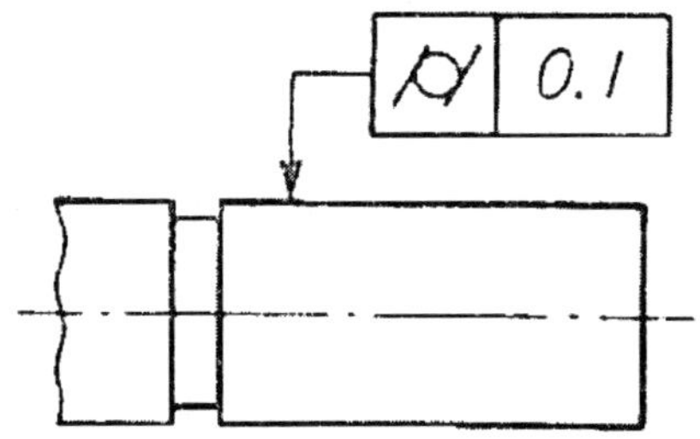

[그림 2.20] 원통도의 예

5) 윤곽도

윤곽도는 부품을 구성한 형상의 윤곽을 나타낸 것으로, 따라서 윤곽은 설계도상의 직선, 표면, 호, 또는 불규칙한 곡면 등의 형상이나 방향의 요소에 의해 표현된다. 윤곽도 공차는 먼저 요구하는 기준윤곽에 대한 투상도를 작성한 후에, 해당되는 표면을 지시선으로 가르키고, 면의 윤곽도나 선의 윤곽도를 표현한다. 이들은 단독 형체에 대한 지시를 하기도 하고, 관련 형체가 있어서 데이텀을 기준으로 하는 지시를 하기도 한다. 선의 윤곽도는 그림 2.21처럼 그 공차 영역이 고려하는 표면의 길이에 이어지는 2차원적인 것이다. 이론적으로 정확한 윤곽선 위에 중심을 두는 공차의 원이 만드는 두 개의 곡선 사이에 끼인 부분을 말한다. 면의 윤곽도는 그림 2.22처럼 면의 윤곽공차에 의해 확립된 공차 영역이 고려할 표면의 길이와 폭으로 이어주는 3차원적인 것이다. 이 경우는 이론적으로 정확한 윤곽면 상에 중심을 둔 구가 만드는 두 개의 곡선면 사이에 끼인 영역을 말한다.

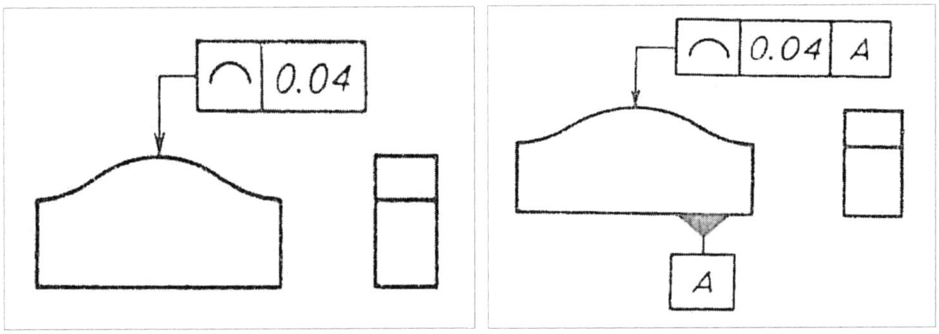

[그림 2.21] 선의 윤곽도 예

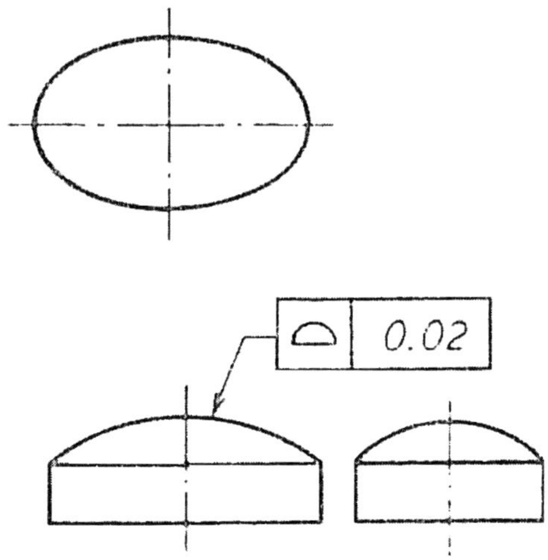

[그림 2.22] 면의 윤곽도 예

(2.2) 관련형체의 기하공차

부품을 구성한 형상들 중, 적용하는 형체가 관련 형체를 갖는 경우에는 자세 공차, 위치 공차, 흔들림 공차로 구분된다. 이들 기하학적 공차 중에 표면의 방향을 나타내는 특성의 공차는 경사도, 평행도 및 직각도가 있고, 위치와 관계하는 공차는 동축도 또는 동심도와 대칭도가 있으며, 흔들림을 나타내는 것은 원주 흔들림과 전 흔들림이 있다. 이들은 상호간에 형상의 방향을 규정하는 것이므로 하나 이상의 데이텀과 관련이 있고, 공정계획에서는 이러한 관계가 표면들 간의 가공순서를 정하는 데에 중요한 정보로 활용되고 있다.

1) 경사도

경사도는 데이텀 평면이나 데이텀 선 또는 축의 중심으로부터 정해진 각(90°는 제외)에서의 표면이나 중간면, 선 또는 축심의 상태를 나타낸다. 경사도 공차의 공차 영역은 하나 이상의 데이텀 평면이나 데이텀 선 또는 축심으로부터 정해진 기준 각도에서 두 개의 평행한 평면 사이로 정의한다. 따라서 지시된 표면이나 선, 축심은 이 공차 영역 범위 내에 있어야 한다. 또한 원통인 경우에는 하나 이상의 데이텀 평면이나 데이텀 축심으로부터 정해진 기준각도에서의 원통 공차 영역으로 정의하며, 지시된 축심은 이 공차 영역 범위 내에 존재해야 한다. 그림 2.23은 경사도의 한 예이다.

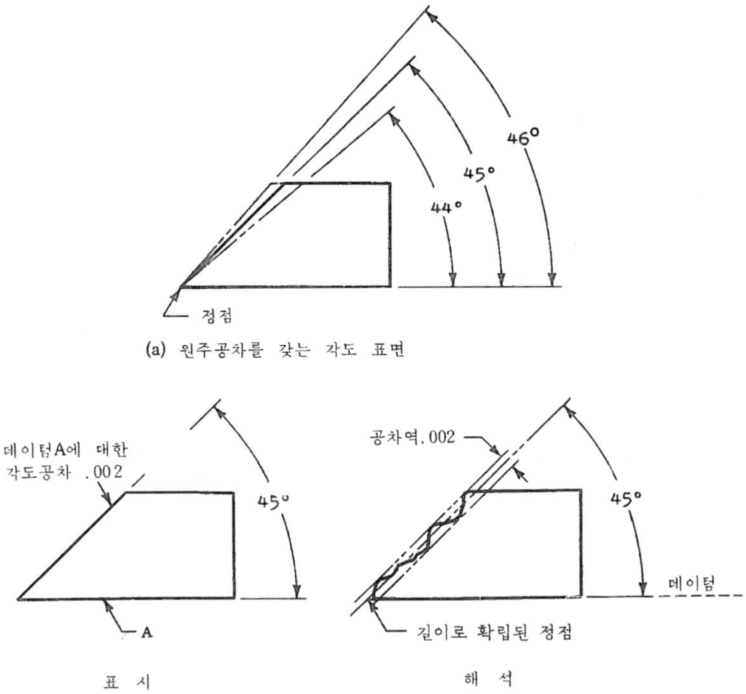

[그림 2.23] 경사도의 예

2) 평행도

평행도는 기하공차에서 두 표면 사이의 평행의 정도를 나타내는 특성을 가진다. 하나 이상의 데이텀 평면, 데이텀 선이나 데이텀 축심으로부터 그의 길이에 이어지는 같은 거리에 있는 축심의 상태를 표현한 것이다. 공차 영역은 데이텀 평면, 데이텀 선이나 축심에 평행한 두 개의 평행 평면에 의해 정의되는 것이며, 지시한 형상의 표면, 선이나 그 형상의 축심이 이 공차영역의 범위 내에 존재해야 함을 의미한다. 원통 공차영역에 대해서도 동일하다. 그림 2.24는 평행도 공차를 나타내는 한 예이다.

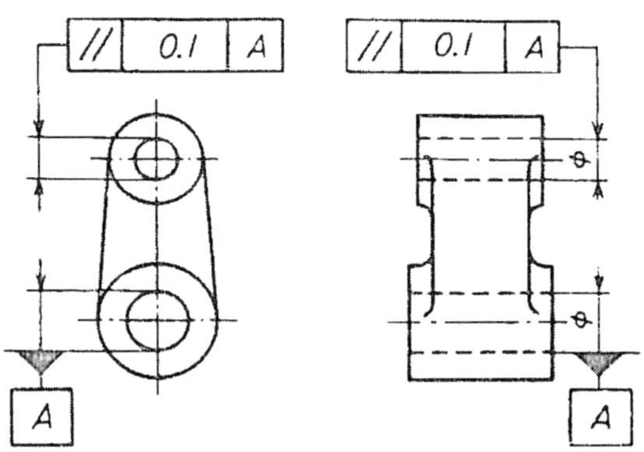

[그림 2.24] 평행도 공차의 예

3) 위치도

위치도는 기하학적 공차에서 하나 이상의 데이텀 평면, 데이텀 선이나 데이텀 축심으로부터, 대상으로 하는 점이나 선, 면이 이론적으로 정확한 위치(진위치라고도 한다)를 중심으로 지시한 범위 내에 있는 영역을 표현한 것이다. 그림 2.25는 점의 위치도 공차를 나타낸 예이다.

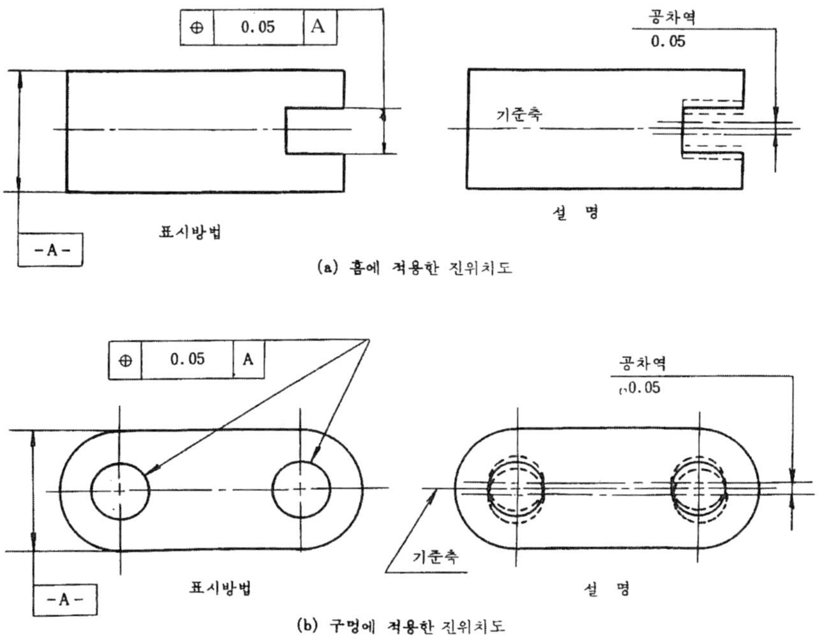

[그림 2.25] 위치도 공차의 예

4) 직각도

직각도는 데이텀 평면, 데이텀 선이나 축심에 직각인 표면이나 중심면, 선 또는 축심의 상태를 나타낸 것으로 경사도의 특수한 경우라고 할 수 있다. 공차영역은 데이텀 평면이나 데이텀 선, 축심에 직각인 두 개의 평행한 평면에 의해 정의되며, 설계도에서 지시한 표면이나 선은 이 공차 영역 범위 내에 존재해야 함을 의미한다. 또한 공차영역이 데이텀 평면에 직각인 원통의 공차 영역에 정의되는 경우에는 지시한 원통형상의 축심이 이 공차영역 내에 있어야 함을 의미한다. 그림 2.26은 직각도를 나타낸 한 예이다.

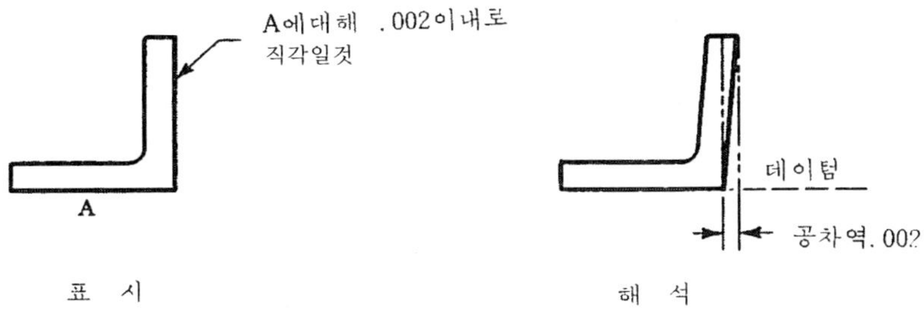

(a) 두평면 사이의 직각도

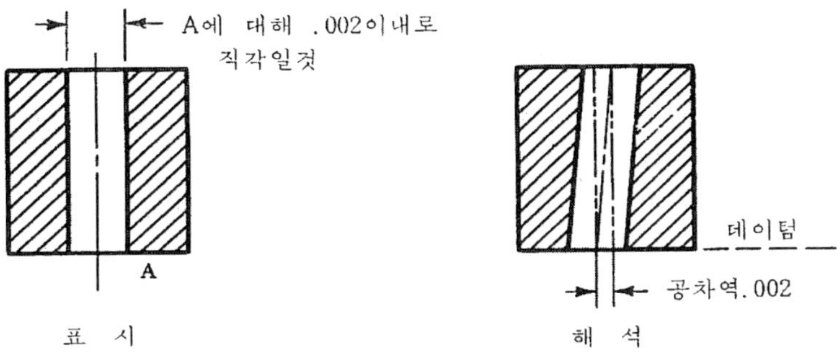

(b) 선과 평면사이의 직각도 평면

[그림 2.26] 직각도의 예

5) 동심도(동축도)

동심도는 데이텀 점과 일치하는 점을 중심으로 하는 직경의 영역을 표현하는 것이며, 동축도는 데이텀 축직선과 일치하는 축선을 가지는 원통안의 영역을 표현한다. 이들은 편심과 서로 관련이 있다. 동축도에서 사용되는 완전한 원통의 의미는 그 표면의 모든 점이 축선이나 중심선으로부터 같은 거리에 있는 특성을 가지므로 그 거리는 한 면에서 축이나 중심선에 대해 직각인 면에서 측정된다. 만일 정확한 원통이 정확한 축선 아닌 축선 상에서 회전될 때 정확한 중심에서 회전축이 벗어난 량을 편심량이라 한다. 가상의 두 축 사이 간격을 실질적으로 측정하는 방법이 없으므로 표면으로부터 측정하며 이때는 일반적으로 인디케이터를 사용한다. 전 인디케이터의 읽음량은 편심량의 2배이다.

동심도를 알기 위해서는 두 원통형 표면을 비교해야 한다. 동심도는 전 인디케이터 읽음량에 의해 측정되므로 그 비교는 실제로 정확한 축과 회전축이 일치하는 완전한 원통에 대한 측정되는 면의 관계를 비교하여 일정한 공차영역을 주는 것이다. 그림 2.27과 그림 2.28은 각각 동축도 공차 및 동심도 공차의 예를 나타낸다.

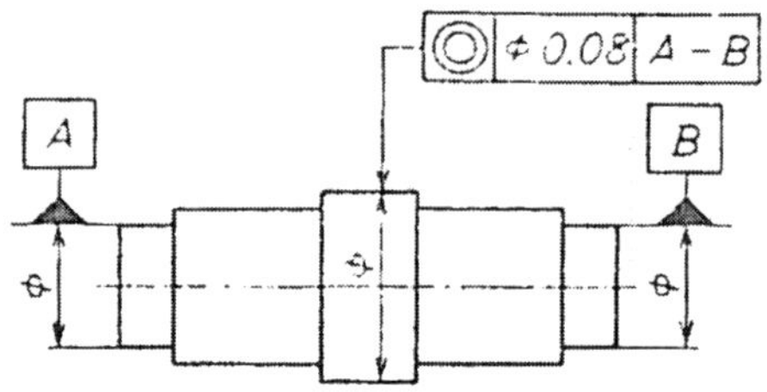

[그림 2.27] 동축도의 예

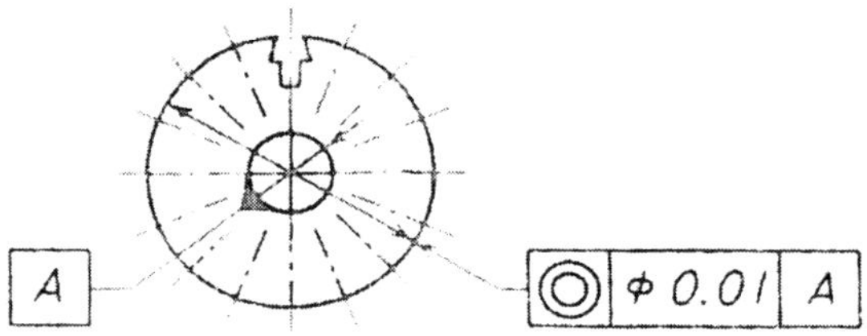

[그림 2.28] 동심도의 예

6) 대칭도

부품을 구성한 형상이 대칭이 되기 위해서는 부품에서 데이텀의 반대쪽 부분이 동일한 형상 또는 윤곽을 가져야 한다. 대칭도는 데이텀 중심 평면이나 데이텀 직선에 대하여 선이나 면의 대칭에 대한 정도를 표현하며, 공차영역은 중심 평면이나 직선에 대하여 평행한 두 평면 사이의 영역이 된다. 그림 2.29의 (a)는 공작물에 가공해야 할 홈을 나타낸다. 여기서 홈의 중심면은 0.002 떨어진 두 평면 사이에 있어야 하고 데이텀의 중심면에 대해 대칭적으로 위치하여야 한다. 그림 2.29의 (b)는 링크 내의 두 구멍에 적용된 대칭도를 나타낸다.

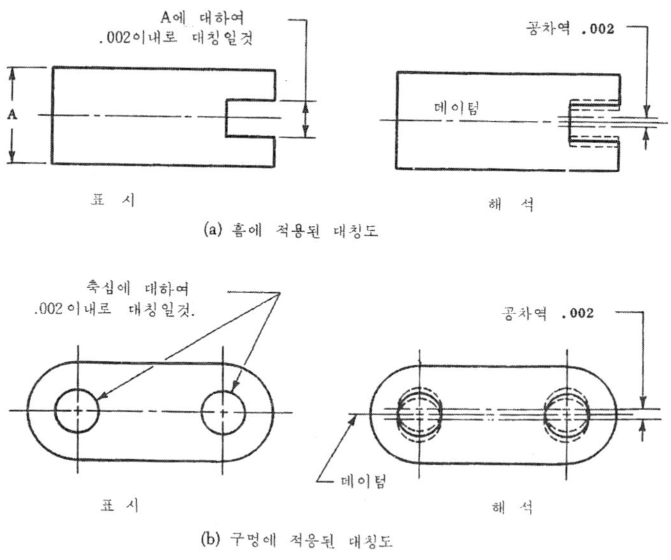

[그림 2.29] 대칭도의 예

7) 원주 흔들림 및 온 흔들림

흔들림은 데이텀 축심을 기준으로 부품을 구성하는 하나 이상의 형상에 대한 기능적인 관계를 규제할 때 사용하는 복합 공차이다. 흔들림 공차에 의해 표현되는 형상들은 부품이 데이텀 축심에 대해서 회전할 때 지시한 흔들림 공차 영역 내에 존재해야 한다. 지시한 형상의 공차는 인디케이터의 읽음의 전 공차가 된다. 흔들림에는 원주 흔들림과 온 흔들림이 있다. 이들은 설계의 요구와 제조를 고려하여 사용을 구분하는데, 원주 흔들림은 온 흔들림보다 요구조건이 덜한 경우이다. 원주 흔들림에는 반지름 방향의 원주 흔들림과, 축방향, 경사진 법선방향, 지정 방향의 원주 흔들림이 있고, 온 흔들림에는 반지름방향의 온 흔들림과 축방향의 온 흔들림이 있다. 그림 2.30은 원주 흔들림에서의 표면의 원주방향의 요소를 규정한 예이며, 지시선의 화살표로 나타내는 원통의 측면이 축방향으로 흔들릴 때, 그 흔들림의 정도가 데이텀 축직선 D에 대하여 일회전 시켰을 때, 임의의 측정하는 위치인 원통면에서 0.1mm의 범위 내에 있어야 함을 의미한다. 그림 2.31은 반지름 방향의 온 흔들림 공차의 예로써, 지시한 원통면의 흔들림은, 이 원통형상과 측정도구 사이에서 축선의 방향으로 이동시키면서 데이텀축직선에 대하여 회전시켰을 때, 원통면이 어느 점에서라도 주어진 공차영역 내에 있어야 함을 의미한다.

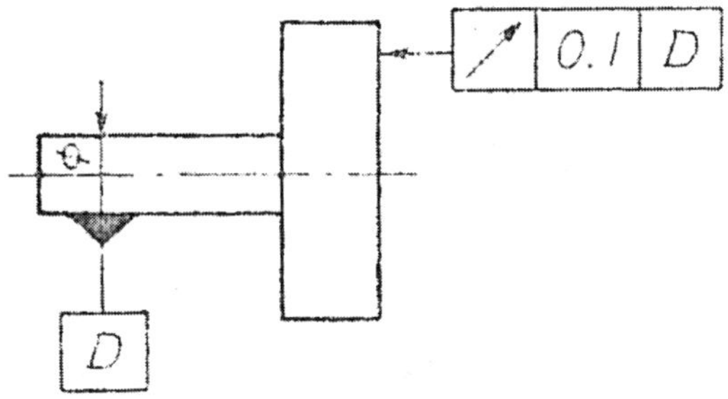

[그림 2.30] 원주 흔들림의 예

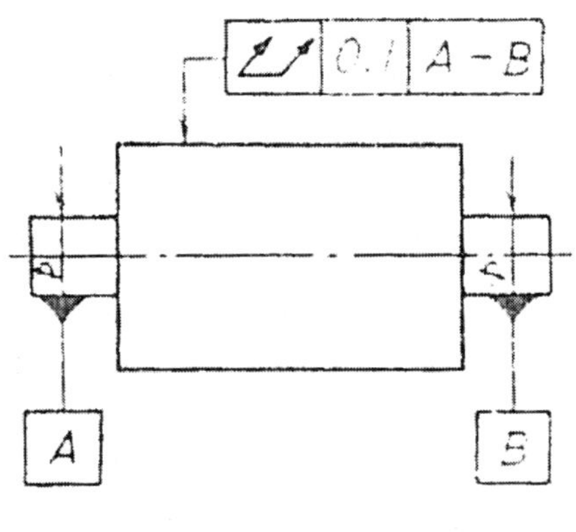

[그림 2.31] 온 흔들림의 예

2.5 표면 거칠기 정보

기하학적 형상에 따라 표면의 특성이 정해졌을 때 가공하는 대상인 표면의 정도를 생각해보자. 이 표면 정도는 표면 거칠기라고도 하며, 기계에서 가공되는 표면의 거칠기는 표면에서 임의로 채취한 각 부분에서의 거친 정도를 말한다. 표면 거칠기를 정확히 인식하는 것은 부품의 기능, 조립, 외관, 경제성 등의 목표를 달성하기 위해서 필요하며, 공정계획자가 반드시 수행해야 할 사항이다. 표면의 품질은 공정, 절삭공구, 공구조건, 재료 등의 선정에 영향을 주기 때문이다.

공정계획자의 역할 중 하나는 설계도에 주어진 부품을 생산할 기계를 결정하는 일이다. 이를 위해 공정계획자는 각종 기계가 갖는 가공 능력을 알아야 하며, 표면 거칠기는 이러한 기계가 갖는 가공 능력과 관계가 있다. 공정계획자는 생산의 경제적인 면을 고려하여 설계도에서 요구된 것보다 더 매끄럽지 않은 정도의 표면 거칠기를 얻는 가공방법에도 관심을 가져야 한다. 래핑이나 호우닝과 같은 매우 고운 표면을 얻기 위해서는 표면에 더 많은 공정들을 선행 작업해야 하므로 비용이 많이 든다. 예를 들면 폴리싱 공정이 필요한 구멍은 폴리싱을 하기 전에 드릴링, 그라인딩, 호우닝 작업을 해야 한다. 이런 경우 많은 공정들이 선행되고 제작 비용도 많이 들어감을 알 수 있다. 이와 같이 표면 거칠기는 제조공정과 제조비용에 밀접한 관계가 있다.

표면 거칠기를 지정하는 데는 여러 가지 규격이 사용되지만, 이 절에서는 한국공업규격 KS B 0161의 다듬질 기호에 의한 표시법에서 명시한 최대 높이, 10점 평균 거칠기, 중심선 평균 거칠기에 대해서 설명하기로 한다.

먼저 표면 거칠기를 위해 사용되는 용어는 다음과 같다.

- 단면 곡선 : 측정할 표면의 평균 표면에 직각인 평면을 대상으로 피측정면을 절단하였을 때, 그 단면에 나타나는 윤곽을 말한다.
- 기준 길이 : 최대 높이 및 10점 평균 거칠기에서 단면 곡선의 일정한 길이를 취한 길이를 말한다.
- 거칠기 곡선 : 단면 곡선에서 저주파 성분을 제거하는 것과 같은 특성을 가진 측정으로 구한 곡선을 말한다.
- 평균선 : 측정되는 표면의 직선 또는 곡선에서 단면 곡선 또는 거칠기 곡선까지의 편차의 제곱의 합이 최소가 되도록 설정한 선을 말한다.
- 중심선 : 거칠기 곡선에서 평균선에 평행한 직선을 그었을 때, 이 직선과 거칠기 곡선으로 둘러싼 면적이 이 직선의 양쪽에서 같게 되는 직선을 말한다.

다음으로 표면 거칠기의 측정 및 표시에 있어서, 먼저 표면 거칠기의 측정은 보통 가공하는 방향에서 직각방향으로 측정하며, 한 표면에서 나오는 최고의 값을 읽어 측정값으로 한다. 측정방법은 다음과 같이 3가지 기본적인 방법이 있다.

01 촉침식에 의한 측정 : 선단에 반경 12.5μ-2.5μ의 촉침을 사용한다.
02 촉감에 의한 비교 측정 : 표면 거칠기 표준편을 사용한다.
03 시각으로 비교 측정 : 육안으로 색깔, 반사시 특성을 비교한다.

부품을 구성한 표면들의 매끄러운 정도를 표현하기 위해서는 설계도면에 정도를 나타내는 표면 거칠기를 표시해야 한다. 표면 거칠기는 표준화된 규격이 있으므로 그 규격에 따라 도면에 표시되며, 다음과 같은 방법들 중 하나를 선택하여 표시한다.

01 최대높이 거칠기(Rmax) : 표면 거칠기의 측정기계에서 얻은 단면 곡선에서 기준 길이를 잡고 그 길이 내에서 최고점과 최저점을 평행하게 긋고 그 사이의 간격을 미크론 단위(μm)로 표시한 것이다. 호칭방법은 최대높이_μm 기준길이_mm 또는 _μm Rmax L_mm로 한다. Rmax를 대신하여 S를 붙여 구분한다.
02 10점 평균 거칠기(Rz) : 주어진 단면 곡선에서 기준 길이의 평균선에 평행한 직선의 높은 곳에서 세 번째 봉우리와 깊은 곳에서 세 번째 골짜기를 지나는 곳을 택해서 이들 두 직선의 간격을 종배율 방향으로 측정하여 그 값을 미크론 단위(μm)로 표시한 것을 말한다. 호칭방법은 10점 평균 거칠기_μm 기준길이_mm 또는 _μm Rz L_mm로 한다. Rz를 대신하여 Z를 붙여 구분한다.
03 중심선 평균 거칠기(Ra) : 거칠기 곡선에서 그 중심선의 방향으로 측정길이 L의 부분을 채취하고, 채취부분의 중심선을 X축, 종배율의 방향을 Y축으로 하여 거칠기 곡선을 y = f(x)로 나타냈을 때, 정해진 식으로 계산된 Ra의 값을 미크론 단위(μm)로 표시한 것이다. 호칭방법은 중심선 평균 거칠기_μm 커트오프 값_mm 또는 _μm Ra λc_mm 로 한다. Ra를 대신하여 a를 붙여 구분한다.

표면 거칠기를 기호로 표시하는 방법은 표면 기호 또는 다듬질 기호로 표시한다. 이들은 한국공업규격에 나타낸 약속된 구분값을 따르며 다듬질 기호는 삼각기호(▽) 및 파형기호(~)를 사용한다. 삼각기호는 제거하여 가공하는 면에 사용하고 파형기호는 제거 가공을 하지 않는 표면에 사용한다. 표 2.3은 다듬질 기호와 표면 거칠기의 구분값을 나타내는 것이다.

[표 2.3] 다듬질 기호의 표면 거칠기 구분

다듬질 기호	구분치		
	Rmax	Rz	Ra
▽▽▽▽	0.8S	0.8Z	0.2a
▽▽▽	6.3S	6.3Z	1.6a
▽▽	25S	25Z	6.3a
▽	100S	100Z	25a
～	특별히 규정하지 않음		

복습문제

1. 호환성은 어떤 의미를 갖는가?
2. 공작물 치수변화의 원인은 어떤 것이 있나?
3. 다음 용어를 정의하라.
   a) 호칭치수　b) 공차　c) 한계치수　d)허용차
4. 조립할 때 끼워맞추는 방법들을 설명하라.
5. 공차누적의 종류와 그들을 상술하라.
6. 서로 관련되는 표면 또는 부위를 그룹화하는 목적은 무엇인가?
7. 표면 거칠기가 공정과의 관계를 설명하라.

part 3

치수 재계산

3.1 기준의 필요성

도면상에 설계된 하나의 부품을 가공한 후 검사할 때는 측정을 해야 한다. 그리고 측정은 하나의 점, 선 또는 면을 기준으로 하게 된다. 기준이 되는 점, 선 또는 면은 차례로 다른 점, 선 또는 면에 참조가 된다. 이러한 사실은 측정할 때는 참조 또는 기준이 필요함을 알 수 있다. 일반적으로 알고 있는 참조는 점, 선, 면 중의 하나로서, 이들로부터 한 부품 또는 조립품들의 대상 형체들이 정의된다. 참조의 역할을 하는 이러한 형체는 그 부품 또는 조립품 상에 있거나 또는 바깥 부위에 있다. 이러한 참조는 그 공작물의 한 형체의 위치결정 치수를 측정하는 시작점으로서 사용된다. 기준의 개념은 단지 위치결정 문제에만 의미가 있다.

기계 가공을 할 때, 한 표면이 정밀도를 얻느냐 못 얻느냐에 대한 문제는 주로 공정에 영향을 주는 요소들에 의존하며 다른 요소들과는 무관하다. 그렇지만, 한 표면의 위치결정의 정밀도는 주로 공작물의 다른 요소와 상호 관련이 있는 경우가 많다. 참조를 결정하는 것은 공작물의 두 표면 사이의 상대적 위치의 정밀도에 영향을 미치는 중요한 요소들 중에 하나로써, 공정계획자가 해야 할 중요한 업무이다.

참조가 적용되는 응용 분야는 설계로부터 대부분의 생산과정에 적용되며 이들은 설계 기준, 작업 기준, 위치결정 기준, 측정 기준, 조립 기준을 결정할 때 사용된다.

3.1.1 설계 기준

설계의 기준은 부품도면에서 하나의 점이나 선, 또는 하나의 면이다. 이 기준으로부터 부품의 다른 곳에 위치한 점, 선 또는 면까지의 치수가 정해진다. 그림 3.1에서 가리키는 표면 B, D, F 및 J의 설계 기준은 각각 면 A, 구멍 C, 원통면 상의 모선 E, 구면의 점 I 이다. 만일 역으로 생각한다면, A, C, E, 및 I를 고려해야 할 경우에는 표면 B, D, F 및 J가 그들 각각의 설계 기준이다.

원통면의 설계 기준은 항상 중심선보다는 오히려 원통면 바깥의 면, 선 또는 점이다. 이는 중심선이 원통면의 기하학적 중심이고 이 중심선은 면의 위치를 나타내기 때문이다. 중심선을 가진 원통면의 위치는 그 원통면 바깥의 점, 선 또는 면에 의해 정의된다.

예를 들면, 그림3.1의 (b), (c), (d), (e)에서 구멍 C, H, K, M의 설계 기준은 각각 면 D, 원통면 상의 모선 G, 구면 상의 점 I, 및 구멍의 L이다. 역으로도 마찬가지다. 그림3.1의 (f)를 보면 2개의 외부 원통면 P, Q 사이의 동심도가 도면상에 표시되어있다. 이 경우에, P, Q의 중심선 사이의 공칭 치수는 0이고 공차 0.01mm이다. P와 Q는 상호 간에 설계 기준이 된다. 종종 여러 기하학적 엔티티(점, 선, 면)들은 동일한 설계 기준을 가지며, 하나의 엔티티는 여러 가지의 설계 기준에 의해 정의된다. 예를 들면, 그림3.1의 (f)에서 표면 N은 면 R, S, T의 설계 기준이고, 반면에 R, S, T는 N의 설계 기준이다.

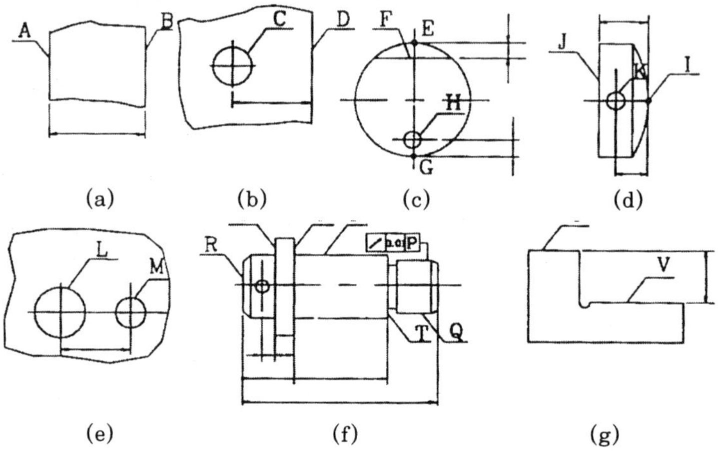

[그림 3.1] 설계 기준의 예 [4]

한 부품 도면에서의 설계 기준과 설계치수는 부품의 작업 조건, 고객의 요구 사항, 물리적 규칙, 제품의 외관과 같은 인자들을 기초로 제품설계자가 작성한다. 이들 값이 합리적이 되려면, 설계치수와 설계 기준을 정의할 때 제조 문제를 함께 고려하여 정의하면 합리적인 결정을 하는 것이다. 과거에는 설계 분야와 제조 분야가 2개의 분리된 독립 기능들로 취급되었다. 하지만 오늘날 제조업은 글로벌 시대에 맞추어서 동시공학을 실행하고 있다는 것이 명백하다. 제품과 공정의 동시 설계를 시행하면, 설계가 완료되어 생산현장에서 가공하기는 훨씬 더 쉽고 저비용이 들 것이다. 이러한 개념의 설계를 제조를 고려한 설계(Design For Manufacture : DFM)라 한다. 이에 관해서는 공정계획의 자동화를 다룰 때 언급하기로 한다.

3.1.2 작업 기준

하나의 작업 기준은 하나의 기하학적 엔티티(점, 선, 면)이며, 여기서 가공될 면의 위치까지의 치수를 측정하게 된다. 작업 기준은 보통 작업지시서에 기록된 공작물의 스케치에서 나타난다. 작업 기준으로부터 가공면까지의 치수를 작업치수라 표현한다. 그림 3.2는 평면 밀링작업에서 2개의 다른 작업을 하는 공작물의 간이 도면을 보여준다. 그림 3.2(a)에서 가공할 표면 V의 작업 기준은 표면 U이다. 마찬가지로 그림 3.2(b)에서 보듯이 표면 W는 V를 작업하는 데 있어서의 작업 기준이다. 그림 3.2를 앞의 그림 3.1(g)와 비교하면, 면 V의 작업 기준이 설계 기준과 일치한다. 공정계획자는 이와 같이 작업 기준과 설계 기준과의 일치성을 확인하고, 작업치수 및 공차를 파악함으로써 작업계획을 수립한다. 그리고 설계 사양대로 실행하기 위해 필요한 제조공정에 맞추어서 의사결정을 한다.

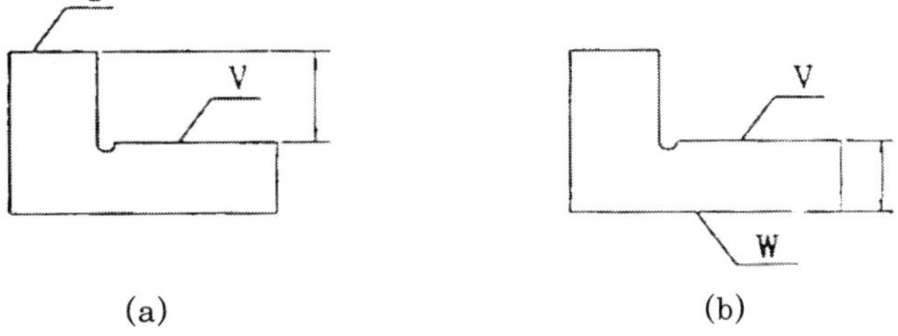

[그림 3.2] 작업 기준의 예

3.1.3 위치결정 기준

위치결정 기준은 공작기계에서의 작업준비를 위해 치공구나 작업테이블 상에서 작업하는 치수의 방향으로 공작물의 적절한 위치를 정의할 때의 한 표면이며, 점이나 선은 위치결정 기준이 되지 않는다. 그림 3.2의 (b)에서 표면 V가 밀링 가공될 때 공작물의 위치를 나타내고자 하면, 작업방향에서 공작물의 위치는 고정구의 로케이터와의 접촉면인 면 W에 의해 정의되므로, 표면 W는 밀링 가공에서는 면 V의 위치결정 기준이 된다.

보통 공작물의 위치는 먼저 위치결정 기준이 공작물 홀더 또는 공작기계 테이블 상의 대응하는 면과의 접촉에 의해서 결정되기도 하고, 위치결정 기준의 위치를 측정하고자 할 때 결정되기도 한다. 전자의 경우 위치결정 기준은 지지용 위치결정 기준이라 하며, 후자인 경우는 측정용 위치결정 기준이라 한다.

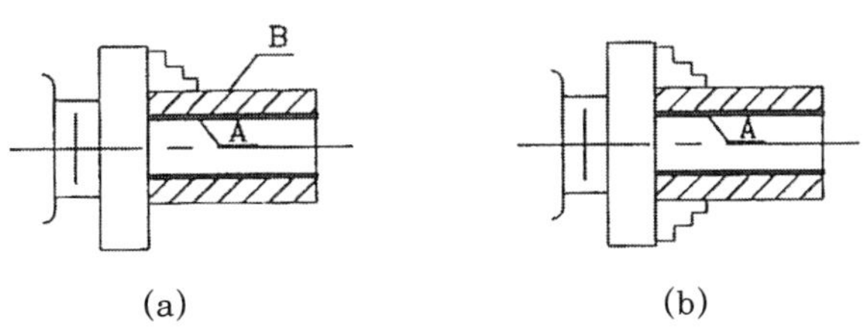

[그림 3.3] 지지용 위치결정 기준

예를 들면, 그림 3.3의 (a)는 하나의 슬리브에 구멍이 있는 부품을 가공하는 것으로 선반에서 보링 가공되어야 한다. 만일 그 슬리브가세 개 죠를 가진 척에 의해 고정되고 외부 원통면 B와 죠의 접촉을 통해 중심을 정한다면, 표면 B가 지지용 위치결정 표면이 된다. 그림 3.3의 (b)에서는 만일 척이 독립적이고 슬리브를 단순히 고정하기 위해 사용된다면, 척에서 공작물 위치는 구멍 A의 위치를 측정함으로써 결정되므로 구멍 A는 측정용 위치결정 기준으로 사용된다.

3.1.4 측정 기준

하나의 측정 기준은 기하학적 엔티티(점, 선 또는 면)으로써, 공작물 표면의 위치는 가공 후에 검사하기 위하여 측정해야 한다. 예를 들면, 그림 3.4(a)에서 표면 V는 밀링 가공된 후에 표면 U로부터 측정함으로써 합격여부를 검사하게 된다. 또 그림 3.4(b)에서는 표면 W로부터 표면 V의 위치를 측정함으로써 합격여부를 판단하게 된다. 따라서 표면 U 또는 W는 표면 V의 측정 기준으로 사용된다.

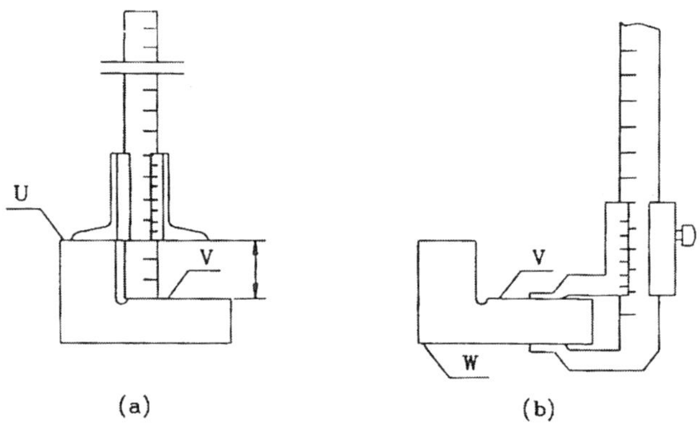

[그림 3.4] 측정 기준의 예

3.1.5 조립 기준

조립 기준은 하나의 기하학적 엔티티(점, 선 또는 면)으로써, 이 엔티티는 한 조립품에서는 부품의 위치, 또는 하나의 조립기계에서는 조립품의 위치를 정해 준다. 예로서, 그림 3.5의 조립품에서 부품들과 간의 상호 관계를 살펴보면, 베벨기어 1의 위치는 구멍과 단면에 의해 결정된다. 여기서 구멍과 단면은 베벨기어의 조립 기준면이 된다. 유사한 방법으로 2번 축의 위치는 자신의 외부 원통면과 왼쪽의 단면에 의해 결정되며, 이들 두 표면은 축의 조립 기준면이다.

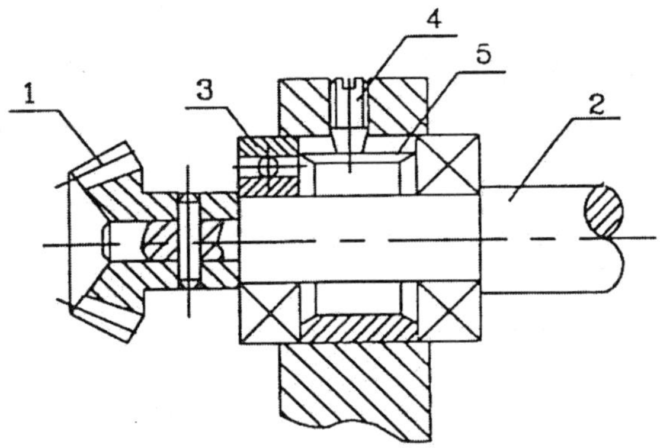

[그림 3.5] 조립측정 기준의 예

설계 기준과는 다르게, 작업 기준, 위치결정 기준, 측정 기준 및 조립 기준은 가공 기술적인 기준이라 한다. 설계 기준과 조립기준은 제품설계자가 설계를 할 때 결정되며, 부품도 상에 표시된다. 그 외의 다른 기준들은 공정계획자에 의해 결정된다. 가공 기술적인 기준의 선택은 품질과 생산효율을 위해 매우 중요하므로 공정계획자는 올바른 기준을 선택하는 능력을 갖추어야 한다.

3.2 치수 재계산

한 부품의 구성표면의 위치는 그 부품의 설계 기준 및 설계치수에 의해서 표현되며, 또 한편으로는 작업을 수행할 때의 작업 기준 및 작업치수에 의해 표현되기도 한다. 설계치수는 공차와 함께 부품도 상에서의 표면의 위치를 나타낸다. 주어진 공정계획에 의해서 작업을 할 때, 작업 기준은 설계 기준, 위치결정 기준, 측정 기준 또는 조립 기준과 일치하는 지를 확인해야 한다. 작업 기준과의 일치성 여부를 판단하여 일치하지 않으면 일치시켜 주기 위하여 치수를 재계산해야 한다. 이 때 이들을 도와주는 도구로써 치수 사슬을 이용하게 된다.

3.2.1 치수 사슬

기준면 사이에 불일치가 존재할 때마다, 치수 재측정이 필요하다. 치수 재측정은 부품도면과 기계가공작업에서의 치수들 중에 상호관계가 있는 지를 분석하는 데에 기초한다. 그것은 부품을 제작할 때 품질관리에 있어서 중요한 부분이다. 이러한 치수간의 상호관계는 치수 사슬(Dimension Chain)에 의해 표현된다.

하나의 치수 사슬은 연속적인 일련의 상호 관련된 치수들로서 폐루프를 형성한다. 이 치수 사슬은 단순한 부품 또는 부품들의 그룹에 많은 도움을 준다. 그림 3.6(a)는 치수 사슬의 한 예를 보여준다. 치수 사슬을 구성한 치수들은 A, B, C, D이다. 단,

여기서 치수 D는 부품도면에서 측정되지 않는 치수이다. 이것은 단순한 부품에 참조되므로 부품 치수 사슬로 명명한다. 이 치수 사슬은 공작물의 면, 선 및 점 들 상호간의 관계를 반영한다.

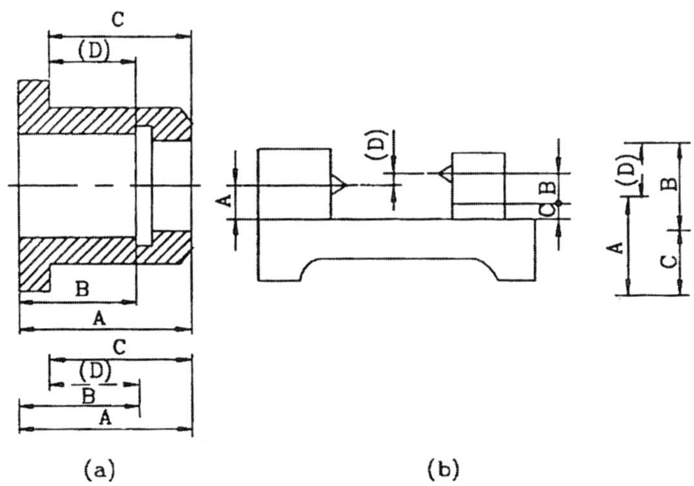

[그림 3.6] 치수 사슬의 예

그림 3.6의 (b)의 치수 사슬에서, 치수 A는 선반에서 베드상에 위치하는 스핀들의 중심선 높이이다. 치수 B는 심압대(tailstock)의 중심선 높이이며, 치수 C는 심압대 아래의 베드판의 두께이다. 치수 D는 스핀들과 심압대 사이의 중심선 높이의 차이이다. 이 경우의 치수 사슬은 선반과 같은 하나의 조립품을 구성한 부품들 간의 상호관계를 나타내며, 이러한 치수 사슬을 조립 치수 사슬로 명명한다.

모든 치수 사슬의 필수적인 선행조건은 상호 관련된 치수와 폐루프를 형성하는 윤곽의 연속성이다. 치수 사슬은 그들의 형태에 따라 다음과 같이 분류할 수 있다.

01 선형치수와 병렬연결로 구성된 치수로서 그림 3.7(a)와 같고 대부분 치수 사슬이 여기에 해당한다.

02 선형치수와 비병렬연결로 구성되는 치수 사슬로서 그림 3.7(b)와 같고, 이 경우에 모든 치수가 단순한 축에 투영되면 이런 부류의 치수 사슬들은 첫 번째 타입으로 변형될 수가 있다.

03 각도치수를 갖는 치수 사슬로서 그림 3.7(c)와 같다. 각도측정에서의 어려움 때문에, 각도치수 사슬은 종종 선형치수를 갖는 치수 사슬로 대신하여 사용한다. 이런 각도치수는 중심거리를 측정하는 게이지에 의해 점검될 수 있다.

04 일련의 치수들이 동일 표면상에 존재하지 않는 공간에서의 치수 사슬로서, 이런 치수 사슬은 실제로 거의 존재하지 않고, 존재해도 모든 치수들을 단일 표면에 투영하여 해결할 수 있다.

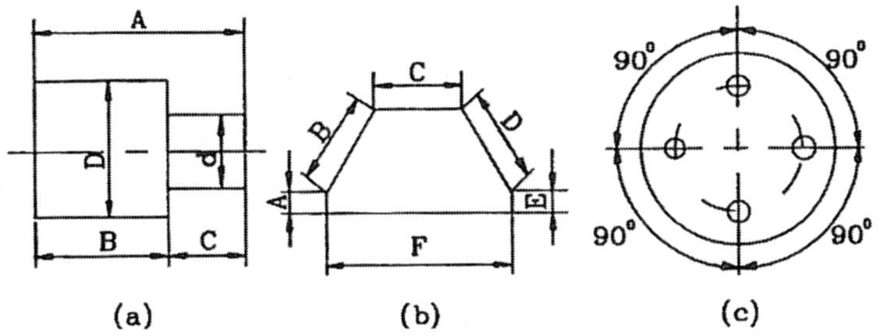

[그림 3.7] 치수 사슬의 종류

치수 사슬에서 하나의 치수를 제외한 다른 모든 치수에 의해 결정되는 단 하나의 치수를 '추정고리(concluding link)' 라고 한다. 이 때, 그 치수사슬의 다른 치수들은 '요소고리(component links)' 라고 한다. 요소고리들은 추정고리와의 관계에 따라 증가 또는 감소하는 특징형상들 중의 하나가 된다.

하나의 증가하는 고리는 다른 고리를 고정한 치수로 두고 그 자신을 증가시켜 볼 때 추정고리를 증가시킨다. 반면에, 감소고리는 다른 고리를 고정하고 그 자신을 증가시켜 볼 때 추정고리를 감소시킨다. 예를 들면, 그림 3.8(a)에 나타난 부품의 치수사슬을 살펴보자. 치수 D는 부품도에서 치수가 주어지지 않았으므로 치수 A, B, C에 의해 정해진다. 따라서 치수 D는 이 치수 사슬의 추정고리이다. 치수 A, B, C 중에 A, C는 그들 중 어느 하나가 증가할 때 치수 D를 증가시키므로 증가고리이다. 치수 B가 증가할 때 D는 감소하므로 치수 B는 감소고리이다. 그림 3.8(b)는 동일한 공작물의 선삭공정에서의 작업을 스케치한 것이다. 치수 B와 E는 작업치수로서 작업을 통해 직접 얻는 치수이다. 따라서, 치수 B와 E는 치수 B, E 및 C로 구성된 치수 사슬의 요소고리이다. 그들 중에 치수 B는 증가고리이고 E는 감소고리이다. 치수 C는 치수 B와 E를 근거로 결정되므로 치수 사슬의 추정고리이다.

위의 예로부터 알 수 있듯이, 치수 사슬은 다른 상황에서는 다르게 사용될 수 있음을 보여준다. 그림 3.8(a)에서 보듯이, 설계치수로 구성된 치수 사슬은 설계 치수 사슬로 언급이 된다. 이때, 설계 치수 사슬은 설계의 관점에서 부품의 표면들 중에 상호간의 관계에 필요한 요구사항을 나타낸다. 또한 그림 3.8(b)에서와 같은 치수 사슬은, 작업지시서의 작업치수, 절삭공구 셋업이나 공구홀더 설계에서 사용된 치수 등과 같이 제조와 관련된 치수로도 구성되기도 하는 데, 이를 공정 치수 사슬 또는 기술적 치수 사슬로 명명한다.

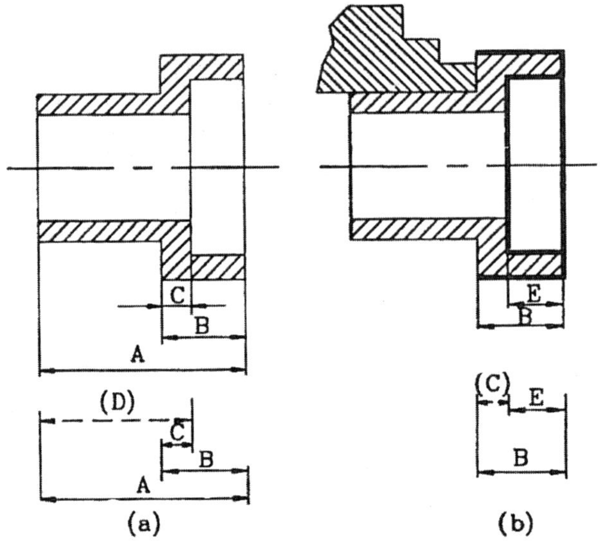

[그림 3.8] 설계 치수 사슬과 공정 치수 사슬

3.2.2 치수 사슬의 조작을 위한 공식

치수 사슬을 분석하면 두 종류의 계산 방법을 발견하게 된다. 하나는 직접계산이고 다른 하나는 역계산이다. 직접계산에서는 모든 요소고리의 치수와 공차가 주어지며 추정고리의 치수와 공차는 주어진 요소고리의 치수와 공차를 이용하여 결정하는 것이다. 반면에 역계산에서는 추정고리의 치수와 공차를 알고 하나의 요소고리 또는 여러 요소고리들이 추정고리로부터 결정되는 것이다. 따라서 치수 사슬을 형성하여 치수재계산을 할 때 추정고리가 어떤 것인지를 파악하는 것이 매우 중요하며, 직접계산이든지, 역계산이든지 상관없이 모두 다음의 식들을 사용한다.

01 공칭치수를 계산하는 공식 : $C = \Sigma I - \Sigma D$,
단, C= 추정고리의 공칭치수
ΣI=모든 증가고리의 공칭치수의 합
ΣD=모든 감소고리의 공칭치수의 합

02 한계치수값을 계산하는 공식 :
$C_{max} = \Sigma I_{max} - \Sigma D_{min}$,
$C_{min} = \Sigma I_{min} - \Sigma D_{max}$
단, Cmax, Cmin = 각각 추정고리의 최대허용치수 및 최소허용치수
ΣI_{max}, ΣI_{min} = 각각 증가고리의 최대허용치수의 합 및 최소허용치수의 합
ΣD_{max}, ΣD_{min} = 각각 감소고리의 최대허용치수의 합 및 최소허용치수의 합

03 위치수 허용차 및 아래치수 허용차
$\triangle UC = \Sigma \triangle UI - \Sigma \triangle LD$,

$\triangle LC = \sum\triangle LI - \sum\triangle UD$

단, $\triangle UC$, $\triangle LC$ = 각각 추정고리의 위치수 허용차 및 아래치수 허용차

$\sum\triangle LI$, $\sum\triangle UI$ = 각각 증가고리의 위치수 허용차의 합 및 아래치수 허용차의 합

$\sum\triangle UD$, $\sum\triangle LD$ = 각각 감소고리의 위치수 허용차의 합 및 아래치수 허용차의 합

04 공차범위의 계산식 :

$\delta c = \sum\delta comp$

단, δc = 추정고리의 공차범위

$\sum\delta comp$ = 모든 요소고리의 공차범위의 합

3.2.3 치수 재계산

치수 재계산은 하나의 작업 기준이 설계, 위치결정 또는 검사 기준 중의 어느 하나와도 일치하지 않을 때 필요하다. 치수 사슬을 분석할 때 직접계산은 오히려 단순하므로 여기서 언급하지 않는다. 반면에 역계산이 훨씬 복잡하게 되므로 다음의 경우들에 대하여 설명한다.

01 작업 기준과 설계 기준의 불일치로 인한 치수 재계산 : 최종 가공작업에서 만일 가공할 표면의 작업 기준이 설계 기준과 일치하지 않는다면, 작업치수는 설계치수와 다를 수 있다. 이는 설계치수가 가공에 의해 직접적으로 얻어지지는 않으나, 간접적으로 가공시의 작업치수에 의해 얻을 수 있음을 의미한다. 이 경우에, 설계치수 사슬에서 하나의 요소고리로서의 설계치수는 기술적인 치수 사슬에서 추정고리가 될 수 있는 것이다. 치수 재계산의 목적은 기술적인 치수 사슬에서 모든 요소고리들의 치수 및 공차를 적절하게 결정하는 것이다. 그러면 필요로 하는 추정고리의 치수 및 공차를 얻을 수 있을 것이다. 이런 이유로, 치수 재계산에 있어서, 기술적인 치수 사슬의 추정고리는 항상 알고 있어야 한다. 이것이 이와 같은 문제를 해결하는 가장 중요한 점이다. 예를 들면, 그림 3.9의 (a)와 같이 치수길이가 주어진 부품도가 있다고 하자. 그림 3.9의 (b)는 표면 1, 2, 및 3을 최종으로 작업할 때 필요한 치수를 기입한 그림이다. 이 작업 전에 모든 다른 표면들은 가공이 완료되었다고 한다. 이제 이 작업에서, 표면 1의 작업참조는 설계참조와 일치하며 부품의 가장 좌측에 있는 표면이다. 그리고 표면 3의 설계참조 역시 가장 좌측의 표면인 데, 이 표면은 작업참조를 위해서는 적합하지 않기 때문에 그것을 변경해야 하며 표면 1이 작업참조로서 선정된다. 이와 같이 표면 3을 얻기 위한 설계 기준이 작업 기준과 다르기 때문에, 그림 3.9의 (b)에서 작업치수에 해당하는 치수 X와 그 공차를 결정해야 하는 치수의 재계산이 필요한 것이다.

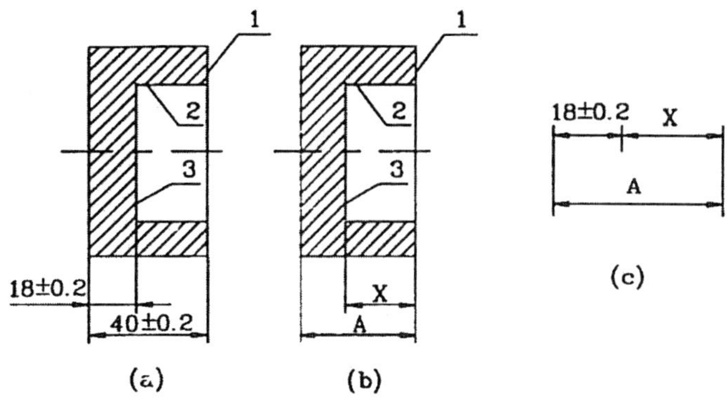

[그림 3.9] 작업 기준과 설계 기준의 불일치 예

그림 3.9의 (c)는 치수 재계산을 위한 기술적인 치수 사슬을 보여준다. 이 치수 사슬로부터 치수 A와 X는 작업에서 직접 얻어지는 값임을 알 수 있다. 설계치수 40±0.2는 직접 작업치수 A와 그 공차에 의해 얻어진다. 반면에 설계치수 18±0.2는 이 작업으로부터 직접 얻을 수 없다. 18±0.2는 A와 X를 통해 간접적으로 얻게 되는 데 그 이유는 18±0.2란 값이 기술적인 치수 사슬에서는 추정고리가 되기 때문이다. 재계산을 통하여 치수 A는 40±0.2, 왼쪽 측면과 표면 3 사이의 치수는 18±0.2가 되도록 X를 적절히 결정해야 한다.

이제 치수 사슬에서, 각각의 고리의 종류가 정해졌다. 즉, 18±0.2는 추정고리이고 A와 X는 요소고리이다. 설계치수 40±0.2를 얻기 위하여 A = 40±0.2 이고, 공차범위의 계산식을 적용하면 X의 공차범위는 0.4 = 0.4+δx, δx = 0.

계산에 의해 나온 X의 공차는 분명히 0 이라는 의미이므로 가공이 불가능하고 따라서 실현 불가능하다. 치수 X가 적절한 공차범위를 갖도록 하기 위하여, 치수 A의 공차를 변경한다. 즉, 치수 A는 40±0.1을 만족시켜야 한다고 가정하자. 이 경우에, X의 공차범위는 0.4 = 0.2+δx, δx = 0.2mm 이고, 공칭치수의 계산식으로부터, X의 공칭치수는 18=40−X, X=22mm. X의 아래치수 허용차는 허용차 계산식으로부터 계산되며, 0.2=0.1−△LX, △LX = −0.1mm. X의 위치수 허용차도 또한 허용차 계산식으로부터 계산된다. −0.2=−0.1−△UX, △UX = +0.1mm. X의 최종 치수 및 공차 값은 22±0.1mm가 된다. 이는 작업치수 A=40±0.1 및 X=22±0.1가 될 때, 설계치수 18±0.2가 간접적으로 얻어질 수 있다는 것을 의미한다.

실제로, 모든 주어진 치수의 공차가 대칭으로 분포되었을 때는, 미지의 치수공차도 또한 대칭이어야 한다. 따라서, 위의 계산은 아래와 같이 단순화될 수 있다.

$$\delta x = 0.2 = \pm 0.1\text{mm}.$$

$$X = 22 \pm 0.1\text{mm}.$$

계산의 편리를 위해, 주어진 치수의 공차가 모두 대칭으로 분포되지 않았을 때, 그들을 계산 전에 등가양측공차의 형태로 변환하여 사용할 수 있다.

02 작업 기준과 위치결정 기준의 불일치로 인한 치수 재계산 : 일부 작업에서는 절삭공구의 사전세팅이나 지그와 고정구의 사용에 의하여 작업치수를 얻을 수도 있다. 이런 작업에서, 만일 작업 기준이 위치결정 기준과 불일치한다면, 공작기계에서의 사전세팅이나 작업홀더의 설계를 위해 치수 재계산이 집행되어야 한다. 예로써, 그림 3.10의 (a)의 부품도를 살펴보자. 그림 3.10의 (b)는 최종 홈 밀링 작업의 작업 스케치이다. 이 작업을 수행하기 전에 다른 모든 표면들은 가공이 완성된 것으로 한다. 작업 스케치로부터 수직 방향을 살펴보면 홈작업을 위한 작업기준이 표면 1이 됨을 알 수 있다. 다른 한편으로 표면 3은 공작물의 위치결정 기준으로 사용됨을 알 수 있다. 따라서, 공작기계에서의 사전세팅이나 고정구설계의 필요성 때문에, 위치결정 기준이 되는 표면 3으로부터 가공되는 표면 2까지의 치수를 계산해야 한다.

그림 3.10의 (c)의 가공기술적인 치수 사슬에서, 치수 A는 설계치수 $10^{+0.22}$를 보장해 주는 작업치수이다. 그러나, 이 작업에서 치수 A는 치수 B와 Y를 통해 간접적으로 얻는 치수가 되고, 따라서 치수 A는 치수 사슬에서의 추정고리가 된다. 치수 B는 이전 작업을 통해 얻은 치수이면서 증가고리의 역할을 하고, 치수 Y는 치수 재계산에서 발견할 수 있으며 감소고리의 역할을 한다. 구체적인 치수 재계산을 하면, 먼저 설계치수 $10^{+0.22}$를 분명히 얻기 위하여 $A=10^{+0.22}$, $B=48^{-0.1}$이다. 공차범위의 계산식을 적용하면, 치수 Y의 공차영역은 $0.22 = 0.1+\delta y$, $\delta y = 0.12$ mm. 공칭치수 계산식으로부터 치수 Y의 공칭치수는 $10=48-Y$, $Y=38$ mm로 계산된다. 한계치수값 및 허용차를 구하는 식으로부터 Y의 아래치수 및 위치수 허용차는 $0.22=0-LY$, $LY=-0.22$mm 그리고 $0=-0.1-UY$, $UY=-0.1$mm이다. 따라서, 최종치수 Y 값은 $38^{-0.10}_{-0.22}$ 또는 $37.9^{-0.12}$mm이다.

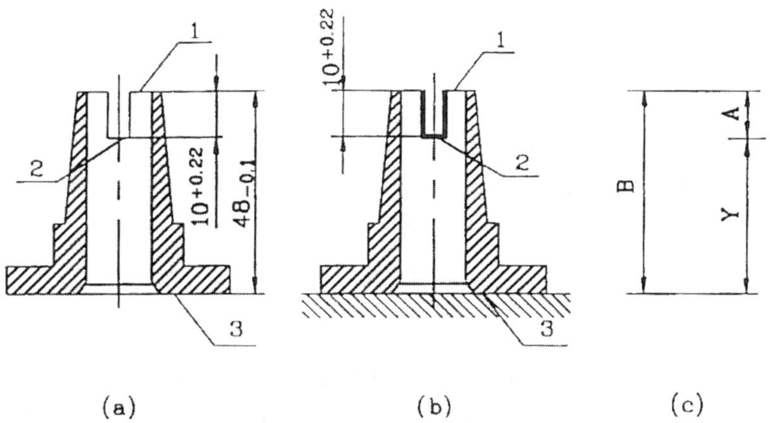

[그림 3.10] 작업 기준과 위치결정 기준의 불일치의 예

③ 작업 기준 및 검사 기준의 불일치로 인한 치수 재계산 : 때로는 가공을 한 후에 그 작업치수를 직접적으로 바로 검사할 수 없는 경우가 발생한다. 이런 경우에 간접 검사방법을 택해야 하며 이런 경우가 작업 기준이 검사 기준과 일치하지 않는 경우로써 치수를 재계산해야 한다. 그림 3.11이 그 예이다.

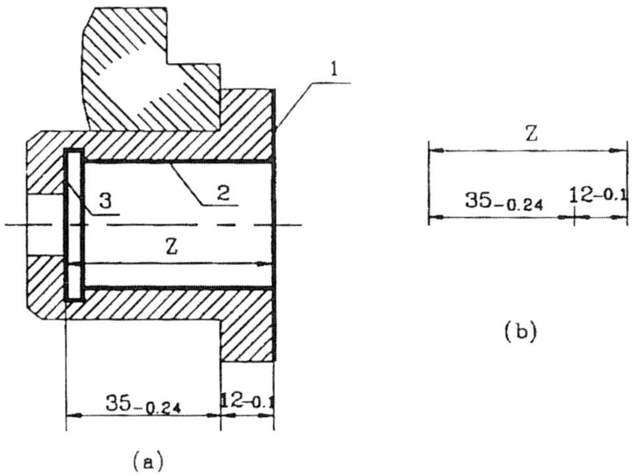

[그림 3.11] 작업 기준과 검사 기준의 불일치 예

그림 3.11의 (a)의 부싱 가공에 있어서 표면 1, 2, 3이 가공될 면이라 하자. 설계도면에서 35−0.24 및 12−0.1이 작업치수이다. 그러나 설계도면을 살펴보면, 작업치수 35−0.24는 가공한 후에 일반적인 측정장비를 사용하여 직접적으로 검사할 수는 없다. 그것은 단지 치수 12−0.1과 치수 Z를 측정함으로써 간접적으로 치수 값을 검사(측정)할 수 있다. 이 경우에 Z의 치수 및 공차를 결정하기 위해서는 치수 재계산을 해야 하며, 이렇게 할 때 35−0.24의 작업치수를 확실하게 얻을 수 있을 것이다. 따라서 기술적인 치수 사슬의 구성은 그림 3.11의 (b)와 같이 되고 이 치수 사슬에서 치수 35−0.24는 추정고리이며, 치수 Z와 12−0.1은 각각 증가요소고리 및 감소요소고리가 된다. 따라서 Z의 공칭치수는 35=Z−12, Z=47mm이다. 그리고, 치수 Z의 공차영역은 0.24=0.1+δz, δz=0.14mm이다.

Z의 위치수 및 아래치수 허용차는 각각 다음과 같다.

$$0 = UZ-(-0.1), \quad UZ=-0.1\text{mm}.$$

$$-0.24 = LZ-0, \quad LZ=-0.24\text{mm}.$$

치수 Z의 최종 값은 $47^{-0.10}_{-0.24}$ mm 또는 $46.76^{+0.14}$mm이다.

여기서 주목할 점은 Z의 치수가 최대허용치수 46.90mm나 최소허용치수 46.76mm를 초과할 때까지도 그 공작물이 불량품이라는 것을 즉각 알 수는 없다는 사실이다. 예를 들어보자. 만약 Z의 치수가 46.90의 최대허용치수인 한계 값을 초과하여 46.95mm라 해 보자. 이 때 12−0.1치수를 갖는 공작물의 실제 값이 측정되어야 한다. 이 값이 만일 12.00mm이면 $35^{-0.24}$ 치수의 실제 값은 34.95mm로서 주어진 범위 내에 존재하므로 합격 부품이 된다. 따라서 합격 부품을 불량품으로 취급하지 않기 위해서는 간접 검사에서 공작물의 치수가 그들의 공차한계를 초과할 때는, 공작물의 실제적인 품질을 확인하기 위하여 관련된 치수의 측정과 계산을 실행해야 한다.

04 둘 이상의 치수들이 정확하도록 보증해주는 치수 재계산 : 공정계획에서 여러 위치결정 치수들의 정확성을 하나의 단순한 표면가공을 통해 동시에 얻는 것이 필요한 경우가 종종 발생한다.

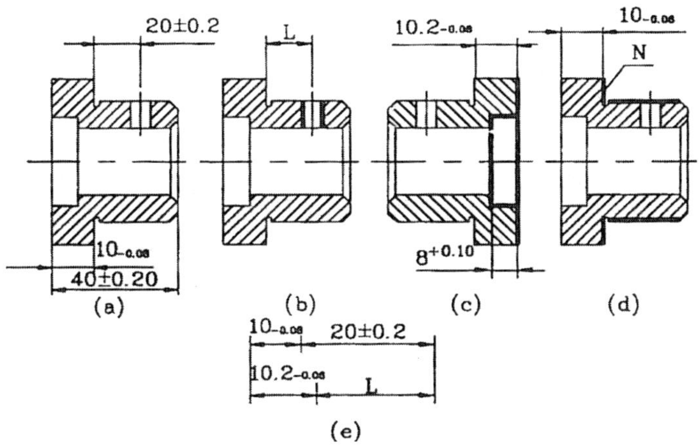

[그림 3.12] 둘 이상의 치수 정확도를 보증하는 예

그림 3.12의 (a)는 주어진 도면이다. 그림 3.12의 (b), (c) 및 (d)는 공정계획의 마지막 3가지 작업들을 순차적으로 할 때의 치수를 나타낸다. 마지막 작업에서, 표면 N의 연삭작업은 치수 $10^{-0.08}$ 뿐 아니라 표면 N에서 작은 구멍의 중심선까지의 거리인 20±0.2 치수까지 영향을 미친다는 것을 알 수 있다. 이는 '표면N의 연삭은 치수 $10^{-0.08}$ 과 20±0.2 를 동시에 만족시켜야 한다'는 것을 의미한다. $10^{-0.08}$ 의 치수는 이 작업을 통해 직접 얻을 수 있다. 반면에 치수 $20^{\pm0.2}$ 는 다른 치수들에 의해 간접적으로 결정된다. 왜냐 하면 표면 N의 작업은 그림 3.12의 (d)에서 치수 $10^{-0.08}$ 을 위한 작업이며, $20^{\pm0.2}$ 를 위한 구멍 작업은 이에 앞서 이미 작업되어 있었기 때문이다. 그림 3.12의 (e)는 관련된 치수들 간의 연결을 나타내는 치수 사슬을 보여준다.

그림 3.12의 (e)의 치수 사슬에서 20±0.2 는 간접적으로 얻어지는 치수이므로 추정고리이다. 반면에 치수 $10.2^{-0.08}$ 과 L은 증가고리이고, 치수 $10^{-0.08}$ 은 감소고리이다. 이 경우에 치수 재계산의 목적은, 추정고리 $20^{\pm0.2}$ 를 정확히 얻을 수 있도록, 작업치수 L과 공차를 결정하는 것이다.

치수 L의 공차범위는 다음과 같이 계산된다.

0.4=0.08+0.08+δL, δL=0.24mm.

L의 공칭치수는 20 =10.2+L−10, L=19.8mm.

L의 위치수 허용차는 0.2=0+UL−(−0.08), UL=+0.12mm 이고,

L의 아래치수 허용차−0.2=−0.08+LL−0, LL=−0.12mm.

따라서, 치수 L의 최종값은 19.8±0.12 mm 이다.

표면경화를 하는 다른 예를 살펴보자. 그림 3.13의 (a)는 원통면 M이 외부케이스의 깊이 0.6−0.9mm를 가진 탄소로 처리되도록 요구하는 도면이다. 표면 M의 최종 직경은 $58^{-0.02}$ 로서, 침탄 후에 연삭작업에 의해 얻어야 할 치수이다. 침탄 전의 M의 직경은 $58.6^{-0.1}$ 이다.

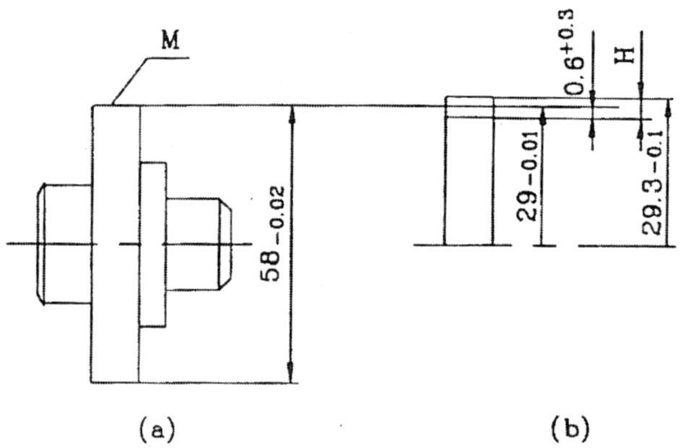

[그림 3.13] 열처리를 위한 치수 재계산의 예

먼저 그림 3.13의 표면 M의 최종작업인 연삭에서, 직접적인 작업치수 $58^{-0.02}$ 의 직경 뿐 아니라 간접치수인 침탄층 깊이 0.6−0.9mm까지 고려해야 한다. 그러므로 침탄되는 케이스가 요구하는 깊이(H)를 결정하기 위해서는 치수가 재계산되어야 한다. 이 경우, 케이스의 깊이가 한쪽 방향에만 있으므로 치수 재계산을 위해서는 직경의 치수 및 공차를 반경의 치수 및 공차로 변환하는 것이 편리할 것이다. 그림 3.13의 (b)에서 나타난 치수 사슬에서 최종으로 원하는 값은 치수 0.6+0.3 이며 추정고리이다. 그리고, 반경 $29^{-0.01}$ 과 H는 증가고리이다. 반경 $29.3^{-0.05}$는 감소고리가 된다.

치수 H의 공차범위는 다음과 같다.

$$0.3=0.01+\delta H+0.05,\ \delta H=0.24\ \text{mm}.$$

한계 치수값을 계산하는 식으로부터 H의 최대허용치수는

$$0.9 = 29+H_{max}-29.25,\quad H_{max}=1.15\ \text{mm}.$$

그리고, H의 최소허용치수는 0.6 = 28.99+Hmin−29.3, Hmin=0.91 mm.

침탄과정에서 케이스깊이의 치수 범위는 0.91−1.15mm로 계산된다.

복습문제

1. 기준이 다른 경우는 어떤 경우가 있나?
2. 치수 재계산을 위해 사용하는 방법은?
3. 치수 재계산에서 치수 사슬의 구성요소를 기술하여라.
4. 추정고리를 정의하고 예를 들어라.
5. 치수 재계산이 필요한 경우를 열거하여라.

part 4

공차표와 치수 사슬

공정계획에 따라 제조공정들이 적용될 때 공정계획자가 각 작업 단계에서의 공작물의 변화를 사전에 알면 작업 전의 수정을 통해 부품의 불량률을 최소화할 수 있다. 불량품들의 주요 원인들 중 하나는 작업치수는 만족할 지라도 공차가 설계도에 주어진 범위 내에 있지 않기 때문이다. 공차표는 공정계획에 따라 진행되는 각 공정 단계에 있어서의 공작물의 가공치수 및 공차가 어떻게 변하는 가를 상세히 표현한 표이다. 이 공차표는 공정 중의 치수나 공차가 부품도에 나타난 치수와 공차를 만족시키는지 재확인하고 균형을 꾀하는 중간 관리역할을 한다. 원래 공차표는 부품의 치수 및 공차 문제를 검토하는데 사용되어 왔으나 점점 활용 범위를 넓혀 조립 공정에도 적용이 되고 있다.

이런 공차표의 목적은 원래 제조비용을 절감하는데 도움을 주는 것이다. 목적을 달성하기 위해 공차표는 여러 가지 방법으로 적용되었으며, 공차표를 사용할 경우의 유용한 점을 열거하면 다음과 같다.

01 공차표는 공정지시서(공정도)의 제조공정순서를 적절히 전개하는 것과 각 작업에 알맞은 가공공차를 결정하는 방법을 제공해 주며, 완전하고 정확한 공정 총괄을 작성하는데 큰 도움을 준다.

02 공정계획자에게 직접적인 가공에 앞서 부품이 설계도에 표시된 공차대로 만들어질 수 있는가 없는가를 시뮬레이션하여 확인할 수 있게 한다. 즉, 공차표상에서 최종 작업까지 완료하였을 때에 원하는 치수와 공차를 얻는 지를 확인할 수 있다. 실제로는 상당히 많은 설계가 상호관계에 의해 치수가 틀려지고, 부품도의 치수대로 만들어질 수 없는 경우가 많다. 만약 이러한 상태를 가공하기 전에 미리 발견한다면 불량품으로 인해 비용이 추가로 드는 것을 방지할 수가 있을 것이다.

03 각 공정에서 충분한 절삭량을 절삭할 수 있고 그 양이 얼마인지를 미리 확인하여 준다. 만일 절삭량이 충분하지 않은 경우에는 공차표 상에서 계산에 의해 불충분한 값이 나타나며 사전에 수정을 할 수 있다.

04 기계의 정밀도, 작업 반경 등의 가공능력을 알고 있을 경우, 공차표는 부품도 사양을 해당 기계에서 작업할 수 있는지 없는 지를 나타내 준다.

05 공차표는 제조 사양이 경제적으로 타당하지 않을 경우, 제품설계부서와 타협할 수 있는 객관적인 자료가 된다. 때로는 부품을 구성한 표면들 중 한 표면의 치수공차 때문에 공정 중 다른 부품 공차를 완전히 이용을 하지 못할 경우도 있다.

06 공차표는 공정을 전개할 목적으로 부품에 치수를 부여할 때 부여되는 치수의 정확함에 대한 확인 절차를 편리하게 해 나갈 수가 있다. 또한 공차표를 사용하지 않고 복잡한 부품의 공정을 전개할 경우에 발생할 수 있는 치수오차를 감소시키는 방법을 제공해 준다. 결론적으로 공차표는 어림짐작으로 하는 작업을 제거하며 정확한 계산 결과를 제공한다.

07 적당한 크기의 재료 결정과 필요한 주조품 및 단조품의 여유를 결정하는데 도움을

준다.

08 복합공구의 실용성을 결정하는데 도움을 준다. 예를 들어 총형공구 혹은 공작 및 검사게이지의 조합과 같은 경우이다.

4.1 공차표를 위한 준비

공차표는 가공작업의 조건을 충족시키기 위해서 객관성과 공정성이 있어야 되기 때문에 사전에 용어에 대한 정의와 부호를 결정하여 사용한다. 먼저 작업장에서의 의사전달을 명백히 하기 위해서 현장에서 사용하는 일반적인 용어에 대하여 정의를 한다. 작업할 때의 문제가 복잡한 것일수록 더 많은 기호와 정의가 필요하여 사용된다.

- 가공치수(working dimension)란 그림 4.1과 같이 표현하는 기호로써, 위치결정 표면과 공정이 수행되는 표면 사이의 거리를 말한다.
- 절삭량(stock removal : S.R)란 가공되기 전의 치수와 가공된 치수 사이의 차이로서 절삭된 양을 말한다. 절삭량을 파악하는 주목적은 작업에 이용할 수 있는 가공여유를 확인하기 위한 것이다.
- 결과치수(resultant dimension)이란 두 치수 사이의 차이 또는 하나의 치수와 중간치수와의 차이를 말한다. 결과치수는 모든 가공을 다한 후의 최종 치수로써, 그림 4.1과 같이 표현하며, 균형치수라고도 한다. 반면에 중간결과치수는 다음 작업에서 치수에 영향을 주는 추가 절삭이 필요한 표면에 행해진 치수이다. 결과치수 또는 중간결과치수는 절삭량과 같은 값은 아니다. 반대로 이것은 기계가공에서 재료를 절삭함으로써 얻어지는 것이다.
- 총공차(Total tolerance)는 수행된 작업의 결과로 얻어진 절삭량들의 총 변화량을 의미한다. 이것은 약자로 T.T.±로 나타낸다.

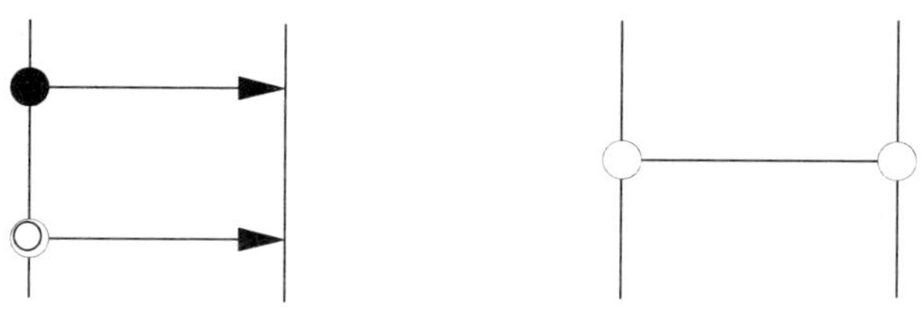

(a) 가공치수　　(b) 결과치수

[그림 4.1] 가공치수와 결과치수 표시법

4.2 공차 계산 및 변환

4.2.1 가감에 의한 공차 계산

치수를 더하거나 뺄 때는 공차의 누적을 반드시 생각해야 한다. 공차 누적에 대한 기본 원칙은 기준 치수들을 서로 더하거나 뺄 때에 그 공차들은 더해져야 한다는 것이다. 예를 들면, 그림 4.2의 (a)에서와 같이 표면 A와 표면 C 사이의 전체 길이를 얻고자 할 때는 표면 A와 B 사이의 치수와 표면 B와 C 사이의 치수를 더해야 한다. 그리고 공차에 있어서 양쪽 방향의 한계치수들을 고려하면 표면 A와 B 사이의 치수는 어느 방향으로나 0.8만큼 변한다.

- A에서 B 사이의 치수는 10.0±0.5
- B에서 C 사이의 치수는 15.0±0.3
- A에서 C 사이의 치수는 25.0±0.8

같은 방법으로 그림 4.2의 (b)에 나타난 방법에 의해서 부품치수를 나타낸다면 표면 A와 B 사이의 치수는 다음과 같이 된다.

- A에서 C 사이의 치수는 25.0±0.8
- B에서 C 사이의 치수는 15.0±0.3
- A에서 B 사이의 치수는 10.0±1.1

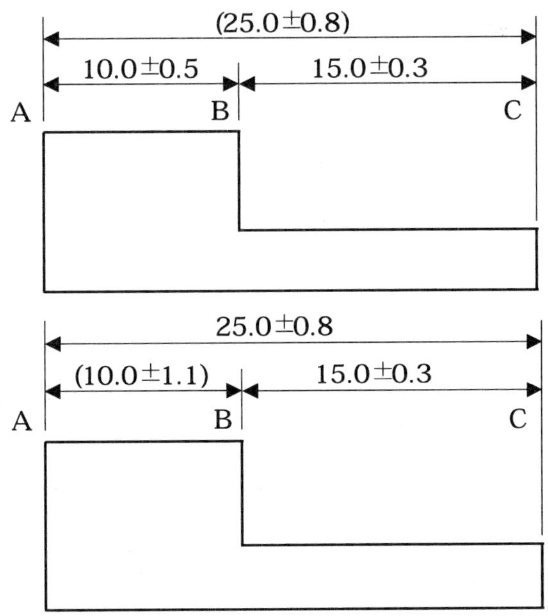

(a) 치수를 더하고, 공차를 더한다.

(b) 치수를 빼고, 공차를 더한다.

[그림 4.2] 치수 가감의 예

4.2.2 공차 변환

치수공차는 설계자의 작업습관이나 설계부서의 전통에 따라 편측공차 또는 양측공차방식으로 설계도면에 표현된다. 양측공차는 등가 양측공차일 수도 있고 비등가 양측공차일 수도 있다. 그리고 앞서 언급했듯이 치수는 때로는 한계치수로 치수보조선의 위와 아래에 표시될 수도 있다. 그런데 공차표를 작성하기 위한 목적으로는 공차는 등가 양측공차로 표현하는 것이 편리하다. 공차표 상에서 공차를 등가 양측공차로 평형을 시키려면 매우 복잡해진다. 이 때문에 공차표를 작성하기 전에 미리 공차 변환을 시켜야 한다. 공차를 변환하는 방법은 계산에 의한 방법과 변환표를 사용하는 방법의 두 가지가 있다.

계산에 의해 공차를 변환하는 방법은 다음과 같다. 첫째로 등가 양측공차를 구한다. 이 값은 큰 공차 값에서 작은 공차 값을 뺀 후에 그 값을 2로 나눈 값이다. 둘째로 가공치수를 구하는데 이는 최대한계치수에서 첫 번째에서 구한 값을 빼든지, 최소한계치수에서 첫 번째 값을 더하든지 하여 구할 수 있다.

- [단계 1] 등가 양측공차 = (큰 공차 - 작은 공차) / 2
- [단계 2] 가공치수 = 최대한계치수 - 등가양측공차,
  또는 가공치수 = 최소한계치수 + 등가양측공차

변환표를 이용하여 공차를 변환하는 방법을 살펴보자. 이는 그림 4.3과 같은 표를 사용하는 데, 표에서 제품수치의 공차는 $\frac{1}{1000}$ 값이다. 공차 변환의 첫 번째 단계는 주어진 공차를 확인한 후, 플러스(+) 공차에 해당하는 값은 그림 4.3의 최고 상단의 우측에서, 마이너스(-) 공차에 해당하는 값은 그림 4.3의 최고 상단의 좌측에서 각각의 해당되는 지점을 찾는다. 둘째로는 등가양측공차를 찾는다. 이는 첫 번째에서 찾은 두 지점에서 사선을 그은 후 사선이 만나는 교점을 찾고, 교점의 수평선과 만나는 중앙의 수직선에 있는 문자를 읽어 들임으로 알수 있다. 읽어들인 문자가 의미하는 값을 작은 공차구분문자표에서 확인하여 등가의 공차를 확정한다. 셋째로는 변환치수를 계산하는 것이다. 그 과정은 둘째에서 찾은 교점에서 수직선을 아래 방향으로 그은 점에서 만나는 숫자를 확인한다. 그리고 만난 숫자가 중앙수직선을 기준으로 왼쪽에서 만난 숫자이면 원래의 기준 치수에서 뺀 값을 계산하고, 오른쪽에서 만난 숫자이면 원래의 기준 치수에서 더한 값을 계산함으로써 변환치수를 확정한다. 변환표에 의한 등가양측공차 구하는 법을 예를 들어 설명한다.

"치수 $5.000^{+.007}_{-.004}$ 를 등가양측공차치수로 변환하라"라고 문제가 주어졌다고 하자. 먼저 그림 4.3의 변환표의 윗부분에서 두 개의 주어진 공차를 찾는다. 즉, 중앙 원점을 기준으로 왼쪽에서는 0.004, 그리고 오른쪽에서는 0.007을 선택한다. 이 두 지점에서 사선을 따라가 교차하는 점을 만난다. 교차점에서 수평선과 수직선을 긋는다. 먼저 수

평선의 왼쪽의 수직 중앙눈금에 표기된 L자를 읽는다. 하단의 공차구분문자표의 문자 L에 해당하는 숫자 0.0055값을 읽는다. 이 값이 등가 양측공차를 나타낸다. 다음으로 교차점에서 표시한 것과 같이 수직선을 따라 아래로 내려가서 사선을 만나는 곳까지 간다. 만난 지점의 우측에 0.0015값을 만난다. 이 숫자는 우측의 값이므로 원래의 기준 치수에 이 값을 더한다. 따라서 등가 양측공차방식에 의한 새로운 기준 치수는 5.000+0.0015=5.0015가 된다. 그리고 등가양측공차는 0.0055이므로, 주어진 비등가 양측공차의 값은 새로운 등가 양측공차방식에 의해 치수 5.0015±0.0055가 된다.

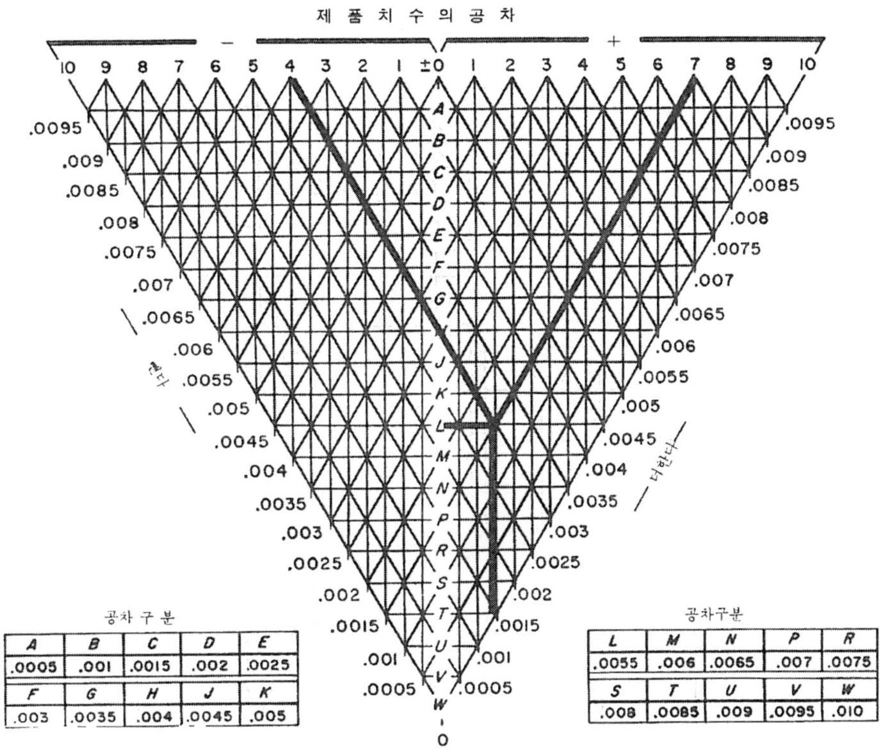

A	B	C	D	E
.0005	.001	.0015	.002	.0025
F	G	H	J	K
.003	.0035	.004	.0045	.005

L	M	N	P	R
.0055	.006	.0065	.007	.0075
S	T	U	V	W
.008	.0085	.009	.0095	.010

[그림 4.3] 변환표

4.2.3 공정 및 작업 순서

공차표는 공정계획의 가공순서에 따라 제조시뮬레이션을 수행함으로써 가공결과치수와 공차를 제공하는 표이며, 공작물의 가공순서를 그래프에 표현하는 한 방법으로써, 공차계획을 수립하는 전통적인 방법으로 사용되어왔다[50, 56]. 따라서 공차표의 정보를 활용하면 공정계획에 따른 가공치수 및 공차가 설계도면의 치수 및 공차를 만족하는지를 알 수 있으므로 제조시뮬레이션의 한 도구로서 사용할 수 있다. 이러한 공차표에 관한 연구로는 Marks가 최초로 설계사양과 결과치수를 공차표에 수작업으로 작성하고 특히 연삭작업에 대한 공작물의 변화량 계산에 초점을 두고 연구하였으며[42], 이후 컴퓨터 응용기술의 발달로 공차표 작성에 컴퓨터를 이용한 연구가 진행되었다. 특히 수작업에 의한 공차표 작성의 문제를 해결하기 위해 그래프이론방법[43], 행렬나무방법[44], 리스트 표현방법[45] 및 대수적 방법[46]을 사용하여 연구하였고, 경사특징형상을 대상으로 2D공차표를 활용한 공정공차관리[47]에 관한 연구가 진행되었다.

공차표는 가공순서에 따른 시뮬레이션이므로 표를 작성하기 전에 먼저 가공순서를 알아야 한다. 이 가공순서는 최선의 공정순서이지만, 공차표를 작성하였을 경우의 결과에 따라 가공결과치수와 공차가 만족하지 못하면 공정순서를 변경할 가능성도 있다. 공차표의 작성은 복잡하므로 하나의 예를 들어 설명하기로 한다. 먼저 그림 4.4와 같은 예제 부품의 공정순서가 공정계획에 의해 주어졌으며 그 순서는 표 4.1과 같다고 하자.

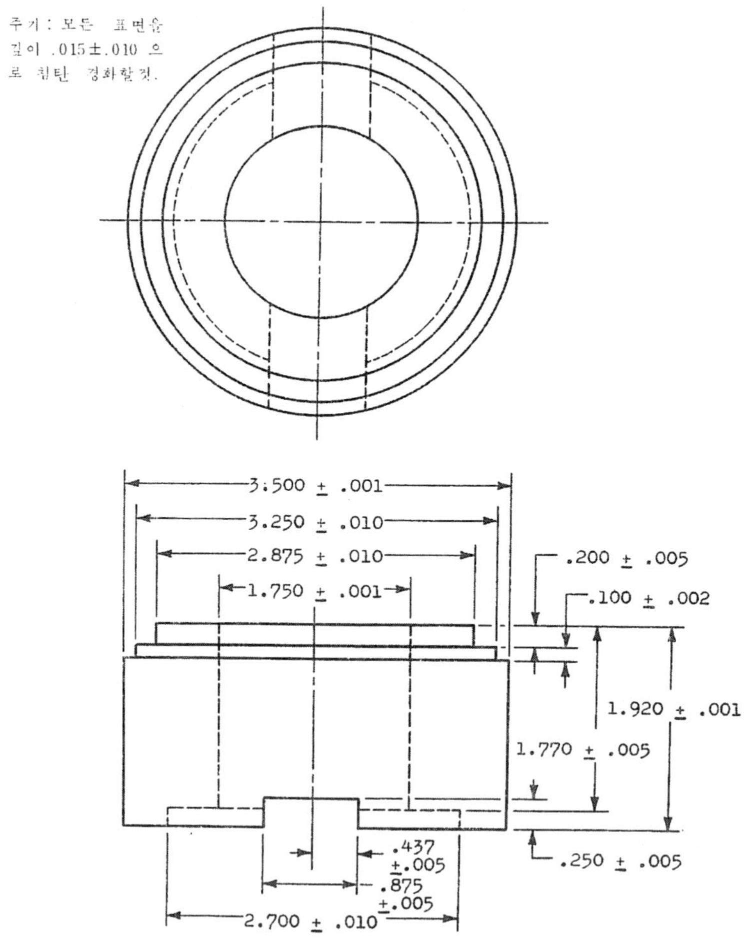

[그림 4.4] 공차표를 위한 예제 부품

표 4.1에는 공정번호, 기계 또는 공정, 작업내용이 표시되어 있으며, 이런 정보는 모두 공정계획자가 제시하는 것이다. 기계는 일반적인 기계를 표시하였고, 구체적인 기계는 뒤에서 언급할 공정 총괄표에 표시한다.

공정계획에서는 각 공정에서 행하는 구체적인 작업을 수립하는 데, 이 때, 공차표 작성을 위해 각 작업에서 절삭해야 할 절삭량을 정해주어야 한다. 절삭량은 제조 공정이 일반절삭인지 또는 연삭인지에 따라 절삭공구를 이용하여 한 번에 절삭하는 량이 많을 수도 있고 적을 수도 있으므로 공정의 영향을 받는다.

[표 4.1] 예제 부품의 공정계획

공정번호	기계명	작업 내용
5	검사대	재료수령 및 검사
10	터릿선반	외경을 척으로 고정, 한 표면의 페이싱, 중심구멍을 치수대로 드릴링 및 리밍작업
20	터릿선반	팽창슬리브 맨드릴상에 고정, 가공된 측면에 위치결정, 외경절삭, 측면절삭, 카운터보오링 및 버어 제거
30	터릿선반	팽창맨드릴 상에 고정. 제2의 측면 위치결정, 계단모양가공 및 버어 제거
40	밀링	계단의 반대 표면 위치결정. 홈 밀링가공
50	침탄 및 열처리	침탄 및 표면 경화
60	로터리표면연삭기	홈이 파진면을 위치결정. 반대 표면의 연삭작업
70	로터리표면연삭기	연삭된 면을 위치결정. 반대 표면의 연삭작업
80	내면표면연삭기	척을 이용한 외경 고정, 내면 연삭작업
90	외면표면연삭기	팽창맨드릴에 고정. 외경 연삭작업
100	검사대	벤치에서 최종 치수공차 검사

예제 부품인 그림 4.4에 대해 설명해 본다. 주어진 설계도의 부품을 가공하기 위해 자재창고에서 호칭치수 2.000in의 원재료를 제공한다고 하자. 설계도상에 주어진 다듬질 치수는 1.920in이므로 표면 B와 표면 G에 행해지는 절삭량은 모두 0.08in이고 따라서 각각의 표면에 행해지는 절삭량은 0.04in이다. 이 값은 두 표면에 작업순서에 따라서 일반 가공하여 열처리하고 연삭할 때의 절삭량이므로 각 작업의 성질에 따라 적절히 분배하여야 한다. 단, 여기서는 사용하는 연삭기계의 특성으로 연삭작업이 행해질 때 0.01in만큼 제거가 가능하고 연삭에 따른 공차는 ±0.0005in이고, 일반 기계

의 절삭작업의 절삭량은 제한이 없으나 공차는 ±0.002in이라고 한다.

열처리를 할 때는 탄소의 표면 침투로 치수가 증가하기도 하고 고르지 못한 재료의 특성으로 뒤틀림이 일어나기도 하여 공작물이 치수변화를 일으킨다. 따라서 열처리에 따른 변형이 심할 경우에는 이를 고려하여 더 많은 가공여유를 남겨놓을 필요가 있다. 대량 생산을 한다든지 열처리의 역할이 중요한 경우에는 미리 시편을 열처리하여 실험에 따라 그 영향력을 미리 파악하고 가공에 반영하기도 한다.

4.2.4 공차표 작성

(1) 일반적 사항

일반적으로 작성하는 공차표의 크기는 부품의 복잡성에 의해서 결정된다. 많은 작업을 요구하는 복잡한 부품의 경우에는 사용할 기계 및 공정과 작업이 많으므로 전개되는 치수 및 공차도 많지만 가능하다면 한 장의 공차표로 작성하면 좋다. 왜냐하면 공차표는 복잡하기 때문에 연속되지 않으면 오류가 생기기 쉽고 이해하기가 어려워지기 때문이다. 먼저 그림 4.4의 예제 부품에 대한 작업 전 공차표를 그림 4.5와 같이 스케치하여 그린다. 표의 내용은 크게 두 영역으로 분류가 된다. 그림 4.5에서 보듯이 왼쪽에는 공정순서에 따른 내용을 전개한 것인 데, 가공할 표면과 기계(또는 공정명), 가공할 치수 및 공차를 작성한다. 다른 영역은 왼쪽의 내용에 따라 가공을 할 경우에 주어지는 결과치수와 절삭량, 전체 공차를 기록한다. 따라서, 각 기계에서 작업이 진행될 때마다 작업결과로 얻는 중간부품의 치수 및 공차를 정확히 기록하게 되므로 공정 전개의 정확함을 파악하는 데 도움을 준다. 어떤 공정계획자는 이러한 표의 내용을 왼쪽에는 가공표면과 기계의 정보를 작성하고, 우측에 공차표에서 계산하는 치수와 공차, 결과치수, 절삭량, 전체 공차를 표시하기도 한다.

공차표는 공정순서에 따른 각 공정의 치수 및 공차의 정확한 기록이 주요 목적이므로 부품의 스케치는 정확할 필요는 없으며, 때에 따라서는 혼동을 피하기 위해 부품의 형태를 약간 변형해도 좋다. 예를 들면, 표를 작성할 때 설계도상의 두 표면이 매우 가까울 때, 이것들을 따로 스케치하여 한 표면이 다른 표면과 혼동되지 않도록 그리는 것이 좋다. 공정이 수행될 표면으로부터의 인출선은 그림과 같이 세로로 수직선을 그려서 사용한다. 각 표면은 문자나 숫자 등으로 표시하면 표면을 인식하는 데 도움이 된다.

공차표의 작성은 먼저 공정계획에 따른 공정순서를 표에 옮기는 것에서 출발한다. 즉, 공정순서에 따라 가공대상인 표면과 내용을 공차표의 적절한 위치에 옮겨 놓는다. 이때 모든 공정순서에 따른 내용을 공차표 상에 다 옮기는 것은 아니고, 공차표에 직접적인 영향을 끼치는 작업만을 나타낸다. 예제 부품은 원통 부품이므로 원통의 중심선에 수직인 표면의 상대위치에 대한 사항을 검토하기로 한다. 직경의 공차는 공정을 수행하는데 별로 지장을 주지 않으므로 공차표 없이도 처리할 수 있다. 그러나 복잡한 경우에는 공차표가 반드시 있어야 한다. 공차에 관계없는 작업인 세척, 디버깅 및 기타 작업은 공차표에서 생략한다. 예비 공차표 작성의 마지막 단계는 위치결정 표면과 공정이 수행될 표면을 지시해 주는 것이다. 이들은 도표에 나타나 있는 가공치수선에 의해 표시된다.

공차표의 작성은 작성자의 성향에 따라 달라질 수 있다. 부품의 치수는 보통 양쪽에서 주어지기 때문에 일반적으로 부품을 중앙에 배치하는 것이 편리하다. 따라서 표가 분리되어야 하며, 앞서 언급했듯이 결과치수와 절삭량은 부품의 오른쪽 부분에, 그리고 가공치수는 또 다른 왼쪽 부분으로 분리해서 작성하는 것이 혼동을 피할 수 있어서 좋다.

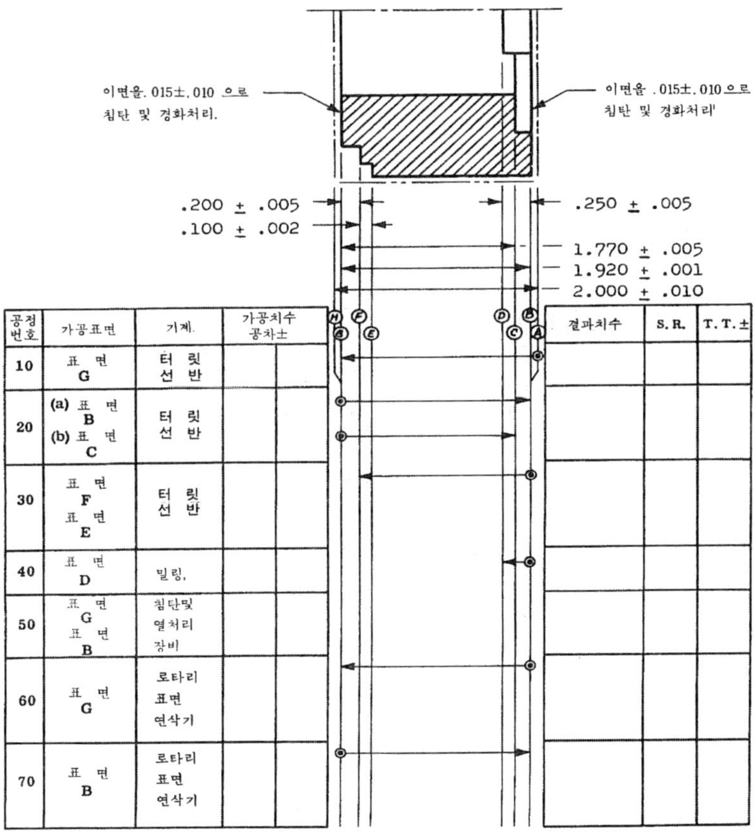

공정번호	가공표면	기계	가공치수 공차±		결과치수	S.R.	T.T.±
10	표면 G	터릿 선반					
20	(a) 표면 B (b) 표면 C	터릿 선반					
30	표면 F 표면 E	터릿 선반					
40	표면 D	밀링					
50	표면 G 표면 B	침탄및 열처리 장비					
60	표면 G	로타리 표면 연삭기					
70	표면 B	로타리 표면 연삭기					

[그림 4.5] 예제 부품의 작업전 공차표

(2) 공차표 작성

공차표 작성은 공정계획자가 계획한 공정순서에 따라 일련의 작업을 수행할 때, 표를 만들어서 각 작업에서의 가공치수 및 공차, 결과치수와 절삭량, 총 공차를 작성하는 과정을 반복하여 표의 빈 칸에 채우는 것이다. 이 때, 결과치수와 절삭량, 총 공차는 치수 재계산의 방법에서 사용한 치수 사슬을 이용하여 계산하기로 한다. 예제 부품에 대한 공차표 작성의 각 과정을 공정순서에 따라 다음과 같이 기술한다.

01 첫 번째 제조공정인 10공정은 그림 4.6과 같이 재료 표면인 A표면을 위치결정한 후에 G표면을 절삭공구로 가공하는 것이다. 재료의 치수는 2.000±0.010 으로 주어져 있다. 전체 공정순서를 볼 때, G표면과 B표면은 터릿선반에서 일반 가공을 하고 연삭기로 연삭가공을 하여 부품을 얻는 것이므로, 이들 두 표면은 일반 가공을 할 때 추후에 행해질 연삭가공을 고려하여야 한다.

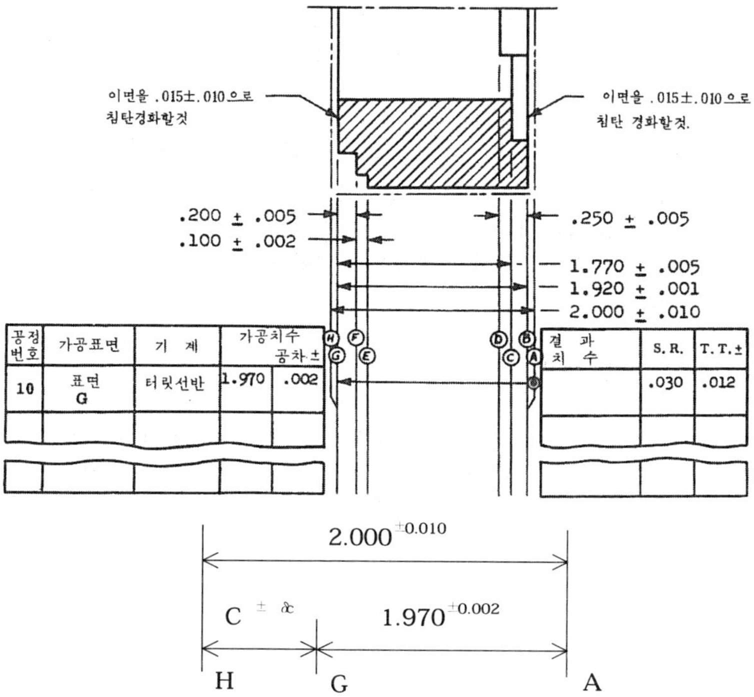

[그림 4.6] 10공정 및 치수 사슬

따라서 A표면에서 G표면을 가공할 때의 절삭량을 계산해 보면, 먼저 총 절삭량은 원재료 치수에서 완성부품의 치수를 뺀 값으로 2.0−1.92 = 0.08에서 한 쪽 부분이므로 0.04가 되고, 여기서 연삭 가공하는 절삭량인 0.01을 제외한 0.03이 절삭량이 된다. 그러므로 A표면에서 G표면을 가공할 때의 치수는 2.0−0.03 = 1.97이 되고 이 치수는 일반 절삭 가공의 치수이므로 공차는 ±0.002가 된다. 총 공차는 재료 공차와 절삭 가공의 공차를 더한 0.012가 된다. 이들의 관계는 치수 사슬을 작성하면 그림 4.6과 같고, 치수 재계산법으로 계산하면 다음과 같은 문제로 된다. 즉, 2.0의 치수가 있고 여기서 1.97을 얻기 위해서는 절삭량 및 공차(총공차)가 얼마인가를 계산하는 문제이다.

02 20공정에서는 그림 4.7과 같이 A 표면을 페이싱(facing) 작업하고 센터 구멍을 드릴 작업한 후 리머로 가공하고, 이어서 C 표면을 선삭한다. 축 방향의 가공인 드릴 가공 및 리밍 가공은 여기서 언급할 대상이 아니므로, A 표면의 페이싱과 C

표면의 선삭을 작업 대상으로 한다. 먼저 1.97±0.002 치수를 갖는 두 표면 A, G에서 G 표면을 기준으로 B 표면까지 가공하는 데, B 표면은 나중에 가공할 연삭 작업치수 0.01을 고려해야 하므로 가공치수는 1.94이고 공차는 선반을 이용한 가공이므로 일반 공차인 ±0.002가 된다. 즉, 1.97±0.002 치수에서 1.94±0.002 치수를 얻기 위해서 절삭하는 량을 구해야 하며, 치수 재계산법에 의하여 절삭량은 0.03, 총 공차는 0.004가 된다.

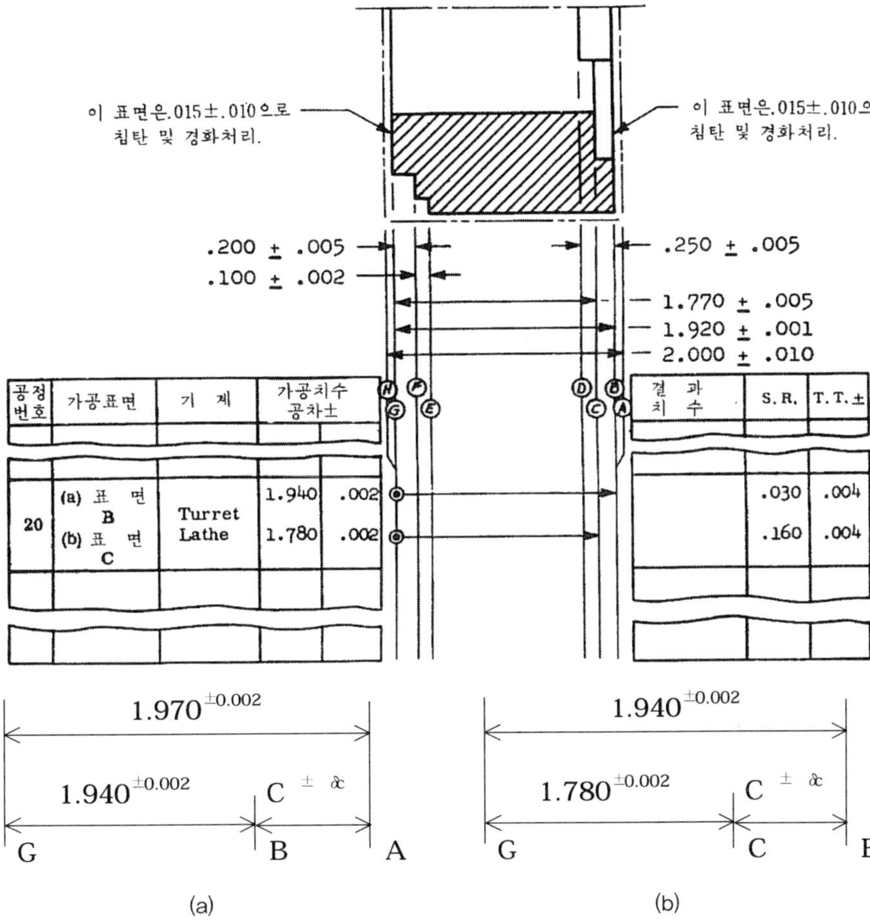

[그림 4.7] 20공정 및 치수 사슬

그리고 이 공정에서는 C 표면도 가공하는 데, 이 표면은 특징이 일반 가공을 통해 완성되는 표면이다. C 표면을 가공하는 위치결정 기준면은 G 표면이고, 이 표면은 60공정에서 연삭가공을 하는 연삭량인 0.01을 갖고 있어야 하므로, G 표면을 위치결정 기준으로 해서 C 표면을 가공하는 치수는 설계도의 두 표면 G, C 사이의 치수인 1.77 + 0.01 = 1.78이 된다. 물론 공차는 일반 공차인 0.002이다. 절삭량은 1.94 − 1.78 = 0.16이고, 절삭량 공차(총공차)는 0.004이다. 치수 재계산에 의해 정리하면 그림 4.7에서 보듯이 1.94치수에서 1.78만큼 가공할 때 절삭량을 구하는 것이므로 절삭량은 추정고리가 된다. 따라서 1.94는 증가고리이고 1.78은 감소고리의 특징을 갖는 치수이다. 그림 4.7의 (a) 및 (b)는 20공정에서의 B표면과 C표면을 가공할 때의 치수 재계산을 위한 치수 사슬의 예이다.

03 30공정에서는 그림 4.8과 같이 총형공구를 사용하여 B 표면을 위치결정 기준으로 하여 F 표면과 E 표면을 동시에 가공하는 공정이다. 이때 F 표면을 가공하면 E 표면은 자동으로 함께 가공되며, 이 두 표면은 완성되는 가공면이다. 따라서 30공정에서는 먼저 위치결정 기준면인 B 표면으로부터 F 표면에 대한 가공을 생각하자.

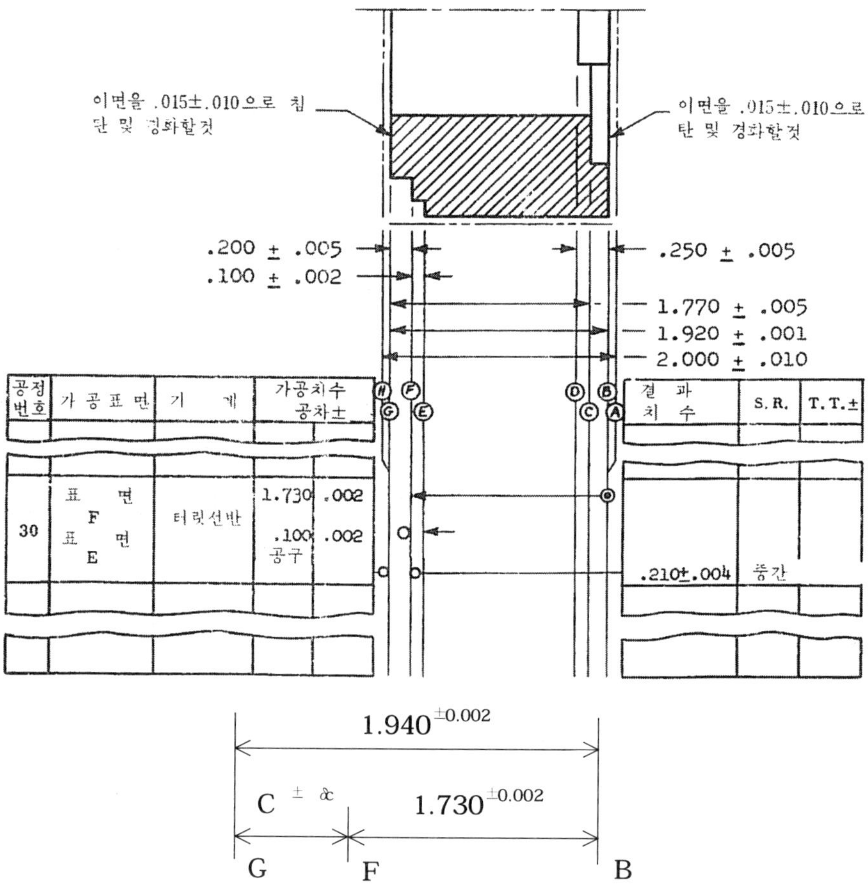

[그림 4.8] 30공정 및 치수 사슬

앞선 20공정에서 얻은 두 표면 G, B 사이의 치수는 1.94±0.002이고, 두 표면 G, F의 설계도면 상의 호칭치수 0.2를 얻기 위해서는 두 표면 B, F 사이의 치수를 얼마로 가공하느냐가 문제이다. 치수의 관점에서 보면 두 표면 B, F의 가공치수는 1.94−0.2=1.72이지만, 여기서는 두 표면 B, G 사이의 치수에서 나중에 G 표면을 연삭 가공할 치수 0.01이 포함되어야 하는 것을 고려하지 않았으므로, 이 값을 고려하면 1.72+0.01=1.73이 되며, 이 값이 B 표면에서 F 표면까지 가공할 치수이다. 이때 사용하는 기계는 일반 터릿선반이므로 공차는 0.002이다. 따라서 30공정의 치수 사슬에 의한 치수 재계산은 그림 4.8을 참고로 하여 해보면, 두 표면 G, B 사이의 치수인 1.94±0.002에서 총형공구를 사용하여 F 표면을 얻기 위해 두 표면 B, F 사이의 치수인 1.73±0.002만큼 가공한다. 이때 두 표면 G, F 사이의 치수가 절삭량이면서 설계도상의 치수인 0.2치수를 얻기 위한 중간결과치수이므로 공차표의 우측에 있는 중간결과치수 칸에 작성한다. 물론 치수는 G 표면을 연삭가공할 치수를 더한 값인 0.2+0.01=0.21이고, 공차는 공차 가감법에 의해 계산한 0.004이다. 이러한 중간결과치수는 설계도면 상에 주어진 치수 및 공차보다 작지 않은 값을 확인하여 불량품을 미리 방지하는 데 도움을 준다.

04 40공정에서는 그림 4.9와 같이 B 표면을 위치결정 기준면으로 하여 D 표면을 얻기 위해 밀링 절삭작업을 수행하는 것이고 설계도면에서의 호칭치수는 깊이 0.25의 값이다. 앞의 공정들과 마찬가지로 B 표면은 나중에 연삭 작업을 통한 연삭값 0.01이 포함되어 있어야 하므로 밀링 절삭작업은 이 치수를 포함한 0.25+0.01=0.26을 가공치수로 해야 한다. 밀링 절삭작업은 일반 절삭이므로 일반 공차인 ±0.002를 갖는다. D 표면의 절삭은 다른 두 표면 사이의 치수로부터 얻는 것이 아니고 기준면인 B 표면으로부터 D 표면까지 단순하게 절삭하는 공정이므로, 절삭량과 총공차는 가공치수 및 공차와 같은 값인 0.26±0.002가 된다.

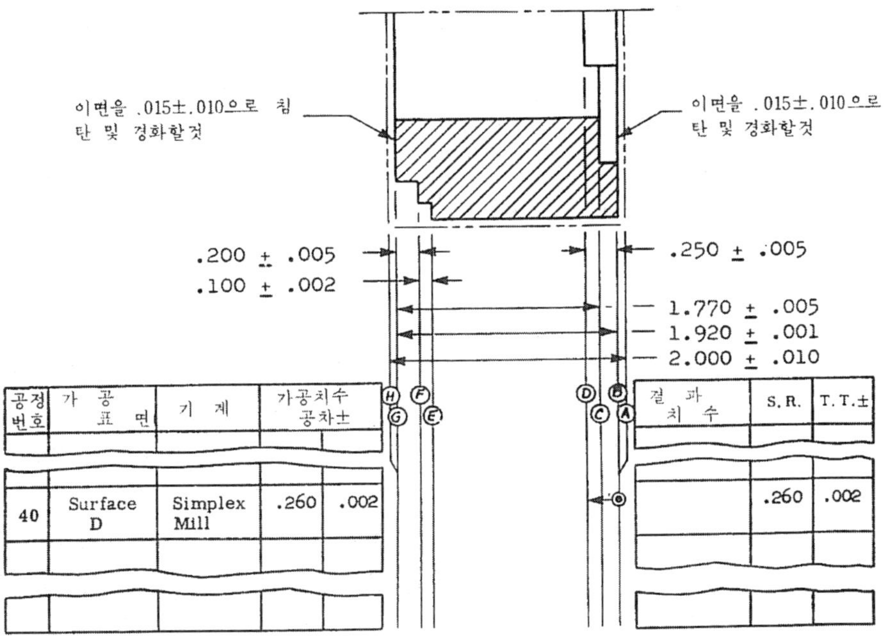

[그림 4.9] 40 공정

05 50공정은 그림 4.10과 같이 침탄 및 열처리 공정이다. 설계도면에서는 G와 B의 두 표면에 0.015±0.01의 침탄 열처리 작업을 통한 표면경화 깊이를 얻도록 지시하였다. G 표면과 B 표면은 둘 다 후가공인 연삭 가공이 필요한 표면들이므로 연삭 가공 값인 0.01이 더해진 0.015+0.01=0.025를 열처리 값으로 해야 하고, 열처리 장비의 사양에 따라 ±0.005공차를 줄 수 있다. 침탄 및 열처리에서는 절삭을 하지 않으므로 절삭량은 없다. 그리고 공작물에 열이나 침탄이 행해지면 뒤틀림이나 치수 증가가 있을 수 있으나 여기서는 단순화를 위해 이런 변화가 없는 것으로 가정한다.

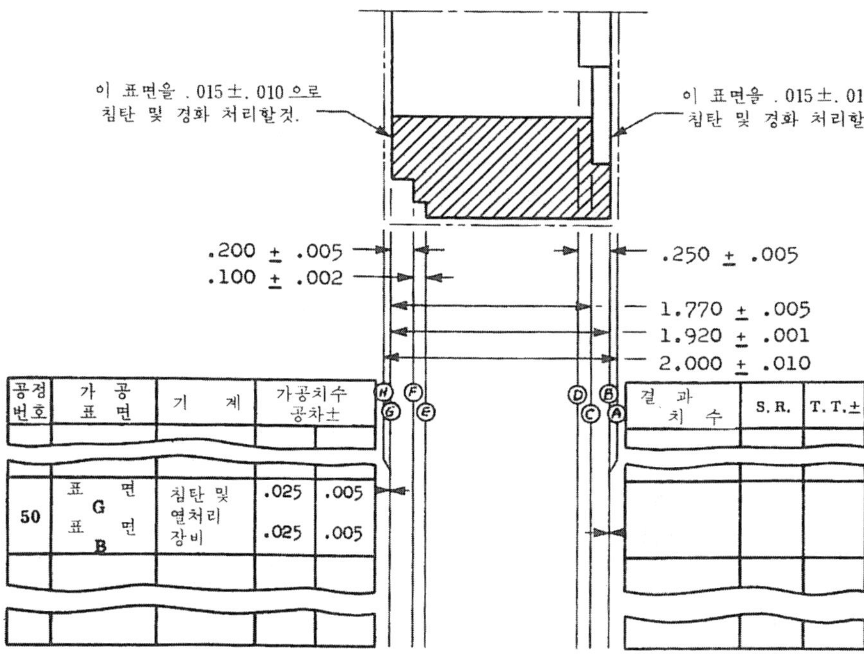

[그림 4.10] 50공정

06 G 표면과 B 표면을 최종치수로 연삭 가공하는 60공정 및 70공정은 매우 복잡하다. 먼저 60공정을 살펴보면 그림 4.11과 같다. 연삭에 대한 정보를 되새기면 연삭 가공량은 0.01이고 이 때 발생할 수 있는 연삭 가공공차는 연삭기의 성능에 지배를 받으며 여기서는 ±0.005로 가정하였다. 따라서 60공정에서의 G 표면 가공은 B 표면을 위치결정 기준으로 한 가공이고, G 표면을 최종 가공함으로써 결과치수를 얻는 표면들은 C, F, E, 및 G 표면 자신이다. B 표면에서 G 표면으로의 가공치수는 1.93±0.0005이다. 절삭량은 20공정에서 두 표면 G, B 사이를 가공한 치수인 1.94±0.002에서 60공정에서 연삭 가공한 치수를 뺀 치수이고 공차이다. 따라서, 절삭량은 1.94−1.93=0.01이고, 총 공차는 이들의 공차누적인 0.002+0.0005=0.0025값이다. 이들의 치수 사슬은 그림 4.12와 같다.

60공정에 의해 얻는 C 표면의 결과치수는 그림 4.13의 치수 사슬을 참고하면 일반 절삭 가공에서의 두 표면 G, C 사이의 치수인 1.78±0.002에서 절삭량인 0.01±0.0025만큼 연삭할 경우에 얻는 새로운 두 표면 G, C 사이의 치수로써 추정값이므로 치수는 1.78−0.01=1.77이고, 공차는 0.0045값이다.

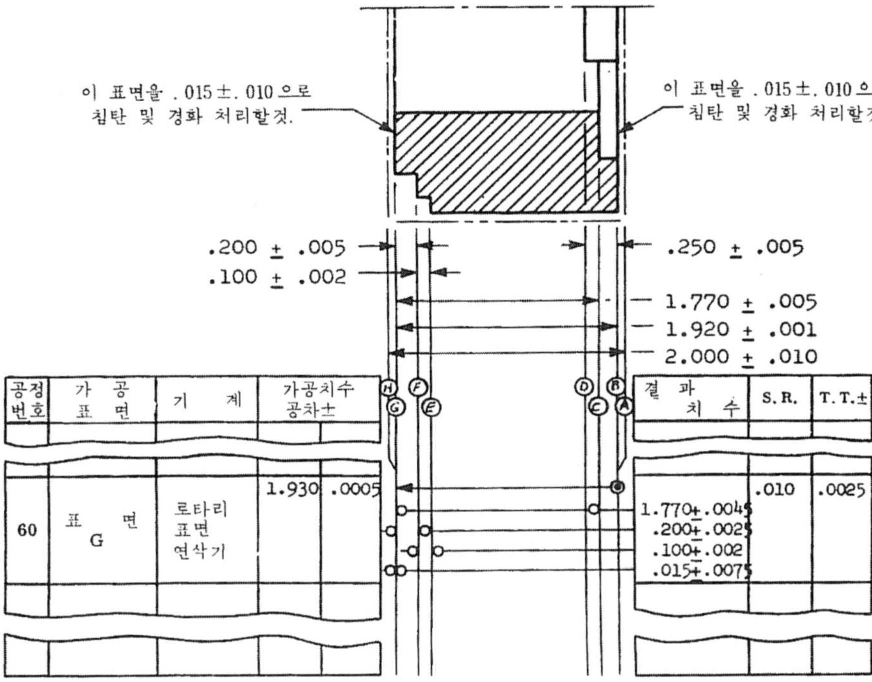

[그림 4.11] 60공정

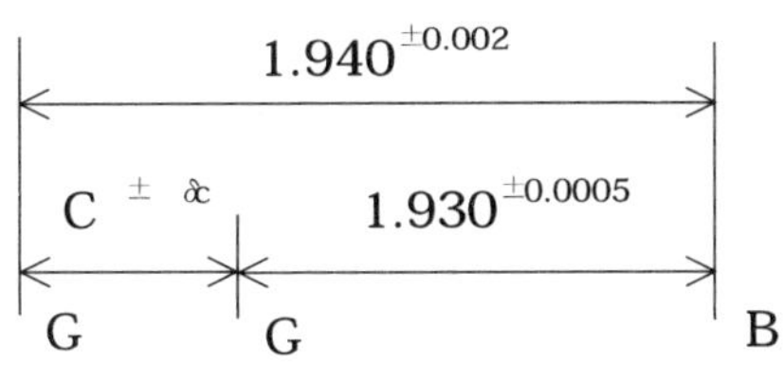

[그림 4.12] 60공정의 두 표면 G, B 사이의 치수 사슬

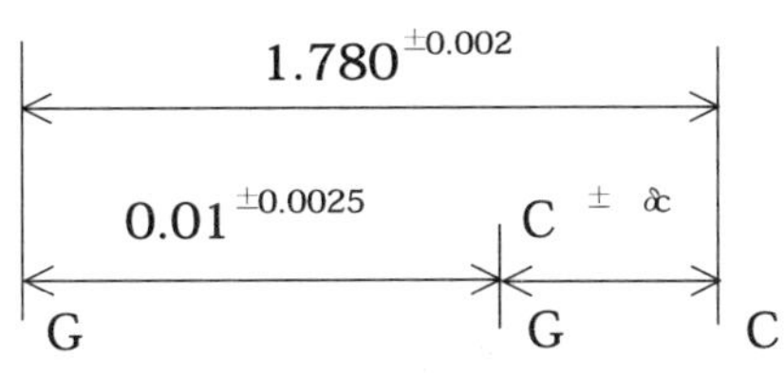

[그림 4.13] 60공정의 두 표면 G, C 사이의 치수 사슬

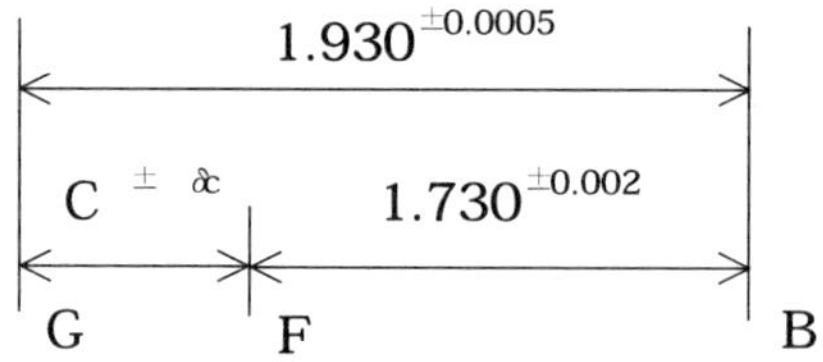

[그림 4.14] 60공정의 두 표면 G, F 사이의 치수 사슬

그림 4.11에서 F 표면과 E 표면 사이의 결과치수는 그림 4.14의 치수 사슬을 참고한다. 60공정에서 연삭 가공하는 치수에서 30공정에서 가공하여 얻은 치수를 뺀 값이 두 표면 G, F 사이의 결과치수이면서 추정값이므로 추정값의 치수는 1.93-1.73=0.20이고, 공차는 0.0005+0.002=0.0025가 된다.

60공정에서 열처리에 의해 얻는 G 표면을 연삭 가공한 경우를 검토하여 설계도면에서 얻고자 하는 치수를 얻을 수 있는 지를 그림 4.15의 치수 사슬을 통해 검증해 보자. 설계도면 상에서 요구한 표면경화 깊이는 앞선 열처리에서 구한 최초의 표면경화 깊이와 연삭작업에서 수행한 연삭 작업량과의 차이에 의해 계산된다. 최초의 표면경화 깊이는 50공정에서 얻은 0.025±0.005이고, 연삭 작업량은 0.01±0.0025이므로 작업 후 남은 표면 열처리된 치수는 0.025-0.01=0.015이고 공차는 0.005+0.0025=0.0075이다.

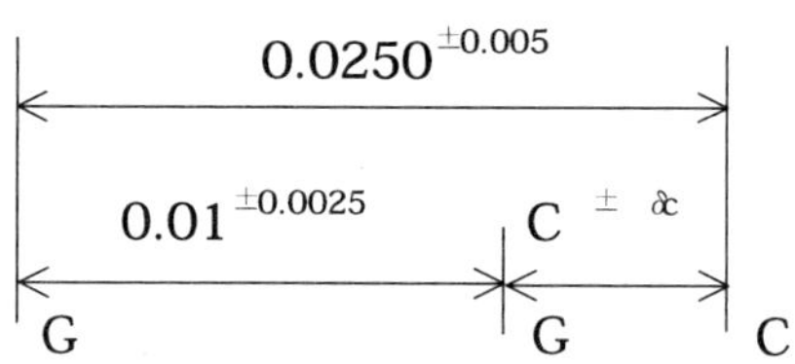

[그림 4.15] 60공정의 열처리 표면 G를 위한 치수 사슬

이상과 같이 가공하여 얻은 두 표면들인 GC, GF, FE의 치수 및 G 열처리 표면은 설계도면의 범위 내에 있으므로 만족할만한 결과를 얻었다.

07 70공정에서는 그림 4.16과 같이 공차표의 또 다른 결과치수를 얻는 작업을 수행한다. 60공정에서 완성 가공된 G 표면을 위치결정 기준으로 삼고 B 표면을 연삭 가공하는 공정이다. 연삭 작업의 연삭량 및 공차는 이미 언급하였듯이 각각 0.01과 ±0.0005의 값이므로 70공정에서의 절삭량은 0.01이 되고, 총 공차는 앞의 두 표면 G, B 사이의 치수에서의 공차와 B 표면을 연삭 가공할 때의 공차를 더한 값이 된다. 즉, 0.0005+0.0005=0.001이 총 공차가 된다. 그리고 B 표면을 연삭으로 가공하였을 때 영향을 받는 치수는 두 표면 B, D 사이의 치수이고, B 표면 자신의 열처리 두께이다. 먼저 두 표면 B, D 사이의 치수는 40공정에서의 D 표면 가공과 70공정의 절삭량과의 관계에 의해 정해진다. 그림 4.17의 치수 사슬에서

보는 바와 같이 D 표면을 가공할 때 가공치수와 공차는 0.26±0.002이고, B표면의 연삭되는 양은 0.01±0.001이므로 추정고리가 되는 BD 치수는 0.26-0.01=0.25이고, 공차는 0.002+0.001=0.003이 된다. B 표면 자신의 열처리 두께는 50공정에서의 열처리 두께와 70공정의 절삭량이 관계한다. B 표면을 50공정에서 열처리한 결과는 0.025±0.005이고, 70공정의 절삭량은 0.01±0.001이므로 추정고리인 B 자신의 열처리 표면 두께는 0.025-0.01=0.015이고, 공차는 0.005+0.001=0.006이 된다.

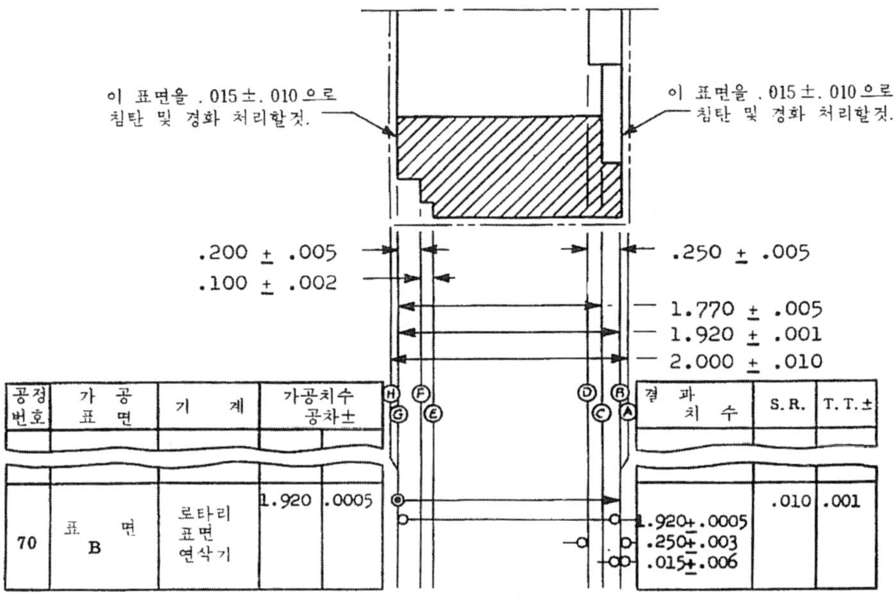

[그림 4.16] 70공정

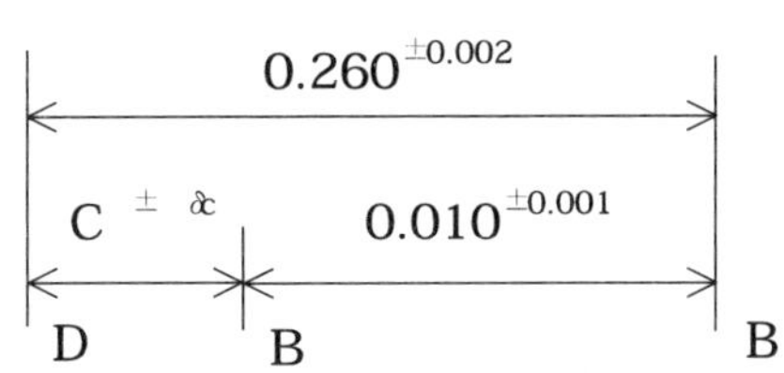

[그림 4.17] 70공정의 두 표면 D, B 사이의 치수 사슬

이상의 결과치수를 공차표에 입력한다. 그 결과는 그림 4.18과 같다. 그림 4.18의 완성된 공차표에서의 설계도 치수 및 공차와, 공차표 상에 하나씩 치수 재계산에 의한 치수 및 공차를 비교하면 모든 치수와 공차가 설계도에서의 값보다 더 정밀하게 만족시킴을 알 수 있다. 하지만, 공정계획에 의해 공정순서에 따라 각 공정별로 결과 치수를 자세히 비교해 보면 설계도의 치수공차보다 더 정밀하게 가공치수공차가 계산된 것을 알 수 있다. 따라서 설계도의 치수공차보다 더욱 정밀하게 가공된 치수

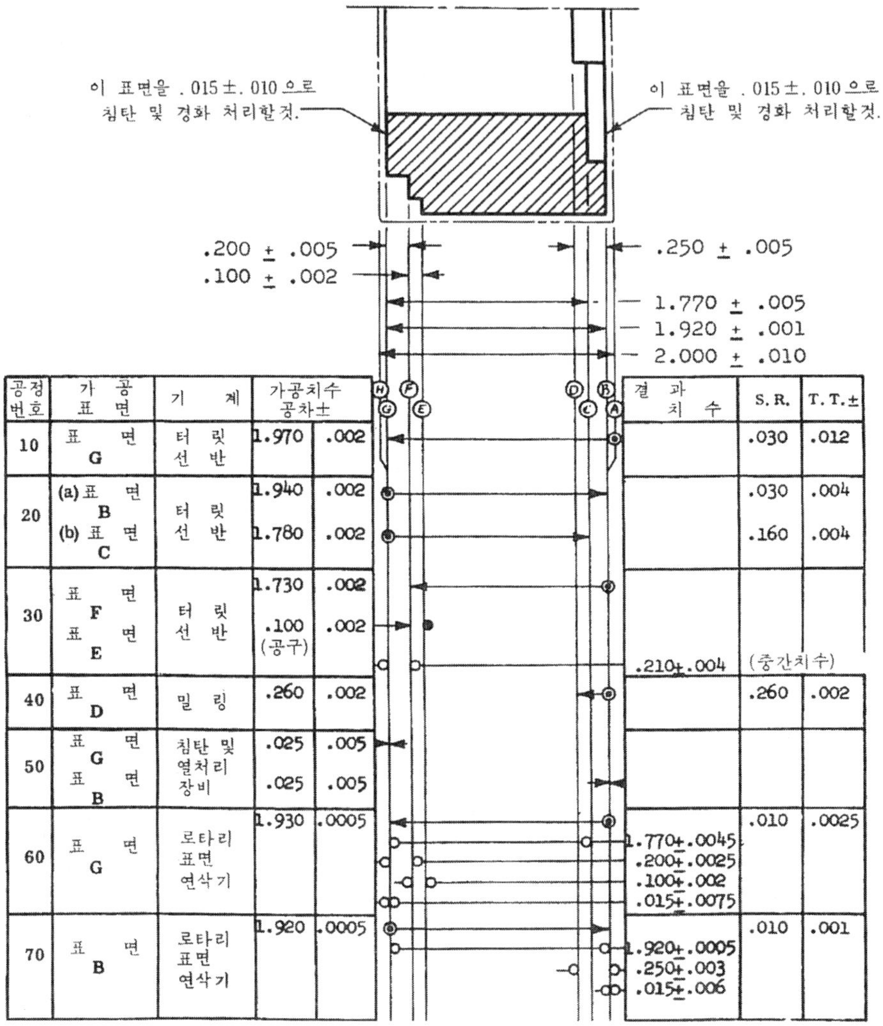

[그림 4.18] 공차평형 전의 공차표

공차를 갖는 부품은 당연히 합격품이지만, 몇 가지 문제를 안고 있을 수 있다. 이는 설계자가 원하는 것 이상의 불필요한 정밀가공이므로 숙련도가 떨어지는 작업자가 가공할 경우는 정밀가공을 제대로 감당할 수 없는 경우가 생기며, 정밀 작업이 가능하더라도 작업시간이 많이 걸린다. 숙련된 작업자는 작업을 할 수 있지만 가공비가 비싸지고 경제적 손실을 발생시킨다. 사실, 설계부서에서는 가능하면 불량품을 방지하기 위하여 필요한 공차보다 더 정밀한 공차를 요구하는 일이 잦으며 이로 인한 경제적 손실이 있을 수 있다. 하지만, 제조에서도 더욱 정밀하게 가공할 이유는 없으며, 설계도에 주어진 치수공차만큼 부품을 가공하면 최적의 가공이 된다. 따라서 가능하다면 공차표의 치수공차를 설계도의 치수공차와 같거나 최대한 근접하도록 수정할 필요가 있다.

(3) 공차표 수정

앞에서도 언급했듯이 각 공정에서의 가공공차는 필요한 것보다 엄격하게 적용하여 가공하면 설계도의 치수공차를 충분히 만족시키는 결과를 가져온다. 하지만, 이 결과는 상대적인 정밀 가공의 결과이므로, 정밀 가공을 위한 절삭의 어려움, 숙련된 작업자의 필요성, 가공비 증가에 따른 부품 경쟁력 감소 등을 불러일으킨다. 그러므로 가능하다면 설계도면의 치수공차와 가장 근접하게 가공공차를 얻음으로써 상대적인 정밀가공을 완화하는 가공치수공차를 얻는 것이 필요하다. 따라서 이를 만족시키는 방법으로 가공공차와 설계공차를 비교하여 가장 정밀하고 엄격한 공차를 수정하는 작업이 필요하며, 이를 공차 평형이라고 한다.

그림 4.18에서 보는 바와 같이 각 결과치수를 상부에 그려진 설계도의 치수와 비교할 때, 먼저 60공정에서 얻은 결과치수와 설계도면의 치수를 검토해 보자. C 표면과 G 표면 사이의 결과치수는 1.770±0.0045이고, 설계도면 상에서 요구한 치수는 1.770±0.005이다. 이들 사이에는 공차값 0.0005의 차이가 생긴다. G 표면과 F 표면 사이의 결과치수는 0.200±0.0025이고 설계도면상의 치수는 0.200±0.005이므로 이들 사이에는 공차값 0.0025의 차이가 생긴다. F 표면과 E 표면은 총형공구를 사용하여 얻은 치수이므로 여기서는 고려할 의미가 없다. 다음은 G 표면을 열처리한 표면경화 두께인데, 가공결과치수는 0.015±0.0075이고 설계치수는 0.015±0.010이므로 차이값은 0.0025이다. 마찬가지로 70공정에서 얻은 결과치수와 설계도면의 치수를 비교해 본다. G 표면과 B 표면 사이의 결과치수는 1.920±0.0005이고 설계도면의 치수는 1.920±0.001이다. 따라서 두 표면 사이의 차이는 0.0005이고 이 값은 60공정의 G 표면과 C 표면 사이의 치수 차이와 같은 값이다. D 표면과 B 표면 사이의 결과치수는 0.250±0.003이고 설계도면의 치수는 0.250±0.005이며 두 공차값 사이의 차이는 0.002이다. 마지막으로 B 표면의 열처리에 의한 두께는 침탄 열처리로 경화하여 처리한 표면으로 결과치수는 0.015±0.006이고 설계도면의 치수는 0.015±0.010이므로 0.004의 차이가 난다.

이상을 볼 때 가장 정밀하게 차이가 나는 치수는 0.0005의 공차값을 가진 C 표면과 G 표면 사이의 치수와, G 표면과 B 표면 사이의 치수이다. 먼저 60공정에서 C 표면과 G 표면의 치수에서 발생한 정밀공차를 설계공차와 근접하도록 공차 평형을 유도한다.

1) 60공정의 공차 평형

60공정에서는 B 표면을 위치결정 기준으로 G 표면을 가공하는 공정이고, 이 공정을 통해 두 표면 G, C 사이의 결과치수를 얻는데, 이 치수가 설계치수보다 정밀하므로 수정할 필요가 있다. 즉, 두 표면 G, C 사이의 치수를 설계도면의 치수대로 얻기 위해서 G 표면의 절삭량을 구하는 것이다. 그림 4.19의 치수 사슬을 보자.

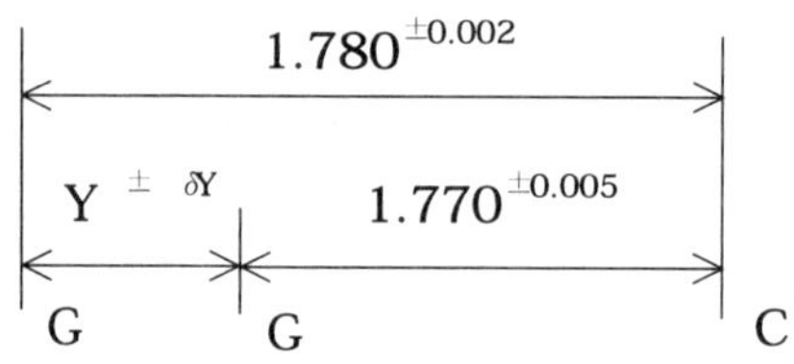

[그림 4.19] 공차평형을 위한 두 표면 G, C 사이의 치수 사슬

20공정에서 두 표면 G, C 사이의 치수를 얻기 위해 가공된 치수는 1.780±0.002이고 추정고리가 되는 60공정에서의 두 표면 G, C 사이의 결과치수는 설계치수와 동일한 1.77±0.005값이어야 하므로, G 표면에서의 절삭량은 Y = 1.78−1.77=0.01, 공차는 0.005=0.002+δY에서 δY=0.003이다. 이 값 0.01±0.003은 60공정에서의 절삭량이 된다. 따라서 60공정의 가공치수는 20공정에서의 B 표면을 얻은 치수와 추정고리가 되는 절삭량과의 관계에서 구할 수 있다. 즉, 그림 4.20에서 보는 것처럼 20공정에서의 B 표면을 얻은 치수에서 60공정의 가공치수 Z를 뺀 값이 절삭량 0.01±0.003이 되도록 계산함으로써 얻는다. 1.94−Z=0.01에서 Z=1.93이고, 0.003=0.002+δZ에서 δZ=0.001이 된다.

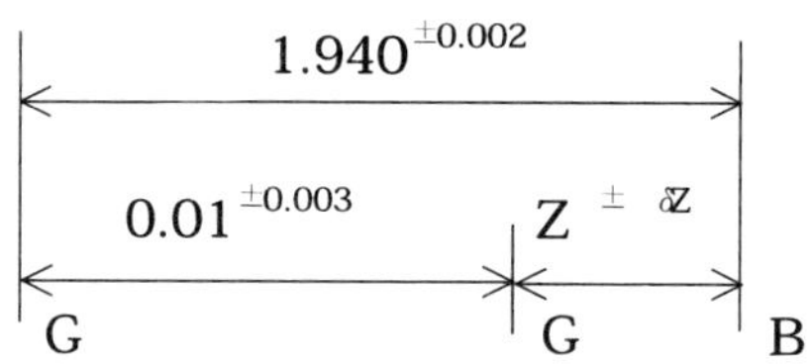

[그림 4.20] GB 표면 사이의 치수수정을 위한 치수 사슬

그리고 이 가공치수 1.93±0.001에 의해 영향을 받는 두 표면 G, F 사이의 치수 Z를 구해보면, 먼저 30공정의 작업치수인 1.73±0.002가 유지되려면 그림 4.21에서의 Z=1.93−1.73=0.02이고, 공차인 δZ=0.001+0.002=0.003이 된다. 이 값을 설계도면의 치수와 비교하면 공차가 0.002의 차이가 발생하고 공차 평형을 위해서는 30공정의 작업치수의 공차를 0.002크게 하면 된다. 다행히 이 값은 다른 치수와 공차에 아무 영향을 주지 않으므로 가능하다. 따라서 그림 4.21에서의 30공정의 작업치수 1.73±0.002를 1.73±0.004로 치환하여 계산하면 구하고자 하는 두 표면 G, F 사이의 치수 Z는 0.02±0.005가 된다. 이 값은 설계도면의 값과 일치한다.

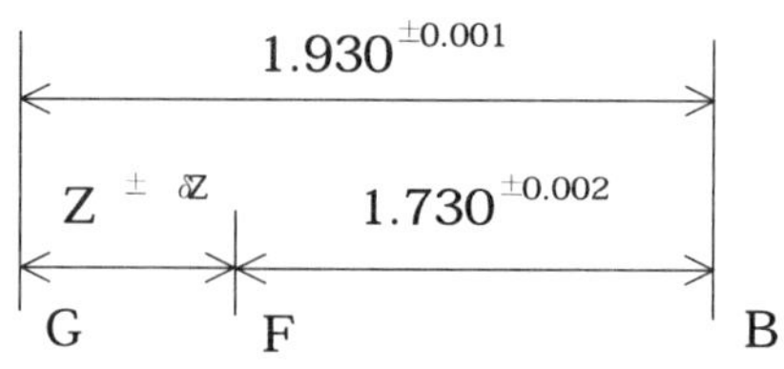

[그림 4.2] GF 표면 사이의 치수수정을 위한 치수 사슬

변경된 60공정의 가공치수에 의해 마지막으로 영향을 받는 G표면의 침탄 두께를 계산해보자. 이 경우는 그림 4.22에서 보듯이 50공정에서 열처리할 때의 두께를 얼마로 해야 60공정의 절삭량 0.01±0.003으로 절삭하여 설계도면의 치수 0.015±0.01를 얻을 수 있는가?의 문제이다. 이 경우의 추정고리는 0.015±0.01이다. 50공정의 가공치수 Z는 0.015=Z−0.01, Z=0.025이고, 공차δZ는 0.01=0.003+δZ이므로 δZ=0.007이다.

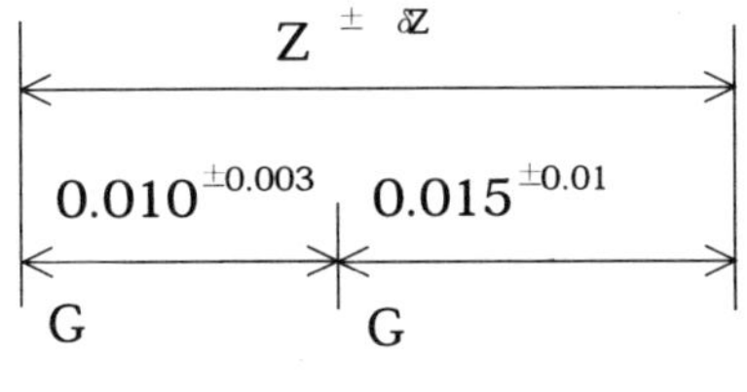

[그림 4.22] 50공정의 수정치수를 위한 치수 사슬

2) 70공정의 공차 평형

70공정에서는 두 표면 G, B 사이의 치수를 최종으로 얻는 공정이고 60공정에서의 변경된 가공치수를 적용해야 한다. 그림 4.23에서 보듯이 60공정의 변경된 가공치수 1.93±0.001과 설계도면의 두 표면 G, B 사이의 치수 1.92±0.001, 절삭량 Z의 관계를 살펴본다. 여기서는 절삭량이 추정고리가 된다. 따라서 Z=1.93−1.92=0.01이고, δZ=0.001+0.001=0.002가 된다.

이 값에 의해 영향을 받는 공정은 두 표면 D, B 사이의 결과치수이고, B 표면의 열처리 두께이다. 이들도 치수 사슬을 이용하면 쉽게 결과치수를 구할 수 있다.

이상과 같이 치수 사슬을 이용하면 공차표에서의 결과치수를 체계적으로 정확히 계산에 의해 수정할 수 있다. 최종으로 수정한 결과치수를 갖는 공차표는 그림 4.24와 같다.

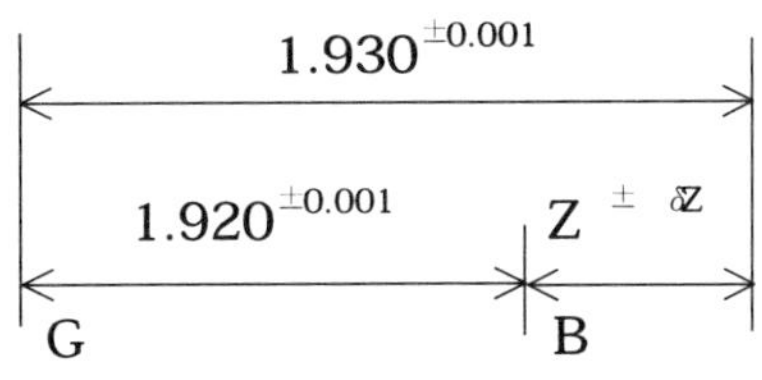

[그림 4.23] GB의 최종치수를 위한 치수 사슬

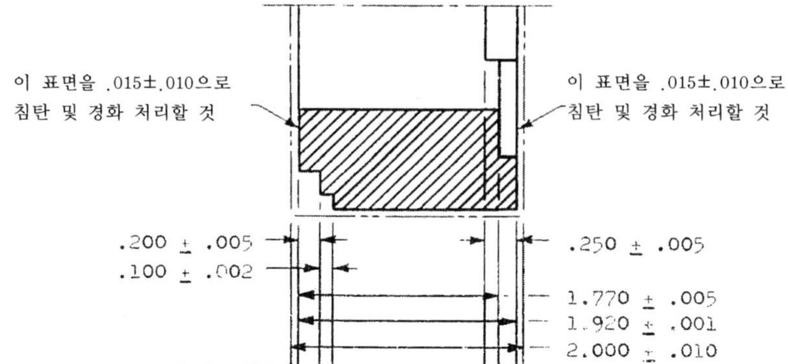

공정번호	가공 표면	기계	가공치수 공차±		결과 치수	S.R.	T.T.±
10	표면 G	터릿 선반	1.970	.002		.030	.012
20	(a) 표면 B (b) 표면 C	터릿 선반	1.940 1.780	.002 .002		.030 .160	.004 .004
30	표면 F 표면 E	터릿 선반	1.730 .100 (공구)	.004 .002	.210±.004	(중간 치수)	
40	표면 D	밀링	.260	.002		.260	.002
50	표면 G 표면 B	침탄 및 열처리 장비	.025 .025	.007 .007			
60	표면 G	로타리 표면 연삭기	1.930	.001	1.770±.005 .200±.005 .100±.002 .015±.010	.010	.003
70	표면 B	로타리 표면 연삭기	1.920	.001	1.920±.001 .250±.005 .015±.010	.010	.003

[그림 4.24] 치수 사슬을 이용한 공차 평형의 공차표

복습문제

1. 공차표는 어디에 사용하는가?
2. 공차표에 관계하는 다음 용어를 설명하여라.
   (1) 가공치수 및 결과치수
   (2) 양측공차
   (3) 절삭량
3. 공차표에서 치수 사슬을 사용할 때 사슬을 구성한 요소는 어떤 종류가 있나?
4. 공차표의 수정이 필요한 경우는 언제인가?
5. 그림 4.24에서 70공정의 수정에 의한 영향을 받는 치수들의 계산과정을 설명하여라.
6. 표면 거칠기가 공정과의 관계를 설명하여라.
7. 공차평형을 정의하고 예를 들어 설명하여라.

part 5

공정선정 및 기계선정

공정계획에서 설계도면의 부품을 가공할 공정의 선택은 부품의 형상, 크기, 특징뿐만 아니라 작업장의 환경을 고려하여 진행된다. 따라서 공정계획자는 설계도의 정보뿐만 아니라 제작에 사용되는 공작기계와 각종 작업공구들을 알고 있을 뿐 아니라 그들의 사용현황도 파악하고 있어야 한다. 본 장에서는 이러한 기본적인 공작기계와 기계에서 행해지는 작업들을 설명하고, 설계도에서 얻을 수 있는 형상 및 가공기술적인 정보를 이용하여 어떻게 공정을 선정하고, 공정에 관계하는 기계를 어떤 방법으로 선정하는 지를 언급한다.

5.1 공작기계 및 가공작업

기계가공에서 사용되는 대표적인 공작기계는 선반, 드릴링 머신, 밀링 머신, 연삭기, 머시닝센터 등이 있다. 공정계획의 수립과 관련해서는 부품을 구성한 형상들의 특성에 따라 사용가능한 기계와 수행할 작업을 알 수 있으므로, 가공작업의 종류와 형상과의 관계를 알고, 작업과 기계와의 관계를 알기 위해서 대표적인 몇 종류의 공작기계와 가공작업에 대해 살펴보기로 한다.

5.1.1 선반

기계가공부품은 회전형상과 비회전형상의 부품으로 대별할 수 있다. 회전형상부품을 가공하는 대표적인 기계는 선반으로서, 선반은 공작물을 회전시키고 절삭공구를 일정한 깊이 만큼 삽입한 후에 이송운동을 통해서 원하는 특징형상을 가공하는 공작기계이다. 일반 기계 공장에서 선반에서의 작업이 차지하는 비중은 약 40-50%로써 많은 작업이 선반에서 이루어지고 있다. 선반의 크기는 최대 공작물의 크기로써 표시하며, 선반의 용량은 가공할 수 있는 최대 직경인 베드 상의 스윙과 공작물의 최대거리를 나타내는 센터간의 거리로 용량을 표현한다. 주요구성요소로는 베드, 주축대, 심압대, 왕복대, 및 이송기구로 구성되어있다.

베드는 각종 구성부품들의 하중과 절삭력 등의 외력에 대하여 변형이 발생하지 않고 선반의 안내운동을 정확히 전달하는 역할을 수행한다. 주축대는 공작물을 지지하고 회전시키며, 회전수의 변경이나 바이트의 이송할 때의 원동력을 전달한다. 심압대는 긴 가공물에 대해 센터로 가공물을 지지하고 드릴 공구나 리이머 등을 이용하여 고정시켜 작업을 한다. 왕복대는 베드의 상부와 주축대와 심압대의 중간부분에 위치하며, 왕복대의 상부에 바이트를 설치하고 베드와 세들에 접촉되어 안내 역할을 한다. 그리고 이송기구는 주축대의 주축의 회전운동을 리드 스크루우 또는 이송축에 전달할 때 기어의 연결로 전달하는 장치이다. 그림 5.1은 범용선반을 보여주고 그림 5.2는 터릿선반을 보여준다.

선반에서 얻을 수 있는 특징형상들은 외부 원통면, 원추면, 곡선회전면, 나사면,

내부 원통면, 단면, 센터구멍, 모따기, 홈 등의 특징형상이 있으며, 이들을 가공하는 작업은 외경절삭, 테이퍼절삭, 나사절삭, 드릴링, 페이싱, 센터링, 그루빙 등이 있다. 그림 5.3은 이들에 대한 예를 보여주고 있다.

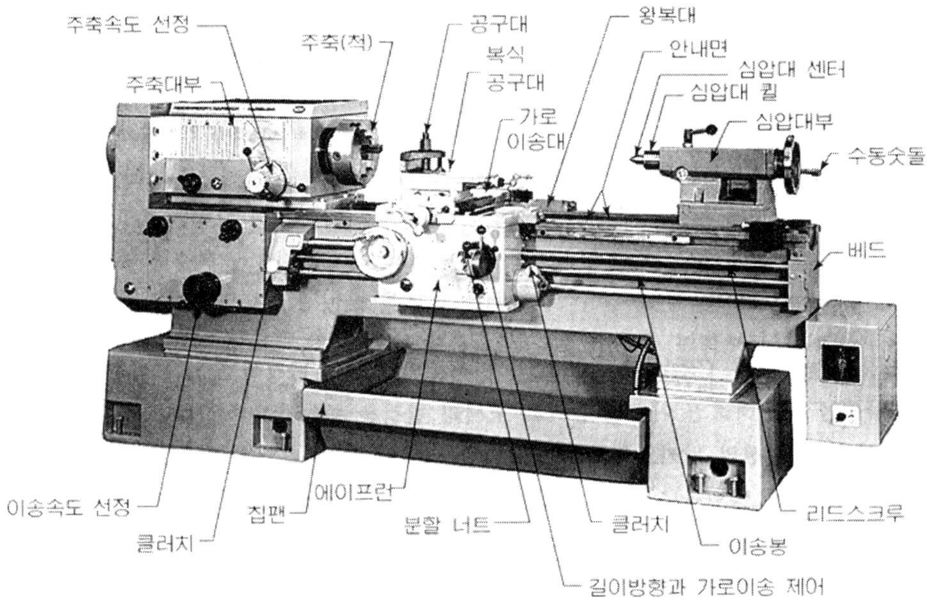

[그림 5.1] 범용선반의 구성

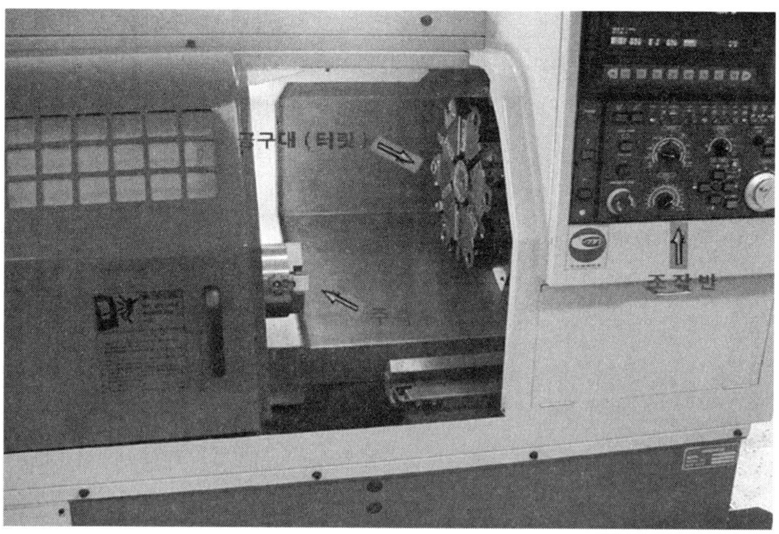

[그림 5.2] 터릿 선반

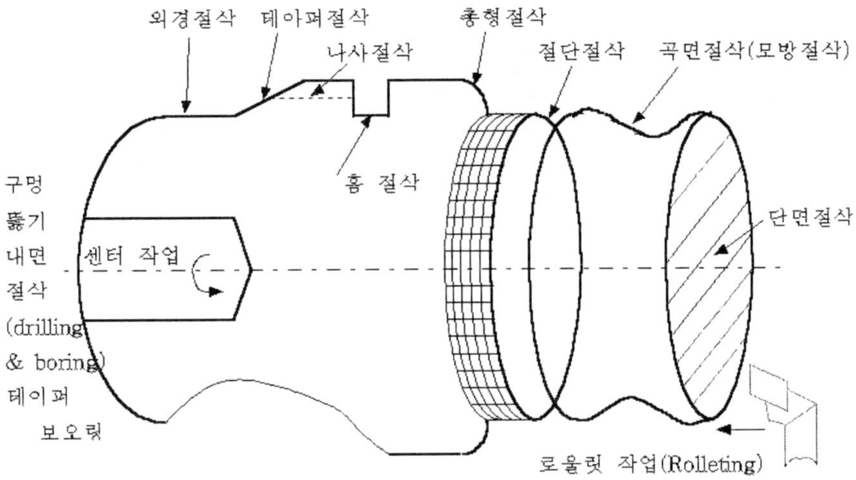

[그림 5.3] 선반에서의 특징형상 및 작업

5.1.2 드릴링 머신

일반 기계가공 공정에서 약 25%의 가공 비중을 차지하는 드릴링 머신에서의 드릴 작업은 두 개의 절삭인선을 가진 공구를 이용하여 특징형상을 가공한다. 그림 5.4는 수직 드릴링 머신을 나타낸다. 드릴링 머신에서 사용되는 대표적인 공구는 트위스트 드릴이며, 송곳(drill)을 회전시키면서 회전축 방향의 이송으로 공작물에 구멍을 뚫는 작업을 한다. 드릴링 머신에서는 리이머를 사용하여 구멍의 정밀도를 높이기 위해 다듬질 가공을 하기도 하며, 보오링바아와 바이트를 사용하여 이미 뚫은 구멍을 완성가공하거나 더 넓은 구멍을 뚫는 보오링 작업을 하기도 한다. 평나사 머리 등의 나사머리부가 공작물의 표면에 돌출되지 않도록 머리가 들어갈 부분을 깊게 구멍을 절삭하는 카운터보링 작업을 하기도 하며, 접시 머리 나사를 사용할 구멍에 나사머리가 들어갈 부분을 원추형의 모양으로 가공하는 카운터 싱킹 작업을 하기도 한다. 또 볼트나 너트 등의 머리부가 접촉되는 공작물의 구멍을 중심으로 한 둘레의 표면을 다듬기 위해 평면가공을 하기도 하며, 공작물의 구멍 내부에 암나사를 가공하는 탭핑 작업을 드릴링 머신에서 수행하기도 한다.

드릴링 머신에서 얻을 수 있는 대표적인 특징형상은 그림 5.5와 같다. 이들 특징형상은 하나의 작업으로 가공되는 것이 아니라 두 종류 이상의 작업을 통해 완성가공이 되므로 공정계획을 수립할 때 특히 유의해야 한다. 즉, 설계도상에서 그림 5.5와 같은 특징형상들 중 하나가 주어졌다면 이들을 가공하는 작업은 두 종류의 작업을 선택해야 한다.

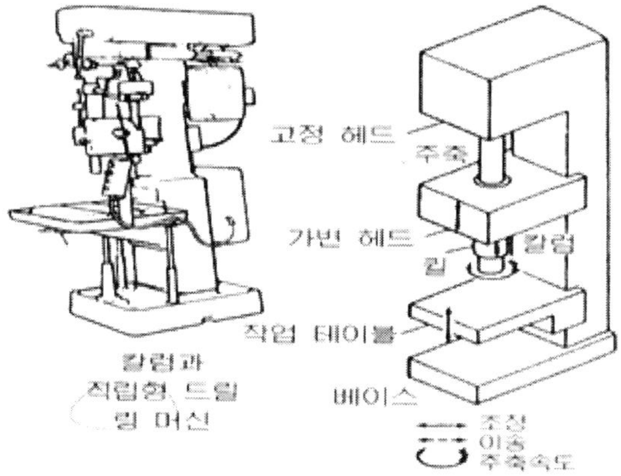

[그림 5.4] 수직형 드릴링 머신 [5]

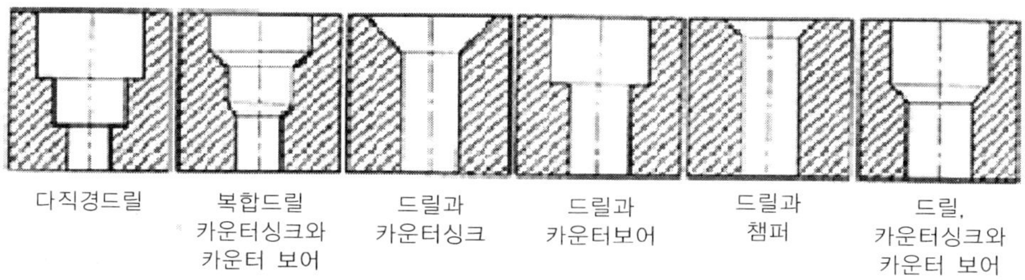

[그림 5.5] 드릴링 머신에서의 작업의 종류

5.1.3 밀링 머신

비회전형상부품을 가공하는 대표적인 공작기계는 밀링 머신이다. 밀링 머신에서 행해지는 작업인 밀링은 보통 육면체 공작물을 대상으로 원주상에 절삭날이 등간격으로 배치되어 있는 밀링커터를 회전시켜서 테이블 위에 설치한 공작물을 이송시키면서 가공하는 작업이다. 밀링머신의 종류에는 플레인 밀링커터나 측면커터를 이용하여 평면가공을 하는데 사용하는 플레인 밀링머신, 분할대를 이용하여 트위스트 드릴이나 밀링커터 등을 가공하는 만능밀링머신, 그리고 앤드밀이나 페이스 밀을 이용하여 홈깍기, 정면깍기, 평면가공을 수행하는 수직 밀링머신이 있고 그 외에도 대량생산을 위한 베드형 생산밀링머신, 특수 밀링머신 등이 있다. 그림 5.6은 수평 니이형 밀링 머신을 보여주며, 그림 5.7은 밀링 작업의 종류를 보여주고 있다.

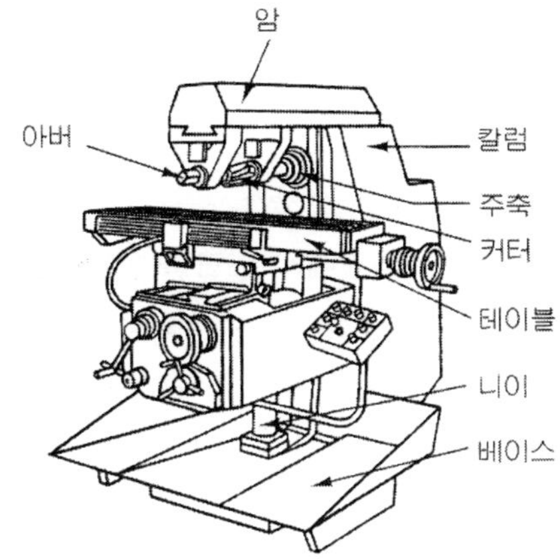

[그림 5.6] 수평 니이형 밀링 머신[5]

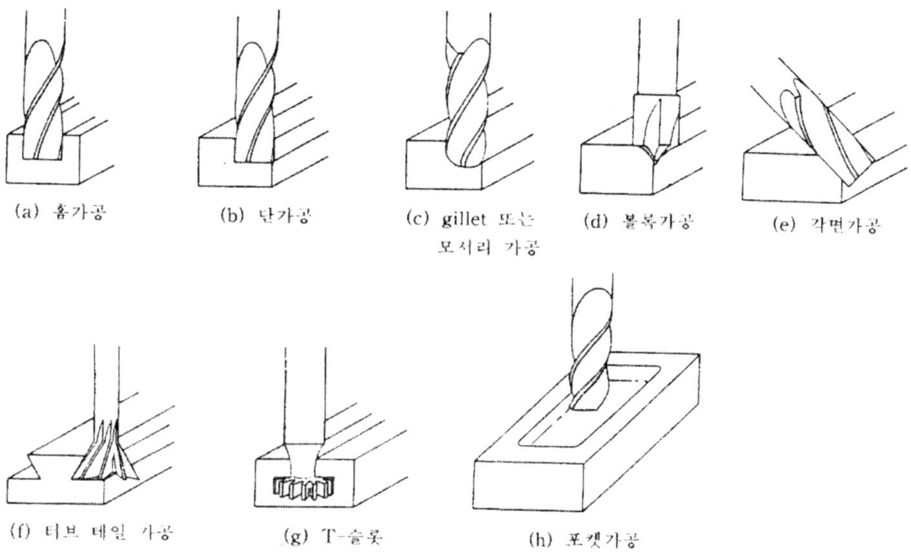

[그림 5.7] 밀링 작업의 종류[6]

그림 5.7의 각종 밀링작업을 통해 얻어지는 특징형상들은 공정계획을 위한 유용한 정보들이다. 즉, 설계도면에 그림 5.7의 특징형상이 있으면 해당되는 특징형상은 작업과 연결되고 그 작업은 밀링머신으로 연결되기 때문이다.

밀링 머신에서의 작업과 유사한 작업을 하는 기계로써 평삭기, 형삭기 및 슬로터가 있다. 평삭기에서의 작업은 절삭공구는 고정되어 횡이송만 하며 테이블 위에 고정한 공작물이 직선왕복운동을 하면서 절삭이 되는 작업방법이다. 형삭기에서의 작업은 공작물이 고정되어 단순히 이송만 하고, 절삭공구가 직선왕복운동으로 절삭을 하는 가공방법이다. 또한 슬롯팅은 공작물은 고정되어 단순히 이송만 하고, 절삭공구가 수직으로 상하로 움직이면서 직선 절삭운동을 하는 작업이다.

5.2 공정선정

공정의 선택에 가장 중요한 영향을 주는 요소는 부품의 형상과 이들을 가공할 수 있는 작업과의 관계이다. 앞 절에서 언급한 공작기계에서의 가공작업과, 작업을 통해 얻어지는 특징형상들은 표 5.1과 같은 부품의 특징형상과 가공작업과의 관계를 나타내는 표를 이용하여 공정계획에 활용할 수 있다. 표에서 사용한 작업의 기호는 한국공업규격(KS B 0107)의 가공방법기호에 따른다.

일반금속재료를 대상으로 한 1차 가공 이후의 가공방법을 분류하면 주조, 소성, 절삭, 다듬질 가공 등으로 분류하며, 이 중에서 절삭가공은 일반절삭과 연삭, 특수가공으로 분류한다. 이 절에서 대상으로 하는 특징형상과 가공하는 작업과의 관계는 공작기계에서 수행되는 작업과 형상들을 대상으로 설명한다. 기계가공에서 진행되는 공정은 크게 선삭, 드릴링, 보오링, 밀링, 평삭, 형삭, 슬로팅, 브로우칭, 소우잉, 기어절삭, 창성기어절삭 등으로 분류한다. 표 5.1에서 나타낸 작업의 각 기호는 이들 각 공정에서 수행되는 세부 작업들에 대한 기호이고, 이들은 부품을 구성한 형상이 어떠한 종류인 가에 따라 선택할 수 있는 가공방법이다. 예를 들면 특징형상이 외부 원통 모양이면 이를 가공할 수 있는 방법은 표 5.1에서 기호 L의 선삭, GE의 원통 연삭, GCL의 센터리스 연삭이 될 수 있다는 것을 의미한다. 이들 표를 활용하면 부품의 형상이 어떠한 형상인 지에 따라 가공작업이 선정될 수 있음을 보여준다. 보다 구체적인 작업은 가공 기술적인 정보가 추가로 포함되면 구할 수 있다.

[표 5.1] 특징형상과 작업의 상관 관계표 [7]

특징형상요소		가공방법 기호							
		LLLLLLLLLLL TETCSFCRRC PCHNKROCNF	DDD RT	B	MMMMMM FSEGCF CD OL	B R	GGGGGG EISCTE L R	S L	T C
외개형	원통면	*					* *		
	원추면	*					* *		
	곡선회전면	*					* *		
	구상부	*					* *		
	평면				*		*		
외면가공	나사가공	*							
	원주면절삭	*							
	단면절삭				* *				
	슬롯트		o					o	
	홈				*				
	스플라인				*				
외주기면	외측다변형				* *				
	치차						*		*
내개형	중심구멍		*	*			*		
내면가공	테이퍼면	*					*		
	곡선회전면	*							
	편심원통면		*	*					
	나사면	*							
	홈					*			
	내평면					*			
	치차면								*
단면	센터구멍	*							
	동심회전면	*							
	홈절취				*				
	곡면주기면				*				
	평탄				*		*		
보조구멍	단순보조		*						
	관통구멍		*						
	나사구멍		*						
	테이퍼구멍		*						
	깊은구멍		*						
보조가공	모따기	*							
	볼록오목면	*							

#. o 의 표시는 슬롯트가공시 D작업을 한후 SL작업을 해야 함을 나타냄

5.3 기계선정

부품을 가공할 때 반드시 필요한 것은 공작기계이다. 적절한 공작기계의 선정은 공장에서의 생산흐름을 원활히 하며, 기계의 가동률을 향상시키며, 짧은 시간에 적절한 작업을 수행하게 하므로 생산성을 향상시키는 역할을 한다. 공작기계의 선정은 부품을 구성하는 표면의 특징형상, 치수공차, 다듬질정도 등의 가공기술적인 정보를 토대로 가공공정과 작업을 선정한 후에 행해지는 업무로써, 사용가능한 공작기계의 능력에 따라 적절히 선정하여 가공한다. 기계선정을 위한 입출력정보는 그림 5.8과 같이 표현할 수 있다.

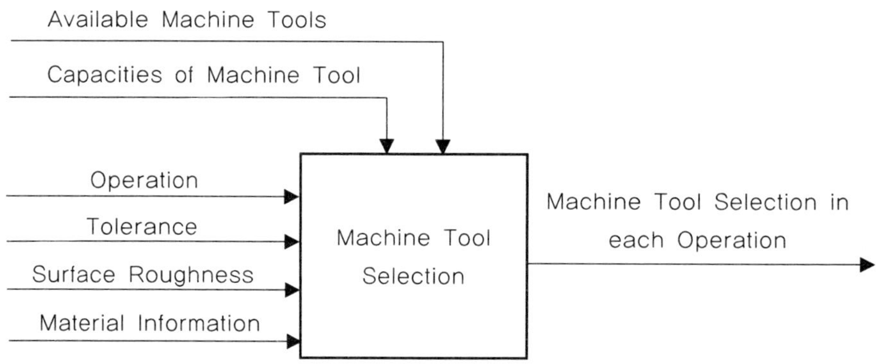

[그림 5.8] 기계선정의 입출력정보 흐름도[8]

일반적인 공작기계의 선정은 부품을 가공할 표면의 특징형상에 의해 적합한 가공작업을 선정한 것과 동일한 방법으로 표 5.2와 같은 가공작업과 공작기계의 변환표에 의해 적합한 기계를 선정할 수 있다. 회전형상 부품만을 취급하는 경우는 특징형상이 비교적 제한되며, 이들은 표 5.2의 보통선반인 LE, 탁상선반인 LBN, 터어릿선반인 LT, 모방선반인 LCO, 직립선반인 LV, 수치제어선반인 NCL 및 터어닝센터인 NCTC 중에서 적절하게 선정할 수 있다. 이들은 특징형상에 가공기술적인 정보가 추가하여 주어졌을 때에 더욱 구체적으로 선정된다. 물론 표 5.2에서 사용된 가공작업과 공작기계의 변환표는 한국공업규격에서 가공방법기호를 분류하고 있는 KS B 0107에서 사용한 각 공작기계의 기호를 사용하였다.

[표 5.2] 가공작업과 공작기계의 변환표

가공작업	가공기계																						
	LE	LBN	LTC	LCO	LV	D	BH	BV	BF	MH	MV	MU	BR	GE	GU	GI	GSR	GCL	GT	S	TC	TCH	TCSH
L	*	*	*																				
LTP	*																						
LFC	*		*																				
LTH	*																						
LCN	*																						
LSK	*																						
LFR	*																						
LCO			*																				
LRC	*																						
LRN	*																						
LCF	*																						
D						*																	
DR							*	*	*		*												
DT						*																	
B	*						*	*	*														
MFC											*												
MSD										*													
ME											*												
MG										*													
MCO											*												
MFL										*	*	*											
BR													*										
GE														*	*								
GI															*	*							
GS															*		*						
GCL																		*					
GT																			*				
GFL														*	*	*	*						
SL										*		*								*			
TC																					*	*	*

part 6

작업준비계획

하나의 부품은 한 제품을 구성하는 구성요소이며, 한 제품은 여러 종류의 부품들이 만들어지고 조립되어 완성된다. 부품을 가공하거나, 가공 후에 측정하여 검사하고, 부품들을 조립할 때 제대로 만들어진 부품은 설계도면에서 지정한 치수, 공차, 특정 형상 등을 만족시키는 데, 이러한 합격품은 작업에 필요한 치공구와 절삭공구 등에 대한 준비를 제대로 한 후, 작업을 실행함으로써 얻어지는 것이다.

먼저 작업의 준비계획을 수행하는 과정을 보면 그림 6.1에서 보는 바와 같이, 작업 준비에 필요한 입력정보로는 소재정보, 부품의 기하학적 정보, 이들로부터 인식한 특징형상, 설계도면상에 작성된 비형상정보인 표면다듬질정도, 기하학적 공차 및 치수공차 등이다. 제약조건으로는 작업 현장에서 사용가능한 공작기계, 고정구 및 절삭공구이며, 작업준비계획에서는 궁극적으로 공작물의 위치결정 기준이 되는 면(선, 점)의 결정, 고정방법, 특징형상들의 그룹화, 작업준비횟수, 치공구 및 클램핑면을 선정하게 된다.

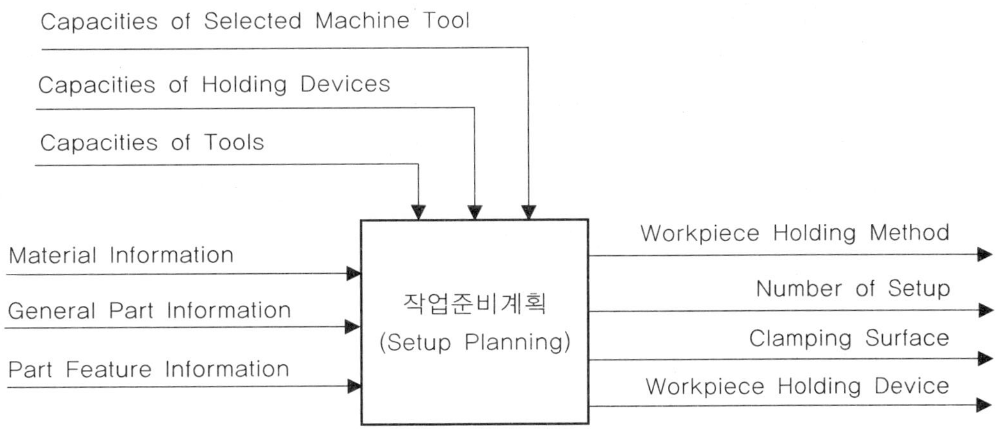

[그림 6.1] 작업준비계획의 입출력정보

앞 장에서 언급했듯이 한 부품의 설계 기준과, 가공작업 기준, 측정 기준, 조립 기준 등이 서로 일치하지 않으면 기준 불일치에 따른 불합격품이 생산될 가능성이 크므로, 정확한 기준을 설정하여 치수를 재계산함으로써 기준 불일치의 공차 누적에 따른 오차를 최소화하고 설계도면의 치수공차를 만족시켜야 한다. 이때 모든 공작물을 정확하게 똑같은 장소에 기준위치를 정하는 것은 불가능하며 비경제적이고 이들을 일정한 범위 내에 있도록 도와주는 것이 공차이다. 그리고 공작물의 정확한 위치결정 기준에는 공작물과 공구의 관계가 정확히 유지되어야 하고 이들은 사용하는 공작기계와도 관계한다. 이와 같이 부품이나 가공 중인 공작물의 위치 변화를 파악하고 제한하며 결정해주는 것을 공작물 관리라고 한다.

하나의 공작기계에서 가공할 공작물의 위치를 정할 때 공작물을 고정하는 고정구나 절삭하는 공구를 통해 힘이 가해지는 데, 공작물은 이들을 통해 받는 힘들로 인해 휘어지거나 변형되지 않도록 위치를 잘 결정해야 한다. 그리고 작업자 기술의 숙련정도에 관계없이 공작물을 원하는 위치에서 흔들림이 없도록 고정시켜야 한다. 즉, 공구력에 의해 영향을 받지 않는 위치를 선정하여 공작물을 고정하도록 관리해야 하고, 고정시킬 치공구의 힘에 의해 공작물에 휨 등의 손상이 가지 않으며, 작업할 때에 잘못된 치공구의 사용으로 인한 흔들림이나 진동 등으로 공작물 치수에 악영향을 주지 않도록 하며, 작업자의 노력이나 기술력이 크게 필요하지 않아도 되도록 공작물의 위치를 잘 선정해야 한다.

또 다른 공작물 관리에 방해되는 요소들은 제공되는 재료의 품질, 먼지 등의 이물질, 마멸, 작업환경 등이다. 작업환경에 따라 공작물을 클램핑하는 치공구에 먼지나 칩들이 붙게 되면, 이들을 제거할 수는 있으나 작업흐름을 방해하기도 하고 제거에 비용도 발생하며 작업시간을 소모하게 한다. 따라서 공작물 관리에서는 이와 같은 사용하는 공구들에 이물질이 부착되는 것을 방지하도록 관리해야 한다. 또 공작물과 치공구 사이의 마찰에 의한 마모도 발생한다. 공작물을 홀더에 반복해서 장착하거나 탈착할 때 동일한 부분이 접촉되면 그 부분은 마모되기도 한다. 이런 마모는 공작물과 공구 사이의 위치 관계를 바꾸기도 하고, 공구의 마모는 부정확한 위치의 가공을 유도하므로 작업결과치수가 범위를 벗어나게 한다. 제작되는 부품의 외관이나 기능이 손상되지 않기 위해 공작물의 표면은 긁힌 곳, 파인 곳, 그리고 다른 어떤 흠집도 없어야 한다. 이런 조건을 만족시키는 공작물 관리는 더욱 어렵다. 작업자들은 각자의 경험과 지식에 따라 공작물을 위치결정하는 방법이 서로 다르다. 그렇지만 이런 작업자의 실력과는 관계없이 공작물과 공구의 상대 위치가 잘 정해져야 한다. 제조할 때의 작업장 환경은 날마다 변화한다. 온도 변화에 따라 금속 공작물은 수축하거나 팽창하게 된다. 실내습도의 높고 낮음에 따라 작업자 환경이 좋기도 하고 나쁘기도 하다. 정밀한 제품이라면 항온항습을 유지해야 하므로 에어컨이나 항온항습기를 사용하여 항온항습을 유지해야 한다. 공정계획자가 작업준비를 계획할 때 공작물 관리를 효과적으로 수행하기 위해서는 기본적으로 공작물을 고정하는 장치에 대하여 알아야 한다. 공작물 고정장치의 대표적인 것들은 선반이나 밀링머신에서 사용되는 척, 콜릿, 맨드릴, 바이스, 블록, 각종 지그 및 고정구 등이다. 이들은 부품 생산에 필요한 공구류이며, 공정계획자는 이들을 잘 배치함으로써 설계도면에서 요구하는 치수공차를 만족시키는 부품을 얻도록 공작물 관리를 해야 한다.공정계획자는 효과적인 공작물 관리를 위해 공작물에 작용하는 힘의 균형을 취급하는 평형이론과, 공작물에서 발생하는 움직임을 체계적으로 정지하기 위한 위치결정이론, 공작물의 모양이 원통, 원추, 직육면체 등으로 다양할 때 그 형상을 유지하기 위한 기하학적 관리, 위치 결정구를 올바르게 배치하여 원하는 공작물 치수를 얻도록 도와주는 치수 관리, 및 공구력에 대응하여 공작물의 위치를 잘 유지하도록 도와주는 기계적 관리에 대한 내용을 알아야 한다. 다음 절들에서는 이들에 대해 상세히 설명한다.

6.1 위치결정이론

공정계획자는 부품을 가공할 공정을 계획해야 한다. 공정에는 여러 종류의 작업이 있으며 공정을 계획하는 것은 곧 작업을 계획하는 것이다. 최적 작업의 수행을 위해서는 작업될 공작물을 흔들림이 없도록 고정해야, 원하는 형상과 치수로 가공할 수가 있다. 이 때 공작물에는 고정하는 고정력과 가공하는 절삭력이 작용하며 이들이 균형을 이룰 때 안정된 상태의 공작물을 원하는 형상과 치수로 가공할 수 있다. 이 절에서는 공작물에 작용하는 힘들의 균형을 위한 평형이론과 위치 결정구의 최적 배치 및 고정구에 대해 기술한다.

6.1.1 공작물의 평형과 위치 결정

공작물을 제대로 관리하기 위해서는 우선 공작물이 어떤 경우에든지 평형 상태를 유지하도록 해야 한다. 여기서 평형(Equilibrium)이란 공작물에 작용하는 여러 힘들의 균형(Balance) 상태를 유지하는 것이라고 말할 수 있다.

공작물의 평형에는, 물체에 작용하는 힘에 대한 평형인 직선 평형과, 모멘트의 평형을 의미하는 회전 평형의 두 종류가 있다. 그림 6.2 및 그림 6.3은 공작물에 화살표의 방향으로 힘이 작용할 때 그 힘에 대응하는 힘을 가함으로써 공작물의 힘의 평형 상태를 유지하는 것을 보여준다.

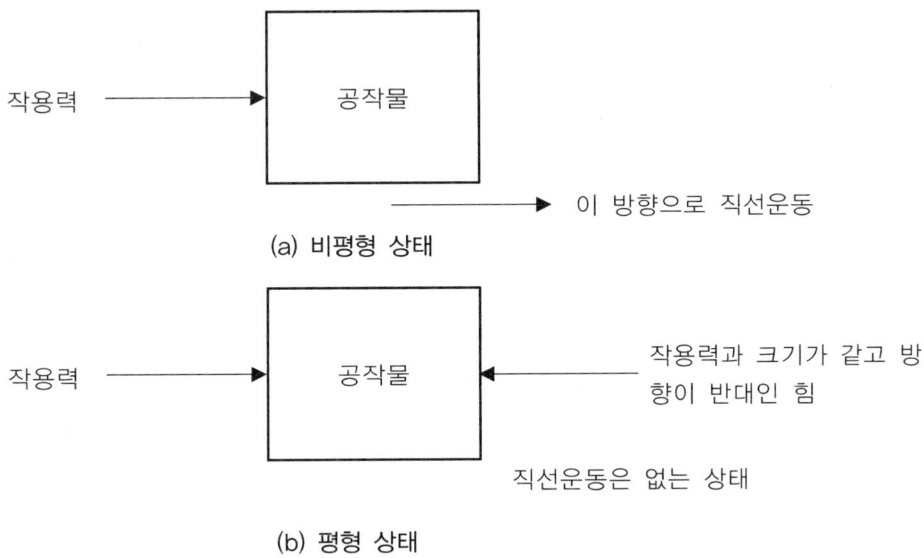

[그림 6.2] 직선 평형

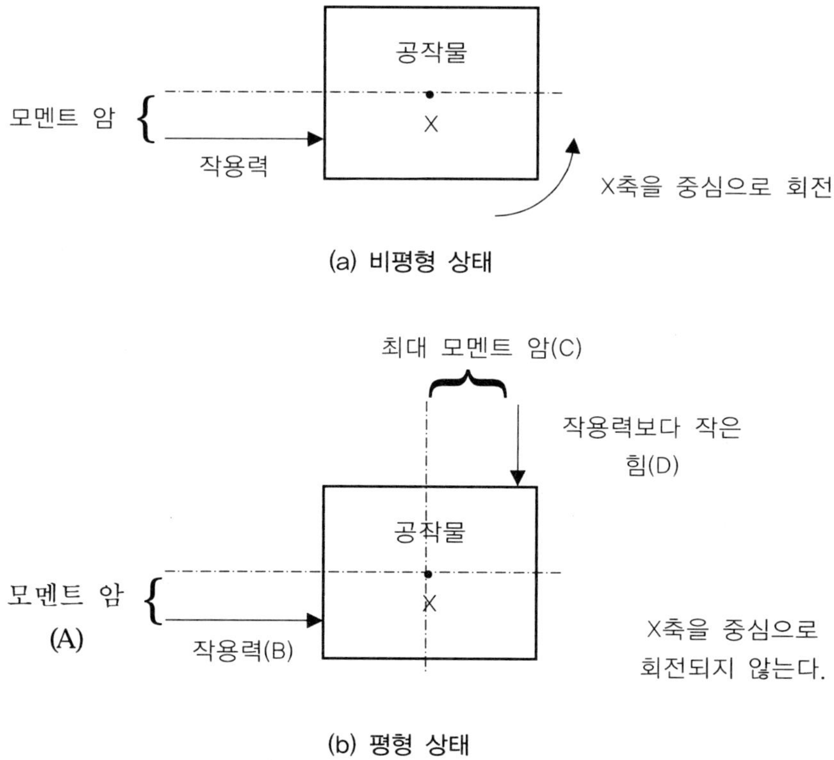

[그림 6.3] 회전 평형

(1) 직선 평형 및 회전 평형

그림 6.2에서 보는 바와 같이 자유물체에 한 방향으로 힘이 가해질 때 물체는 균형을 잃고 움직임이 발생한다. 이 움직임은 초기에 직선방향으로 발생하며, 물체가 평형을 유지하기 위해서는 같은 힘이 반대 방향에서 작용하면 되고 이 때, 물체는 직선방향의 움직임을 멈추게 된다.

회전 평형은 그림 6.3에서 보는 바와 같다. 자유 물체는 직선 평형을 유지한다 하더라도 회전 운동이 있을 수 있다. 자유 물체를 직선상에서 움직이도록 하기 위해서는 물체의 중심에 힘이 가해져야 한다. 작용하는 힘이 중심으로부터 떨어져 가해질 때는 그림 6.3의 (a)에서 보듯이 회전하게 된다. 자유 물체는 물체의 중심을 기준으로 하여 회전하는 모멘트가 발생하게 되고 불균형 상태가 됨으로써 회전을 일으키게 되며, 완전한 균형을 유지하기 위해서는 회전 상태의 움직임을 저지하는 평형을 유지해야 하고 모멘트에 의해 회전하지 않도록 관리해야 한다. 모멘트는 힘과 팔길이의 곱으로 얻어진다. 모멘트에 의한 회전을 방지하기 위해서는 크기가 같고 방향이 반대인 모멘트를 작용하도록 해야 한다. 직선 평형은 힘의 방향을 고려했을 때 자유 물체에 작용하는 모든 힘의 크기의 합이 영(zero)이 되도록 힘의 평형방정식이 사용되고,

회전 평형은 작용하는 모든 모멘트의 합이 영이 되는 모멘트 평형방정식을 적용한다. 이때 회전 평형에서 힘의 크기가 같을 필요는 없다. 가해진 힘과 중심으로부터의 거리를 곱한 모멘트 값만 같고 방향이 반대이면 되므로, 작용하는 힘이 작으면 거리를 길게 함으로써 동일한 모멘트를 갖도록 하고, 방향은 서로 반대방향을 유지하도록 하면 된다.

(2) 공작물 평형과 위치결정

공정계획자는 공작물을 가공할 때 공작물이 직선 평형과 회전 평형을 이루도록 해야 하며 이를 위해 위치 결정구와 고정구를 사용한다. 그림 6.4는 평형 방정식의 개념을 적용한 직선 평형과 회전 평형을 이룰 때의 위치 결정구의 배치를 나타낸다. 고정구에서 작용하는 고정력(holding force)은 공구설계자가 설계한 클램핑 장치에 의해 얻어지며, 위치 결정구는 고정력이 작용하는 반대 방향이나 또는 고정력에 의해 야기되는 모멘트의 반대방향에 배치되어 평형을 유지한다.

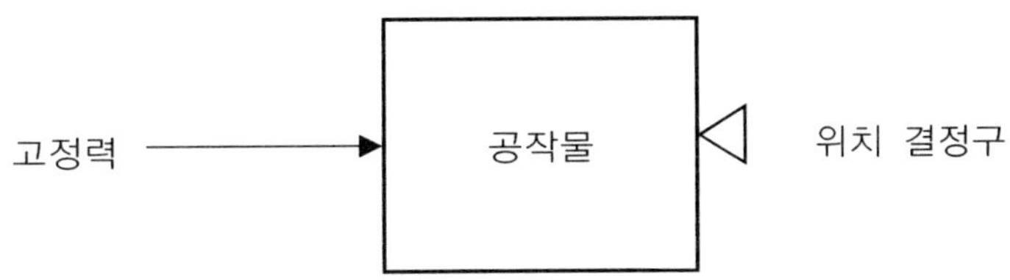

(a) 직선평형 상태

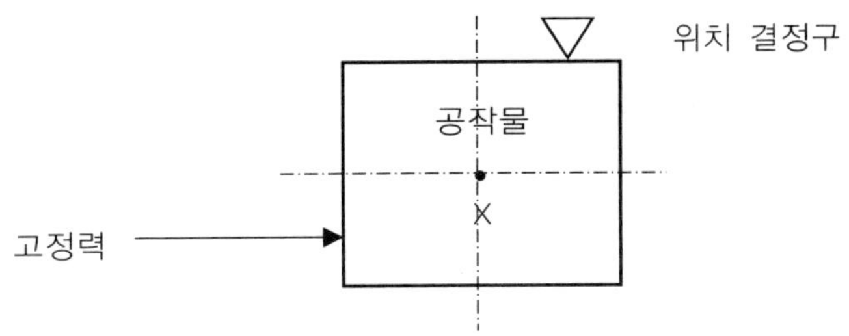

(b) 회전평형 상태

[그림 6.4] 위치 결정구와 평형

자유 물체는 공간상에서 움직이므로 3차원 공간을 표현하는 3축 직각 좌표계에 의해 공작물의 운동을 생각해 볼 수 있다. 그림 6.5처럼 X축, Y축 및 Z축 방향으로 세 개의 직선운동과 세 개의 회전운동을 생각하면 모두 여섯 개 방향으로 움직일 수 있다. 이들을 각 축 방향에서 양(+)과 음(−)의 방향을 추가하면 여섯 개의 직선운동과 여섯 개의 회전운동이 되어 모두 12방향으로의 움직임이 있을 수 있다. 하나의 위치 결정구는 단지 한 방향으로의 하나의 움직임만 정지시키고 고정력은 그 반대 방향의 움직임을 정지시킨다. 12방향의 움직임을 정지시키기 위해서는 먼저 위치결정에서 여섯 방향의 여섯 운동을 정지시켜야 한다. 이어서 고정력이 나머지 여섯 방향의 여섯 운동을 정지시켜야 한다. 예를 들면 위치결정구가 X-X축에서 우측으로 움직이는 직선 운동을 정지시킨 경우에는 고정력은 물체가 좌측으로 움직이는 운동을 정지시켜야 균형을 이룬다. 만약에 위치 결정구가 X-X축에서 시계방향으로의 회전을 정지시킬 때는 고정력은 반시계방향으로의 회전을 정지시키도록 작용해야 한다.

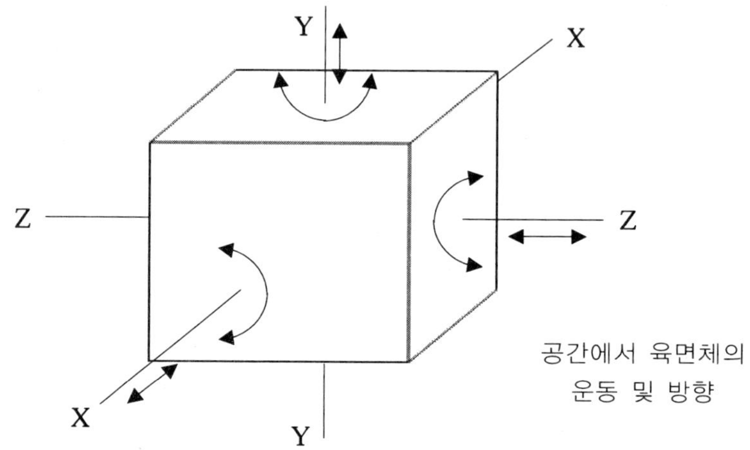

[그림 6.5] 공간에서 물체의 운동방향

6.1.2 위치결정방법

육면체를 3차원 공간에서 움직이지 않도록 정지시키기 위해서 기본적으로 위치 결정구를 체계적으로 배치하는 방법이 있다. 이 방법을 3-2-1 위치결정방법이라 한다. 이 방법은 X축, Y축 및 Z축 방향으로의 직선 및 회전 운동을 생각하여 육면체에 위치 결정구를 배치하여 3각법에 의해 표현한 것으로, 그림 6.6부터 그림 6.11 사이에 작성되었으며, 다음과 같은 절차로 진행된다. 여기서 사용된 기호로는 삼각형 기호는 위치 결정구를 나타내며, 단순한 삼각형(△)은 공작물과의 접촉점이 보이는 위치 결정구를 의미하며, 삼각형 안의 점이 있는 것(◬)은 지면 뒤쪽 방향으로 향하면서 공작물, 위치 결정구의 끝 점, 위치 결정구의 순서로 배치되었을 때의 위치 결정구를 나타낸다. 삼각형 안의 십자(+) 표시(△+)는 위치 결정구, 위치 결정구의 끝 점, 공작물의 표면의 순서로 배치된 것을 의미한다.

최초의 위치 결정구가 그림 6.6과 같이 육면체에 놓여진다고 하자. 놓여진 위치를 보면 이 위치 결정구는 Y-Y축의 하향 직선 운동을 정지시킨다. 하지만 다른 다섯 방향의 운동은 정지된 상태가 아니다. 육면체는 Z-Z축 또는 X-X축을 중심으로 회전할 수 있으며 위치 결정구와 계속 접촉되어 있다. 이제 두 번째 위치 결정구를 그림 6.7과 같이 배치하였다고 하자. 두 번째 위치 결정구는 그림 6.7에 표시한 것과 같이

Z-Z축에 대한 회전을 정지시킨다. 여전히 네 개의 다른 운동은 아직 정지되지 못한 상태이다. 육면체는 아직 X-X축을 중심으로 계속 회전할 수 있고, 두 개의 위치 결정구와 계속 접촉하고 있다. 따라서 세 번째 위치 결정구는 X-X축 중심의 회전을 정지시키기 위해 그림 6.8과 같이 처음 두 개의 위치 결정구가 배치된 표면과 같은 표면에 배치되어 있다. 이제 세 번째 위치 결정구는 X-X축에 대한 회전을 정지시킨다. 이상을 중간 요약하면, 위치 결정구의 각 끝 3점이 하나의 평면에서 위치 결정하고 있다. 이 평면이 완전히 위치 결정되었으므로 더 이상의 위치 결정구는 배치할 필요가 없다.

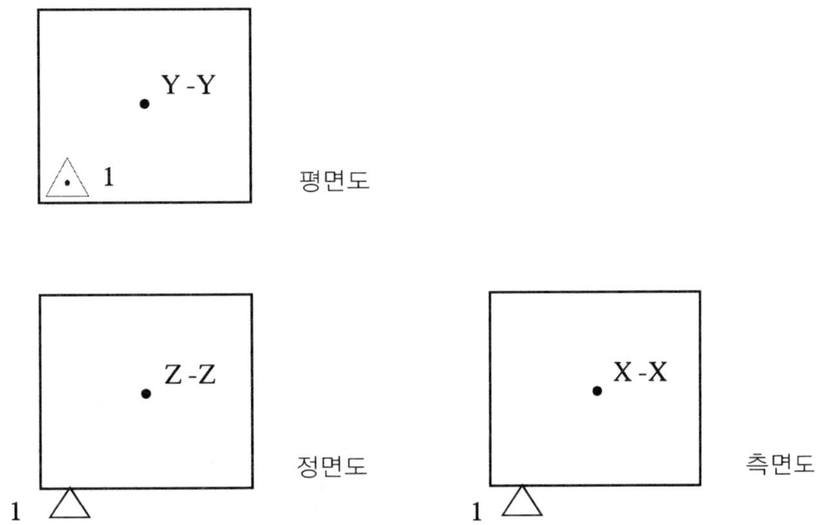

[그림 6.6] 육면체와 제 1의 위치 결정구

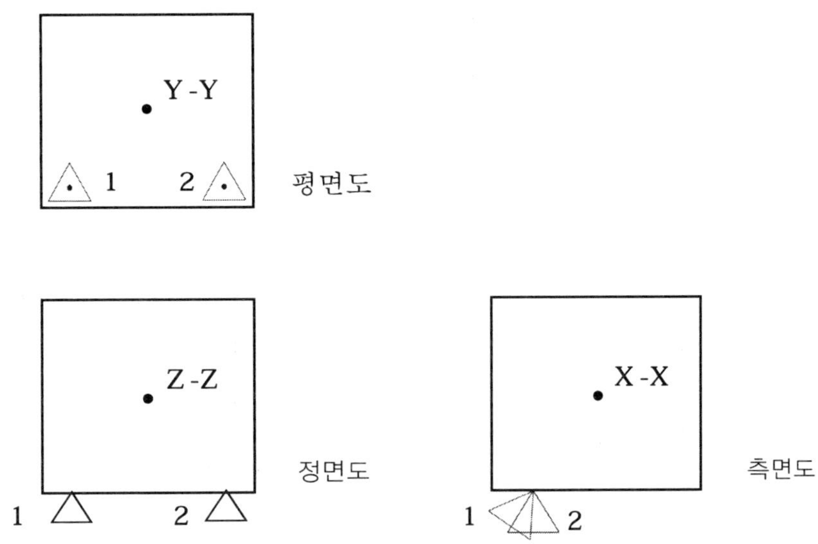

[그림 6.7] 육면체와 제 2의 위치 결정구

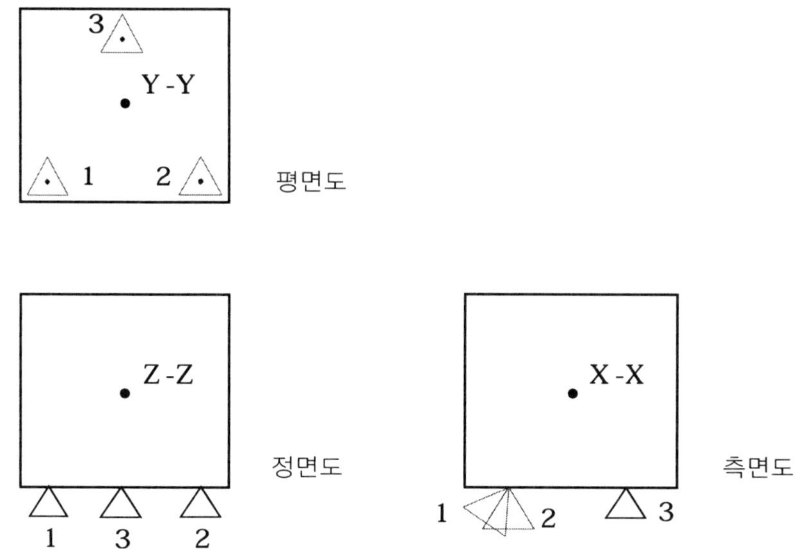

[그림 6.8] 육면체와 제3의 위치 결정구

육면체에 네 번째 위치 결정구를 그림 6.9와 같이 새로운 표면에 배치시켰다. 이 결정구로 인해 X-X축 상에서 육면체의 좌측 방향으로의 직선 운동은 정지된다. 그리고 배치된 곳은 Y축 방향 높이의 1/2되는 지점이므로 다른 방향의 운동인 Y-Y축에 대한 회전이 가능하지만, Z-Z축을 중심으로 한 회전은 가능하지 않다. 육면체는 이제 4개의 위치 결정구와 접촉이 된 상태이다.

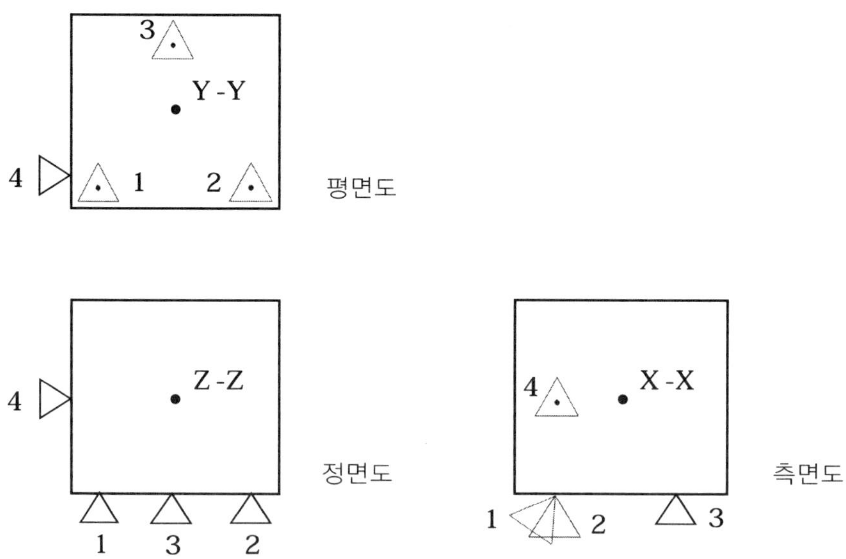

[그림 6.9] 육면체와 제4의 위치 결정구

다섯 번째 위치 결정구는 그림 6.10과 같이 네 번째 위치 결정구가 배치된 표면과 같은 표면에 배치되었으며, Y-Y축을 중심으로 한 회전을 정지시킨다. 다섯 개의 위치 결정구가 접촉되었지만, Z-Z축으로의 직선 운동이 여전히 가능하다. 네 번째와 다섯 번째 위치 결정구는 기하학적인 하나의 직선을 위치 결정한다.

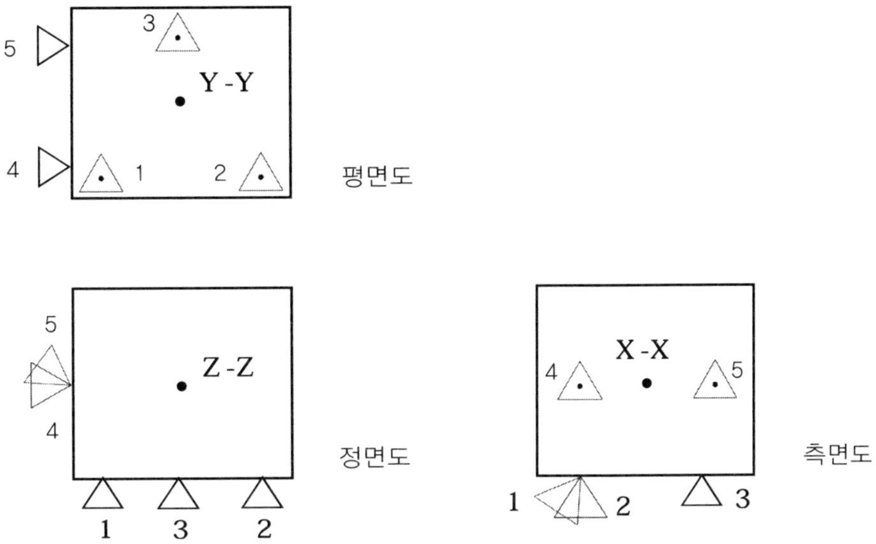

[그림 6.10] 육면체와 제5의 위치 결정구

육면체에 여섯 번째 위치 결정구의 배치를 그림 6.11에 나타냈다. 여섯 번째 위치 결정구는 세 번째 표면에 배치되며, Z-Z축을 중심으로 한 지면 뒤쪽으로의 직선 운동을 정지시킨다.

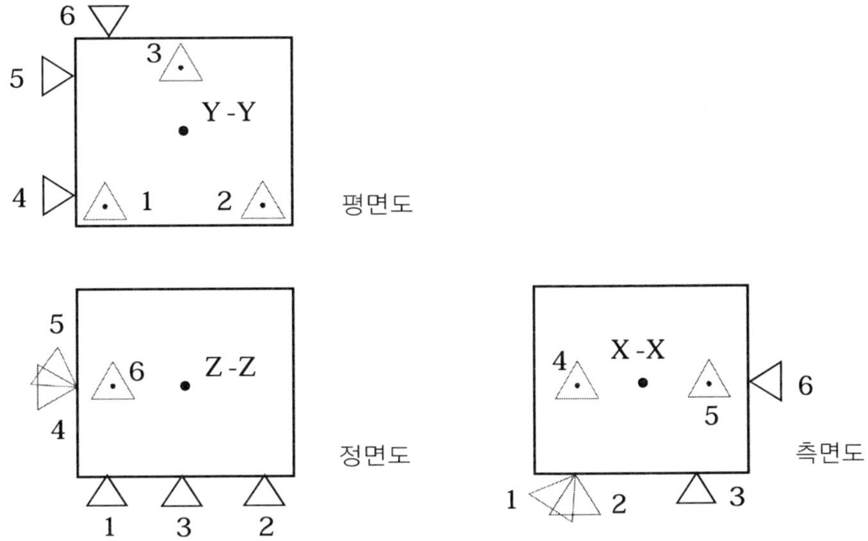

[그림 6.11] 육면체와 제6의 위치 결정구

육면체의 여섯 종류의 운동이 위치 결정구의 배치로 인해 여섯 방향에서 정지되었다. 이제 더 이상의 위치 결정구는 필요 없고, 나머지 방향의 운동은 고정력으로 정지시켜야 한다. 이상의 여섯 개의 위치 결정구는 세 개의 표면 위에 세 개, 두 개, 한 개 형태로 배치되었으므로 이를 3-2-1 위치결정방법이라 명명한다. 이 방법은 공간에 자유 물체로 존재하는 육면체를 완전히 위치시키는 방법이다.

3-2-1 위치결정방법은 공작물을 공간에서 위치를 완전하게 결정한다. 따라서, 여섯 개보다 더 많은 위치 결정구를 사용하여 공작물의 고정장치에 배치할 때는 불필요한 위치 결정구를 배치하는 것이고, 이러한 과잉 위치결정구의 사용은 좋지 않다. 예를 들면 그림 6.12와 같이 제7의 위치 결정구가 세 개의 위치 결정구와 같은 표면에 배치되었다고 하자.

위치 결정구가 배치된 표면이 보통의 평면이라면 그 표면에는 모든 네 개의 위치 결정구가 배치되지만, 표면과 네 개의 위치 결정구가 동시에 접촉될 수는 없다. 왜냐 하면, 평면을 결정하는 것은 기하학적으로 3점만으로 결정하므로 3개의 위치 결정구만이 동시에 평면과 접촉할 수 있기 때문이다. 실제로 똑같은 높이를 가진 네 개의 위치 결정구를 만든다는 것은 어려운 일이다. 네 개의 위치 결정구가 배치된 표면과 반대되는 표면에서, 배치된 표면으로 고정력이 가해졌을 경우 첫 번째, 두 번째, 세 번째 위치 결정구는 육면체의 평면과 접촉할 수 있을 것이다. 또 다른 위치에서 육면체에 고정력을 가했을 경우는 두 번째, 세 번째 및 일곱 번째의 위치 결정구가 육면체의 표면과 접촉할 수도 있다. 이와 같이 한 표면에 네 개의 위치 결정구가 배치되었더라도 그 중 3개의 위치 결정구가 한 표면에 완전히 접촉하는 데, 접촉하는 위치 결정구는 육면체에 작용하는 고정력의 위치에 따라 다르게 되고 육면체는 흔들리게 될 것이다.

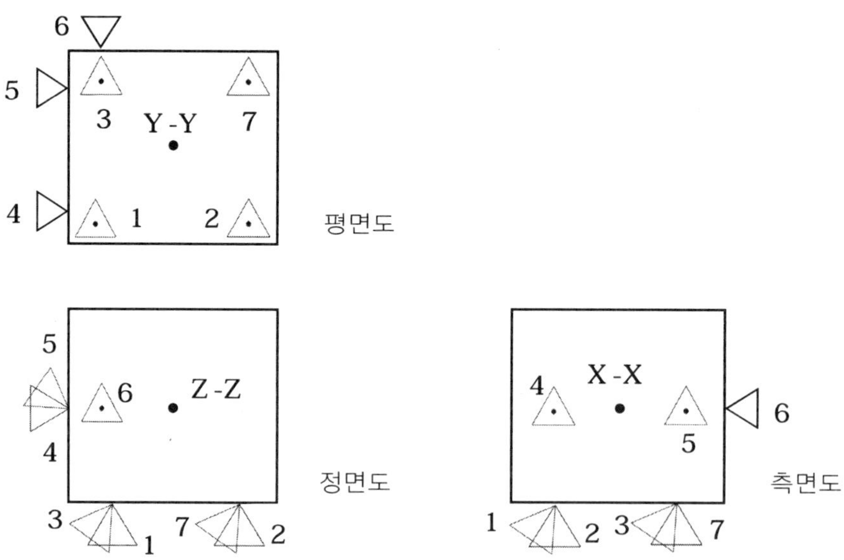

[그림 6.12] 육면체와 제7의 위치 결정구

다시 말하면 하나의 표면은 X-X축 또는 Z-Z축은 육면체가 고정력을 다른 방향에서 받으면 약간 회전하게 된다. 그러므로 한 표면 위에 네 점의 위치를 결정해 주면 공작물을 약간 다른 평면 위에 고정시키게 되는 것이고 이런 변화는 미세할 지라도 가공치수를 공차 범위 밖으로 벗어나게 할 수도 있다. 따라서 이와 같은 여분의 일곱 번째 위치 결정구는 오히려 공작물 관리를 어렵게 하고 불량품을 발생시키게 할 수도 있다.

6.2 기하학적 공작물 관리

3-2-1 위치결정방법은 육면체가 주어졌을 때의 초기의 움직임을 제어하기 위한 위치결정방법이었다. 그런데 생산현장에서 공작물을 가공할 때 주어지는 공작물은 다양한 형상의 여러 가지 모양을 하고 있다. 따라서 서로 다른 형상들에 대한 위치결정방법을 올바르게 하기 위해서는 각각에 대한 변형된 위치결정방법이 필요하다. 이런 경우 다양한 공작물이 형상의 안정상태를 유지하도록 공작물을 관리하는 것을 기하학적 공작물 관리(Geometric workpiece control)이라고 한다. 즉, 기하학적 공작물 관리는 공작물의 안정성에 관한 관리이다. 공작물이 위치 결정구위에 놓여있을 때 불안정하게 놓여 있으면 공작물은 하나 또는 그 이상의 위치 결정구로부터 떨어지거나 흔들린다. 그리고 고정력은 공작물이 모든 위치 결정구와 완전히 접촉되지 않은 상태에서 그대로 조이므로 이때의 공작물 관리는 좋지 않게 된다.

위치 결정을 하였을 때 공작물의 불안정함은 다음과 같은 이유들 중 하나에 의해 발생할 수 있다. (1)위치 결정구가 서로 너무 가깝게 배치되었을 경우, (2)공작물의 윗부분이 무거워 무게 중심이 안정적이지 못한 경우, (3)고정력을 잘못 배치하였을 경우, (4)위치 결정구가 충분하지 않은 경우에 공작물의 불안정이 발생한다.

공작물의 기하학적 관리를 잘 하기 위해서는 상기 내용의 불안정한 요인들을 안정하도록 변경하면 된다. 먼저 공작물의 기하학적 관리는 위치 결정구가 공작물의 가장 넓은 베이스 표면에 배치되었을 경우에 가장 좋다. 넓은 간격을 두고 위치 결정구가 배치된다는 것은 공작물의 중심에서 서로 멀리 배치되는 것이며 회전발생을 저지하는 모멘트가 큰 값을 갖는다는 것을 의미한다. 이와 같은 위치결정방법은 공작물이 균형을 잘 잡고 안정된 형태를 이루는 가장 좋은 기하학적 공작물 관리이다.

기하학적 공작물 관리를 잘 하면 다음과 같은 여러 가지 장점이 있다. 첫째로 가공작업자의 숙련된 기술이나 노력에 큰 영향을 받지 않고 공작물을 자동적으로 위치 결정구에 올려 놓을 수 있다. 둘째로 공작물에 치공구의 고정력이 작용할 때 위치 결정구로부터 이탈되는 현상이 감소한다. 셋째로 공작물이 공구력에 의해 위치 결정구로부터 이탈되는 경향이 감소된다. 넷째로 위치 결정구가 넓은 간격으로 배치되었을 경우 표면 불규칙으로 인해 발생하는 공작물의 치수변화가 작아진다. 다섯째로 위치 결정구가 마모되어 위치 결정될 경우, 결정구 사이의 간격이 넓게 배치된 것이 좁은 간격으로 배치된 것보다 기울기 편차가 양호하다. 그림 6.13을 살펴보자. 위치 결정구가 서로 가깝게 있을 경우, 마모에 의해 공작물이 더 경사지게 된다. 이는 삼각형을 이용하여 검토할 수 있다. 먼저 위치 결정구와 삼각형의 관계에서 두 위치 결정구의 사이 간격을 밑변이라고 하고, 위치 결정구의 마모 정도는 삼각형의 높이로 생각할 수 있다. 마모가 크면 높이가 크고 작은 마모이면 높이가 작다. 또 두 위치 결정구 사이의 간격이 크면 밑변이 크고, 간격이 작으면 밑변의 크기가 작다. 따라서 동일한 마모인 경우 밑변이 크면 삼각형의 기울기가 완만하여 각도 오차가 작고, 반면에 밑변이 작으면 기울기가 급하여 각도 오차가 크게 된다. 여섯째로 위치 결정구가 하나의 표면에 넓은 간격으로 배치되었을 때 이물질이 있을지라도 공작물 위치결정에 미치는 영향이 작아진다. 이것은 다섯 번째의 경우와 마찬가지로 해석할 수 있다. 다만 위치 결정구가 넓은 간격으로 배치되었을 경우에는 공작물 처짐이 더욱 커진다는 단점이 있다.

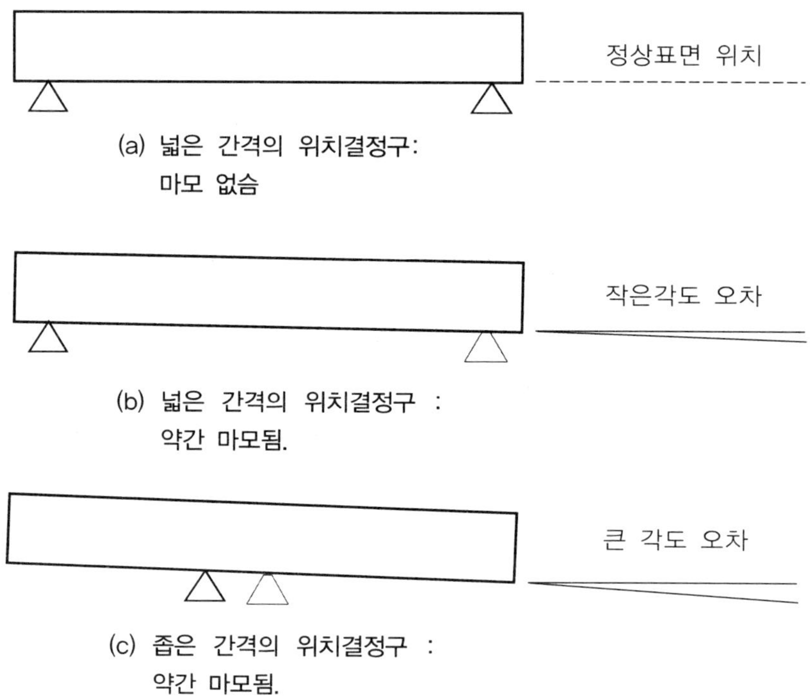

[그림 6.13] 위치 결정구의 마모와 간격

다음과 같은 다양한 공작물 기본 형상들에 대하여 3-2-1 위치결정방법을 적용하여 기하학적 공작물 관리를 설명해 본다.

6.2.1 직육면체 형상

직육면체 형상에 대해 3-2-1 위치결정방법을 적용해 보자. 가장 양호한 기하학적 관리를 얻기 위해서는 그림 6.14와 같이 3개의 위치 결정구를 직육면체의 가장 넓은 표면에 배치시켜야 한다. 이 세 개의 위치 결정구는 공작물 윗면이나 아랫면에 넓은 간격으로 배치시킬 수 있다. 이 형상의 좌우 측면과 앞뒤 표면은 크기가 작으므로 3개의 위치 결정구가 넓게 배치될 수 없다. 다음으로 2개의 위치 결정구를 앞뒤의 표면 중 한 표면에 배치시킨다. 두 번째로 넓은 면이기 때문이다. 마지막 1개의 위치 결정구는 좌우 측면들 중 한 표면에 배치시킨다. 이상과 같이 위치 결정한 형상을 살펴보면, 이 형상의 무게 중심은 낮은 곳에 있으며 세 개의 위치 결정구와 높이의 측면에서 가깝게 있다. 따라서 직육면체 형상은 이제 양호한 기하학적 관리를 할 수 있고 안정한 상태를 유지한다.

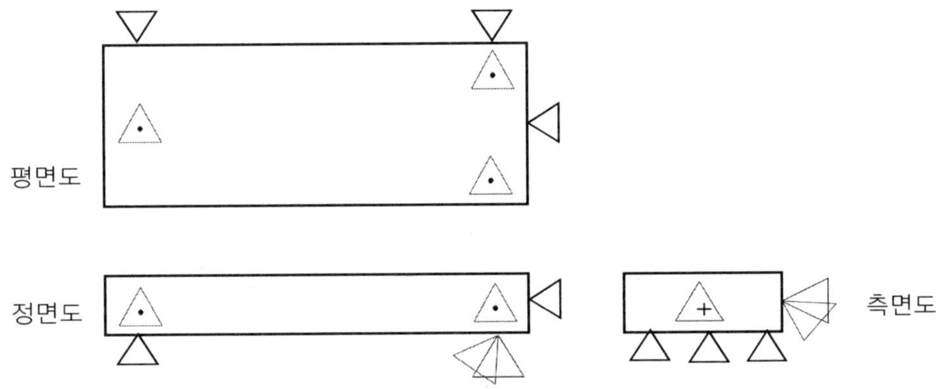

[그림 6.14] 직육면체에 양호한 위치결정구 배치

다음으로 그림 6.15와 같이 직육면체 형상에 대해 위치결정방법을 잘 못 사용한 경우를 살펴보자. 그림 6.15에서는 세 개의 위치 결정구를 두 번째로 넓은 면에 결정하였다. 그리고 가장 넓은 표면에 두 개의 위치 결정구를 결정하였고 가장 좁은 표면에 한 개의 위치 결정구를 배치하도록 하였다.

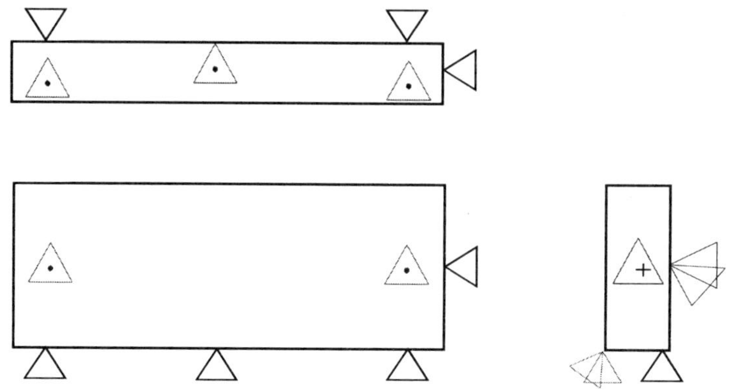

[그림 6.15] 직육면체에 불량한 위치결정구 배치

그림 6.15에서 보는 바와 같이 세 개의 위치 결정구는 그들 사이의 간격이 너무 좁아 매우 불안정하여 세 개의 위치 결정구 위에서 흔들릴 것이다. 그리고 무게중심이 밑면의 세 개 위치 결정구와 거리가 멀기 때문에 불안정하다. 따라서 이를 유지하려면 공작물에는 더 큰 고정력과 작업자의 기술을 사용하여 조심스럽게 공작물을 위치 결정구에 접촉시켜야 한다. 이상을 통해 직육면체 형상에 대한 기하학적 관리를 위하여 다음과 같은 규칙을 적용할 수 있다.

01 공작물의 가장 넓은 표면에 세 개의 위치 결정구를 배치한다.
02 두 개의 위치 결정구는 두 번째로 넓은 표면에 배치한다.
03 하나의 위치 결정구는 가장 좁은 표면에 배치한다.

6.2.2 원통 형상

공작물이 원통 형상이면 위치 결정에 대한 새로운 해석이 필요하다. 양호한 기하학적 원통 형상 관리를 하려면 먼저 원통의 높이와 지름을 비교해야 한다. 우선 짧은 원통부터 살펴보자. 짧은 원통은 지름이 높이에 비해 큰 원통이며 그림 6.16과 같이 원통의 지름이 높이보다 10배가 크다고 하자. 3개의 위치 결정구를 가장 넓은 간격으로 배치하기 위해서는 원통의 평면에 배치해야 한다. 무게중심은 이제 세 개의 위치 결정구에 가장 가까워졌다. 2개의 위치 결정구는 원통 표면 원주에 배치한다.

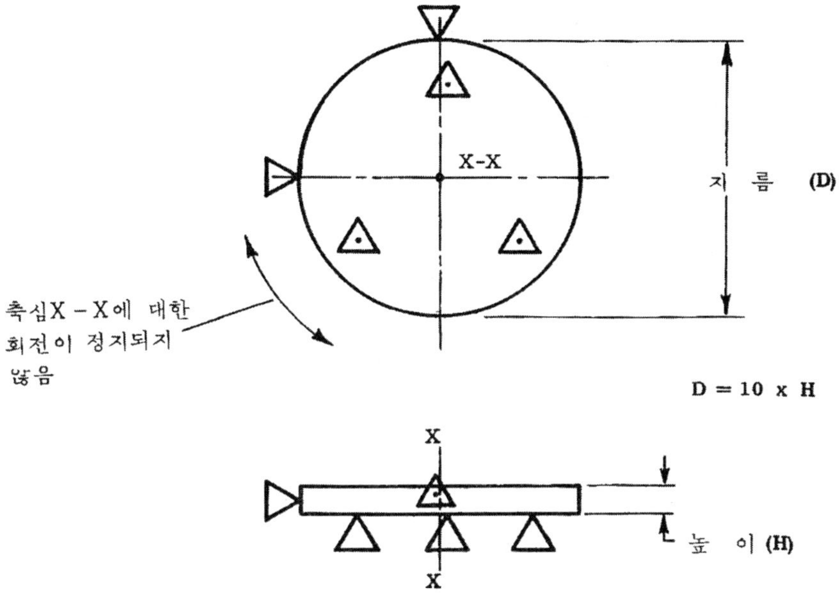

[그림 6.16] 짧은 원통의 양호한 기하학적 관리

이제 원통의 기하학적 관리에서 새로운 사실이 발생하였다. 3-2-1 위치결정방법에 의하면 총 여섯 개가 위치 결정되어야 하나, 짧은 원통인 경우에는 앞서 언급한 것과 같이 배치하면 여섯 번째 위치 결정구를 배치할 3번째 표면이 없다는 것이다. 이 여섯 번째 위치 결정구는 X-X축의 중심선에 대한 회전을 정지시키기 위해 배치해야 하지만, 원통 형상이므로 배치할 표면이 없다. 따라서 원통 형상의 기하학적 관리를 위해서는 새로운 규칙을 사용해야 한다. 즉, X-X축의 중심선에 대한 회전은 정지시킬 수 없으므로 하나의 위치 결정구는 필요 없으며, 총 다섯 개의 위치 결정구만이 필요하다. 원통 형상의 회전은 보통 고정력에 의해 발생되는 마찰에 의해 정지시켜야 한다. 짧은 원통형상 공작물에는 다음의 규칙을 적용할 수 있다.

01 하나의 평면을 결정하기 위해 세 개의 위치 결정구를 넓은 밑면에 배치한다.
02 2개의 위치 결정구를 원주의 모서리 쪽에 배치한다.
03 필요하다면 중심에 대한 회전을 방지하기 위하여 마찰을 사용한다.

긴 원통은 짧은 원통과는 달리 새로운 위치결정방법을 사용해야 한다. 긴 원통형상은 높이가 지름에 비해 큰 원통이다. 긴 원통형상에 대한 양호한 기하학적 관리를 얻기 위해서는 그림 6.17과 같이 다섯 개의 위치 결정구를 사용해야 한다.

그림 6.17에서와 같이 먼저 하나의 위치 결정구를 좌우 양 측면 중 한 면에 배치시켜 길이 방향의 직선 운동을 관리한다. 네 개의 위치 결정구는 원통의 표면에 배치시킨다. 이와 같은 경우는 한 표면에 세 개 이상의 위치 결정구를 배치시킬 수 있다. 원통 표면은 평면이 아니므로 세 개 이상의 위치 결정구가 허용된다. 네 개의 위치 결

정구는 좌우 양 끝면 부근에 배치한다. 양 끝면에 있는 각각 두 개의 위치 결정구는 보통 90°에서 120°의 간격으로 배치한다. 따라서 이들은 서로 마주보지 않는 위치 결정구이며 서로 마주보는 위치 결정구는 없다.

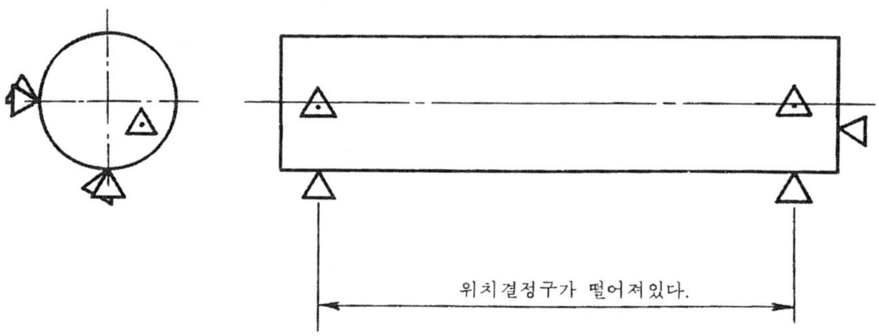

[그림 6.17] 양호한 긴 원통의 기하학적 관리

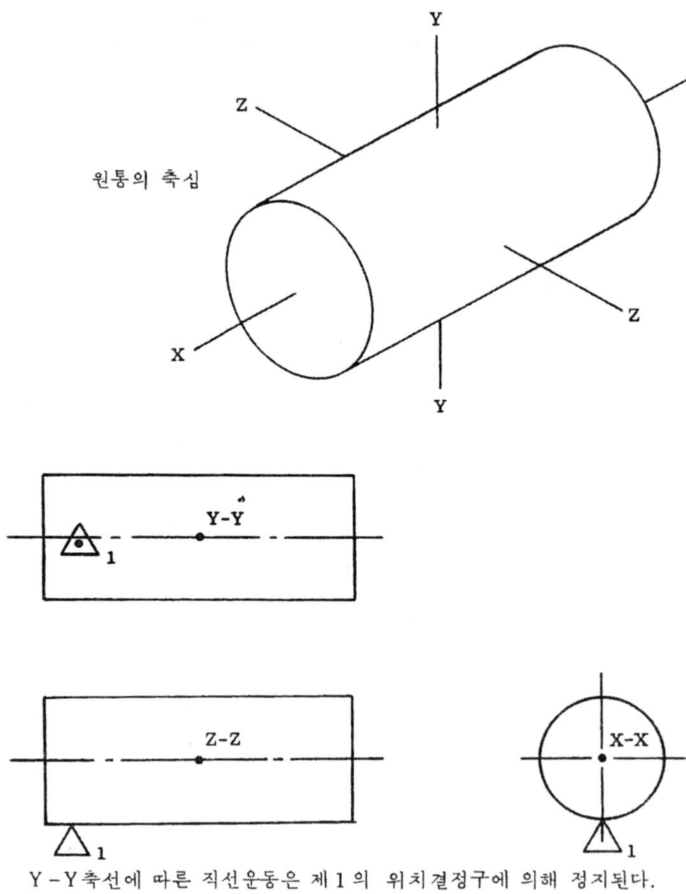

[그림 6.18] 긴 원통에 대한 한 개의 위치 결정구

긴 원통형상의 기하학적 관리에 대한 절차를 단계적으로 확인해 본다.

긴 원통을 그림 6.18의 경우와 같이 x축, y축 및 z축의 3축 위에 놓는다고 하자. 그림 6.18에서와 같이 놓여진 하나의 위치 결정구는 Y-Y축 상의 직선운동을 정지시킨다. 두 번째 및 세 번째 위치 결정구는 그림 6.19와 같이 배치한다. 이 때 두 번째 위치 결정구는 Z-Z축에 대한 회전을 정지시키고, 세 번째 위치 결정구는 Z-Z축 상의 직선운동은 정지시키지만 Y-Y축에 대한 회전을 막지 못한다. 따라서 네 번째 위치 결정구는 Y-Y축에 대한 회전을 정지시키기 위하여 그림 6.20과 같이 배치된다. 그림 6.20에는 다섯 번째 위치 결정구도 배치되어 있음을 보여준다. 다섯 번째 위치 결정구는 X-X축 상의 직선운동을 정지시킨다. 어떤 위치 결정구도 X-X축을 중심으로 한 회전을 정지시킬 수 없으므로 정지를 위해서는 마찰을 이용해야 한다.

이상과 같이 위치 결정구를 배치하면 긴 원통형상에 대한 좋은 기하학적 관리를 수행한 것이 된다. 하지만 긴 원통형상에 대해 그림 6.21과 같이 위치 결정을 할 수도 있는 데, 이 경우는 위치 결정구가 너무 가깝게 배치된 것으로, 무게 중심은 베이스 표면으로부터 너무 높게 위치해 있으며, 세 개의 위치 결정구로부터도 멀리 떨어져 있다. 또 좌우로의 흔들림이 쉽게 발생할 수도 있는 불안정한 위치 결정이 된다. 따라서 긴 원통에 대한 최적의 기하학적 관리는 앞에서 언급한 그림 6.17과 같은 위치 결정방법을 통해 얻을 수 있다.

이상을 통해 볼 때 긴 원통형상의 위치결정을 위한 규칙은 다음과 같이 요약할 수 있다.

01 긴 원통의 넓은 원주 표면에 네 개의 위치 결정구를 배치하되 양 끝면 가까이에 배치시킨다.
02 하나의 위치 결정구를 양 끝면들 중 한 곳에 배치시킨다.
03 중심선에 대한 회전을 방지하기 위하여 마찰을 사용한다.

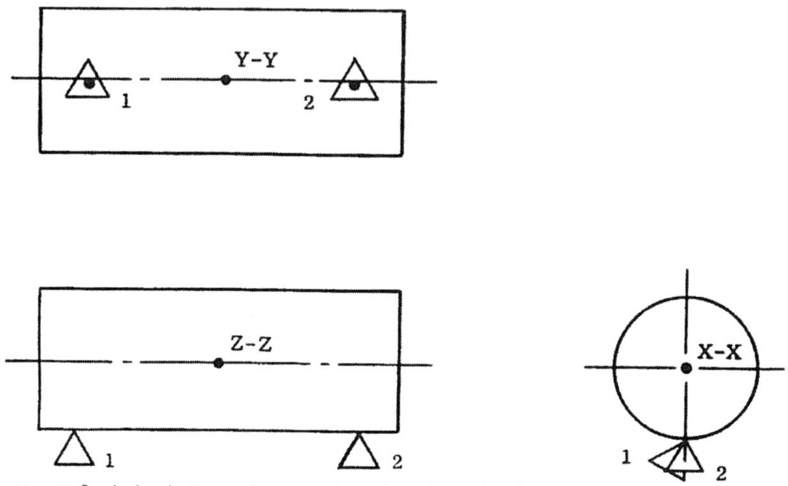

Z-Z축심에 대한 회전은 2번위치결정구에 의해 정지된다.

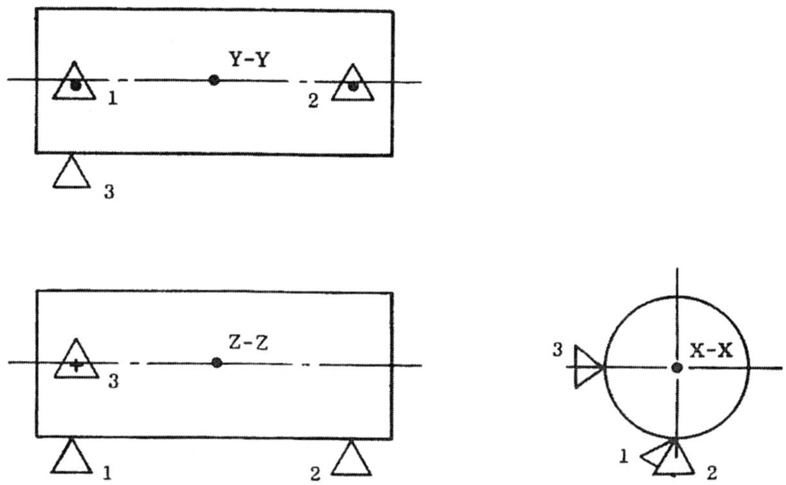

Z-Z축선을 따른 직선운동은 3번위치 결정구에 의해 정지된다.

[그림 6.19] 긴 원통에 대한 2번 및 3번 위치 결정구

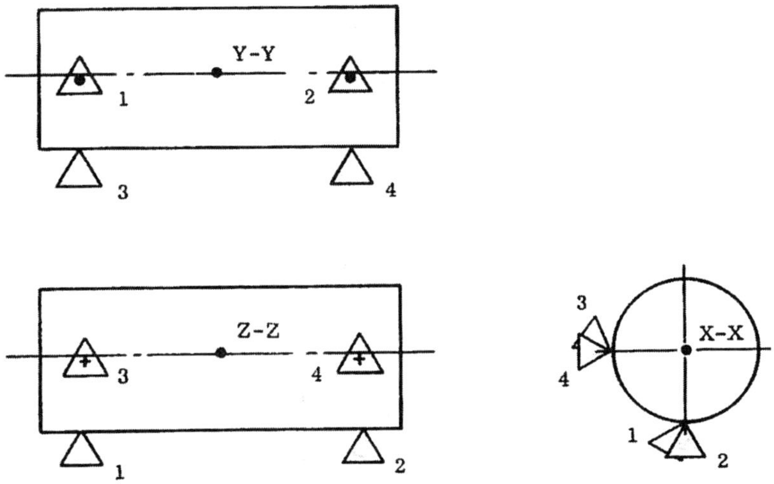

Y－Y축심에 대한 회전은 4번위치결정구에 의해 정지된다.

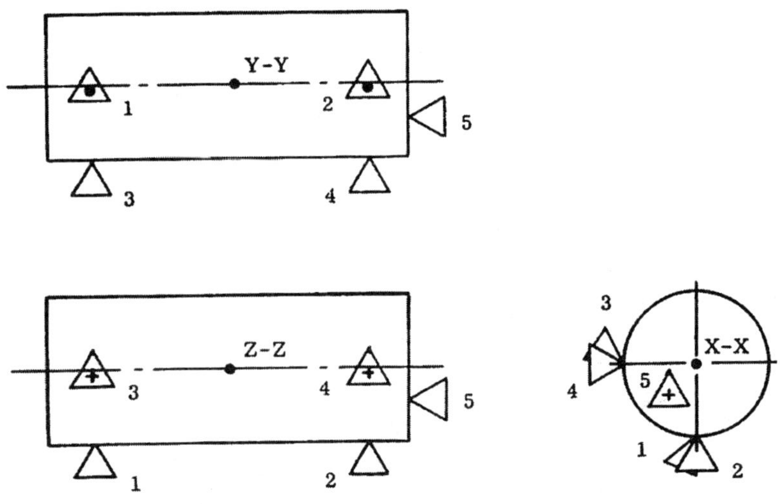

X－X축선에 따른 직선운동이 5번 위치결정구에 의해 정지된다.

[그림 6.20] 긴 원통에 대한 4번 및 5번 위치 결정구

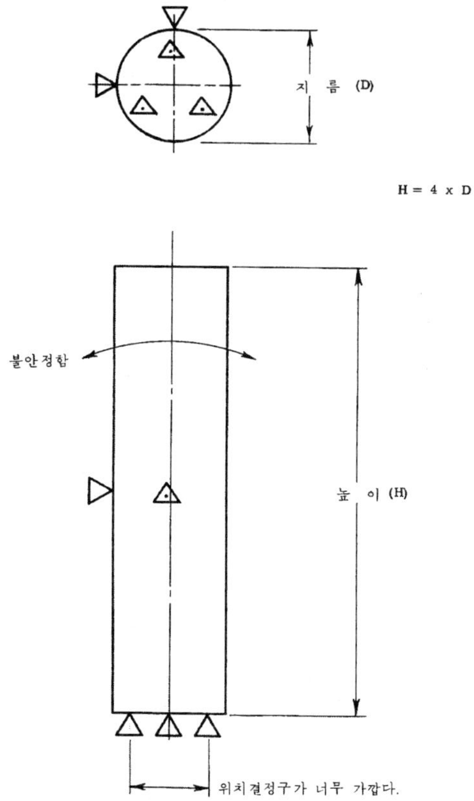

[그림 6.21] 긴 원통의 불안정한 기하학적 관리

6.2.3 구멍이 있는 형상

원통 형상과 유사하지만, 공작물 내부에 원통이 생겨있는 구멍이 있는 공작물에 대한 위치결정방법을 설명한다. 먼저 그림 6.22와 같은 짧은 파이프 현상인 경우, 외부면과 내부면을 모두 고려하여 짧은 원통 형상에 사용된 것과 같은 기본적인 방법을 적용한다. 즉, 외부 양 끝면 중 한 곳에 3개의 위치 결정구를 배치하고 내부 원통 형상에 2개의 위치 결정구를 서로 직각으로 배치함으로써 다섯 방향의 움직임을 정지시키고, 기하학적 관리를 한다.

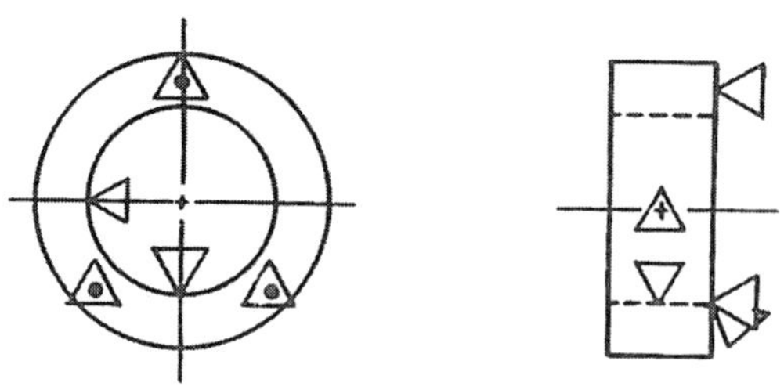

[그림 6.22] 구멍있는 짧은 파이프의 위치 결정

그림 6.23과 같은 긴 파이프 형상인 경우의 기하학적 관리는 위치 결정구의 배치를 긴 원통에서 행한 것과 같게 하되 내부 원통 표면들을 모두 활용한다. 즉, 긴 원통형상에 배치한 것과 같이 하되 내부 표면에 있는 긴 원통의 원주 표면에 네 개의 위치 결정구를 두개씩 직각으로 배치한다. 물론 이들은 양 끝면에 최대한 가까이 배치한다. 그리고 나머지 한 개의 위치 결정구는 외부의 양 끝면들 중 한 곳에 배치하여 다섯 방향의 움직임을 정지시킴으로써 긴 파이프 공작물에 대한 기하학적 관리를 수행한다.

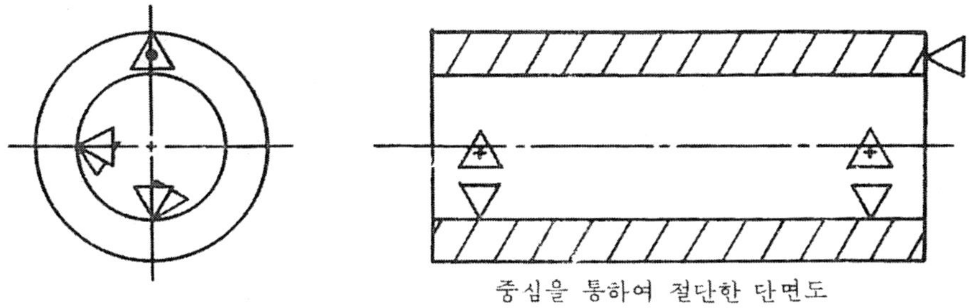

[그림 6.23] 구멍있는 긴 파이프의 위치 결정

직육면체에 구멍이 있는 형상을 생각해 보자. 이 경우에도 짧은 직육면체의 구멍 형상과 긴 육면체의 구멍 형상으로 구분할 수 있다.

먼저 짧은 직육면체에 구멍이 있는 공작물은 그림 6.24와 같이 위치결정을 한다. 이 방법은 짧은 직육면체 형상에 대한 위치결정방법과 동일하며 다만 내부의 구멍에 대해 생성된 내부 표면들을 고려해 주면 된다. 즉, 가장 넓은 외부 표면에 세 개의 위치 결정구를 배치한다. 다음으로 두 번째로 넓은 표면에 두 개의 위치 결정구를 배치하는 데, 이때 두 개의 위치 결정구가 배치되는 곳은 모두 외부 표면이 될 수도 있고 그림 6.24와 같이 외부 표면과 내부 표면이 될 수도 있다. 나머지 하나의 위치 결정구는 가장 좁은 표면에 배치하며 이것도 외부 또는 내부 표면이 될 수 있다. 그리고 원통 구멍이 두 개가 있는 짧은 직육면체인 경우도 동일한 규칙을 적용한다.

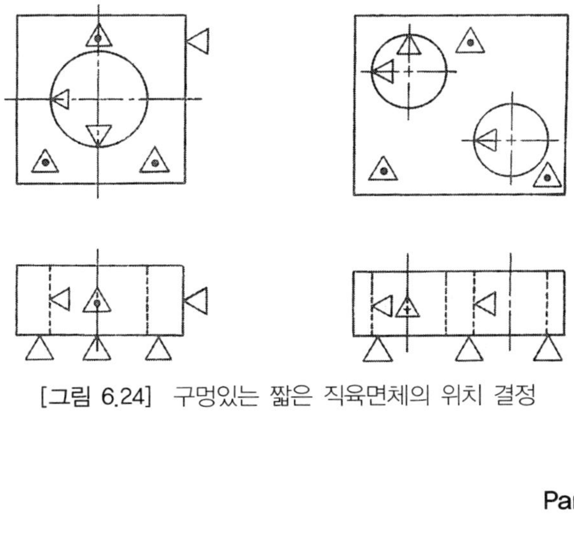

[그림 6.24] 구멍있는 짧은 직육면체의 위치 결정

그림 6.25와 같은 긴 직육면체에 내부 구멍이 있는 공작물에 대한 기하학적 관리를 생각해 본다. 직육면체이므로 여섯 개의 위치 결정구를 배치한다. 하지만 내부에 긴 원통 형상이 있으므로 이들을 고려해야 한다. 내부에 형성된 긴 원통이 작은 경우는 내부의 원통을 무시하고 외부 표면들에 대해서만 고려하면 된다. 하지만, 내부의 구멍형상이 큰 경우는 외부와 내부 표면을 모두 고려해야 한다. 그림 6.25는 외부와 내부 표면을 모두 고려한 경우의 위치결정방법이다.

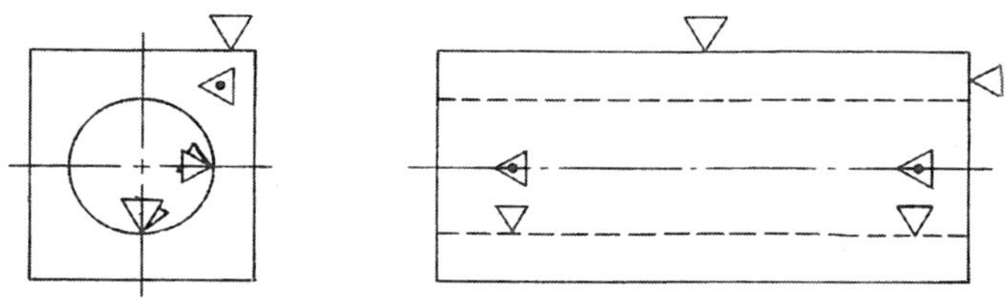

[그림 6.25] 구멍있는 긴 직육면체의 위치 결정

6.2.4 원추 형상

원추형상의 공작물의 기하학적 관리를 위한 위치 결정은 원통형상의 관리와 유사하게 한다. 그림 6.26 및 그림 6.27과 같은 짧은 원추와 긴 원추에 대한 기하학적 관리를 고려해 본다.

짧은 원추에 대해서는 짧은 원통에 적용한 규칙을 적용한다. 따라서 양 끝면 중 하나에 세 개의 위치 결정구를 배치한 것과 같이 짧은 원추에도 적용한다. 다만, 원추에는 끝면이 한 개 뿐이므로 바로 그 끝면에 세 개의 위치 결정구를 배치하면 된다. 나머지 두 개의 위치 결정구는 끝면에 가까운 원추면에 직각으로 배치한다. 원통과 마찬가지로 원추의 중심선에 대한 회전은 위치 결정구로 정지시킬 수 없으므로 필요한 경우에는 마찰을 이용한다.

긴 원추형상의 위치결정방법은 긴 원통에 적용한 규칙을 적용하면 된다. 네 개의 위치 결정구를 원추각이 있는 표면에 두 개의 위치 결정구들이 서로 직각이 되게 배치한다. 이들 중 두 위치 결정구는 끝면에 가까운 밑면의 모서리 부분에 배치한다.

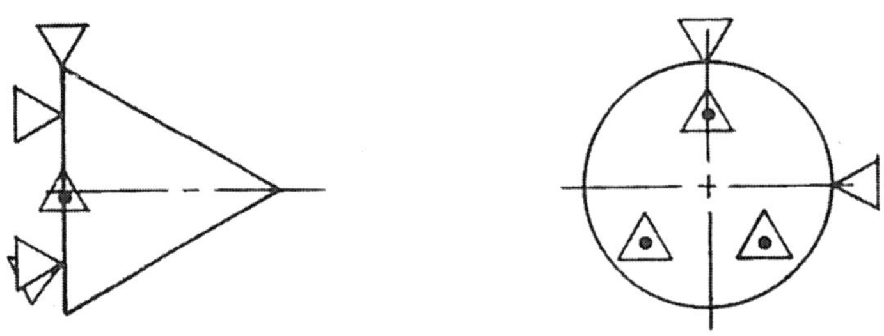

[그림 6.26] 짧은 원추의 위치 결정

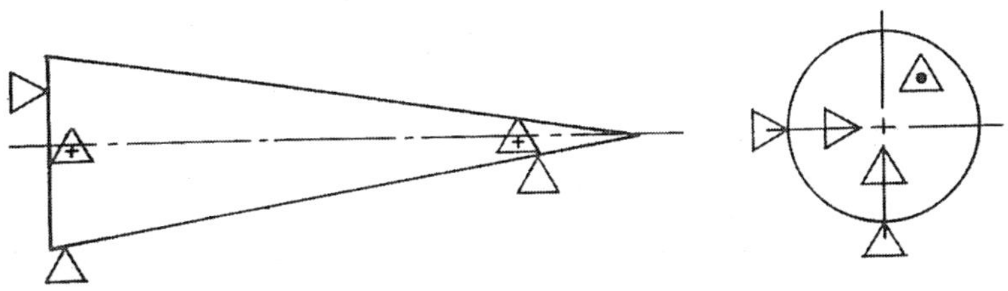

[그림 6.27] 긴 원추의 위치 결정

6.2.5 피라밋 형상

피라밋 형상의 공작물에 대한 양호한 기하학적 관리는 직육면체의 형상에 적용한 규칙을 적용하면 된다. 먼저 그림 6.28과 같은 짧은 피라밋 형상을 고려하자. 직육면체에서처럼 세 개의 위치 결정구는 가장 넓은 표면에 배치한다. 즉, 끝면에 세 개의 위치 결정구를 배치한다. 두 개의 위치 결정구는 두 번째로 넓은 표면에 배치하는데 피라밋 형상이므로 넓은 경사면 삼각형의 가장 긴 모서리에 배치한다. 나머지 한 개의 위치 결정구는 좁은 경사면 삼각형에서 끝면과 가까운 모서리에 배치한다.

[그림 6.28] 짧은 피라밋의 위치 결정

긴 피라밋 형상의 기하학적 관리도 동일한 규칙을 적용한다. 이 경우는 그림 6.29와 같이 경사면이 끝면보다 넓으므로 세 개의 위치 결정구를 가장 긴 경사면에 넓게 배치한다. 이어서 두 개의 위치 결정구는 인접한 짧은 경사면에 배치한다. 마지막 한 개의 위치 결정구는 끝면에 배치한다.

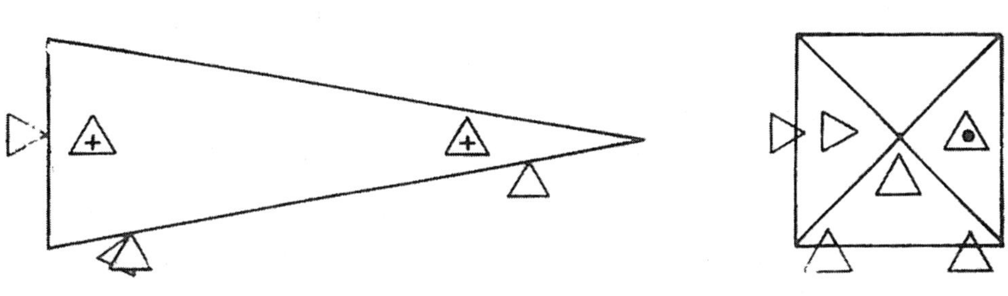

[그림 6.29] 긴 피라밋의 위치 결정

이상과 같은 기본적인 형상들에 적용한 위치 결정 외에 다양한 형상의 공작물에 대한 기하학적 관리를 위해서도 동일한 규칙을 적용하면 된다. 실제로 가공하는 부품에는 복잡하고 다양한 형상이 많다. 단순하게 평면이 주어지는 경우는 드물다. 이런 경우도 기본적인 규칙을 적용한다. 즉, 위치 결정구는 가능하면 넓은 표면에 배치하되 그들 사이의 간격은 가능한 한 넓게 배치한다. 그런데 기하학적 관리는 공작물 관리를 위한 여러 부분 중 한 부분이며, 치수 관리와 기계적 관리를 잘 해야 공작물 관리를 제대로 하는 것이다.

기하학적 관리를 성형가공에 의한 판재의 공작물과 단조품 및 기계가공 부품의 실제 부품에 대하여 적용하여 보자. 이들 부품에 대한 설계도면은 각각 그림 6.30, 그림 6.31 및 그림 6.32와 같다. 먼저 그림 6.30의 얇은 판재형상이 원형으로 된 설계도면에 대한 기하학적 관리를 수행해 본다. 이 부품의 가공공정순서를 살펴보면 연속적인 드로잉과 소성가공, 구멍 뚫기 작업으로 제작되는데, 전체적으로 짧은 원통에 내부 구멍 형상의 모양을 하고 있다. 이 설계도면에 대한 위치결정방법을 적용하면 먼저 세 개의 위치 결정구가 가장 넓은 표면에 배치된다. 이어서 두 개의 위치 결정구는 원통의 외측 원주면에 직각으로 배치하면 된다. 기본적인 원통형상인 경우에 회전의 정지를 위해 마찰을 이용하지만, 이 설계도면은 사각 홈과 구멍이 있으므로 3-2-1 위치결정방법에서 적용하는 여섯 개의 위치 결정구 중 남아있는 마지막 한 개의 위치 결정구를 사각형의 허브에 배치함으로써 회전을 정지시킨다. 하지만, 마지막인 여섯 번째 위치 결정구의 배치를 위한 대안으로 구멍이 있으므로 하나의 구멍에 그 위치 결정구를 배치함으로써 회전을 정지시킬 수도 있을 것이다.

다음으로 강재의 단조품으로 그림 6.31과 같이 원통이 솟아 있는 직육면체 형상의 설계도면에 대한 기하학적 관리를 살펴본다. 먼저 외형적으로 직육면체형상이 뚜렷하므로 기하학적 관리는 직육면체에 대한 규칙을 적용하면 적합하다. 따라서 직육면체에 대한 앞에서 언급한 규칙을 사용하면, 먼저, 가장 넓은 표면에 세 개의 위치 결정구를 배치한다. 다른 형상이 없는 두 번째로 넓은 표면에 두 개의 위치 결정구, 그리고 좌측 끝면에 1개의 위치 결정구를 배치하면 된다. 그림 6.32의 설계도면은 비교적 단순한 부품인 데, 봉재에 대하여 일반 기계가공공정을 적용하여 공작물을 가공한다. 전체의 대략적인 형상은 직육면체가 내부 구멍이 두 개 있는 형상이다. 이 부품에는 직육면체에 적용하는 규칙을 적용한다. 따라서 가장 넓은 위 또는 아래 표면에 세 개의 위치 결정구를 배치하고 두 번째 넓은 앞 표면에 두 개의 위치 결정구를 배치한다. 이어서 한 개의 위치 결정구는 우측의 좁은 표면에 배치한다. 물론 구멍이 있는 공작물이므로 구멍을 이용하여 위치 결정구를 배치하는 방법도 있다. 구멍이 가공된 후의 위치 결정이라면 다음과 같이 대안을 적용할 수 있을 것이다. 먼저 세 개의 위치 결정구를 정하는 것은 동일하다. 이어서 두 개의 위치 결정구는 큰 구멍 내에 배치시킨다. 그리고 한 개의 위치 결정구는 우측 옆면에 배치하면 된다. 만약, 큰 구명과 적은 구멍이 모두 가공된 후의 위치 결정이라면 마지막 한 개의 위치 결정은 달라질 수 있다. 즉, 마지막 위치 결정구는 작은 구멍에 배치함으로써 큰 구멍이 주는 회전을 정지시킬 수도 있을 것이다. 이러한 기하학적 공작물 관리는 치수 관리를 만족시킬 수 있을 경우에 한하여 유효하다.

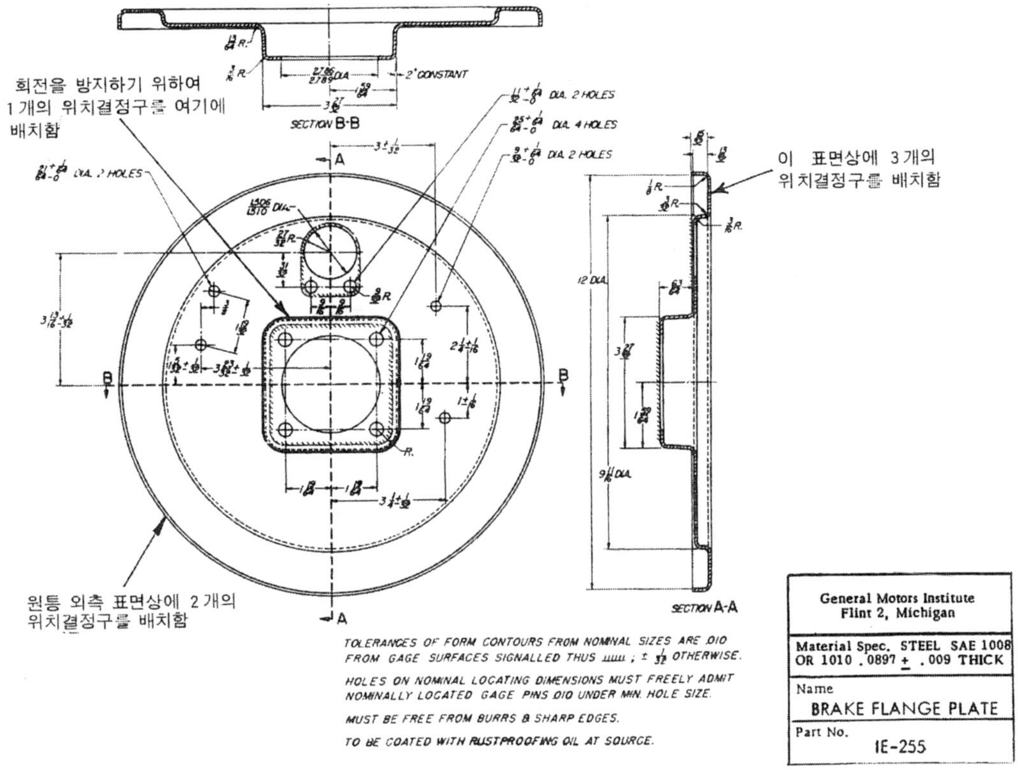

[그림 6.30] 성형판재 공작물의 기하학적 관리

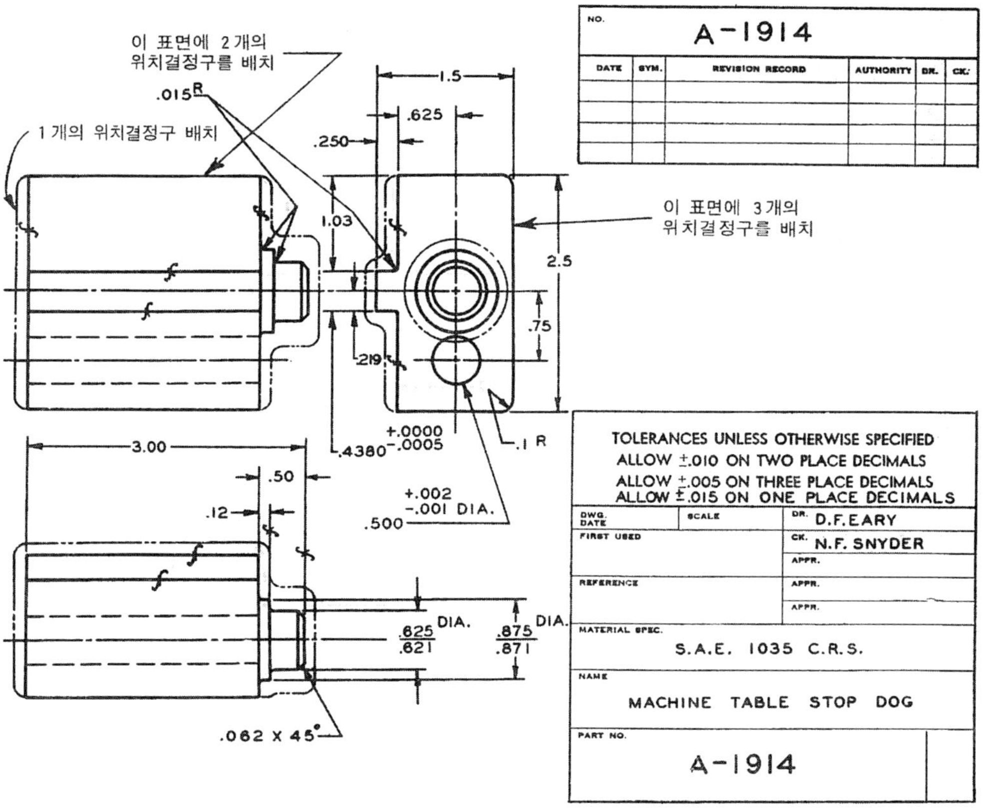

[그림 6.31] 단조물의 기하학적 관리

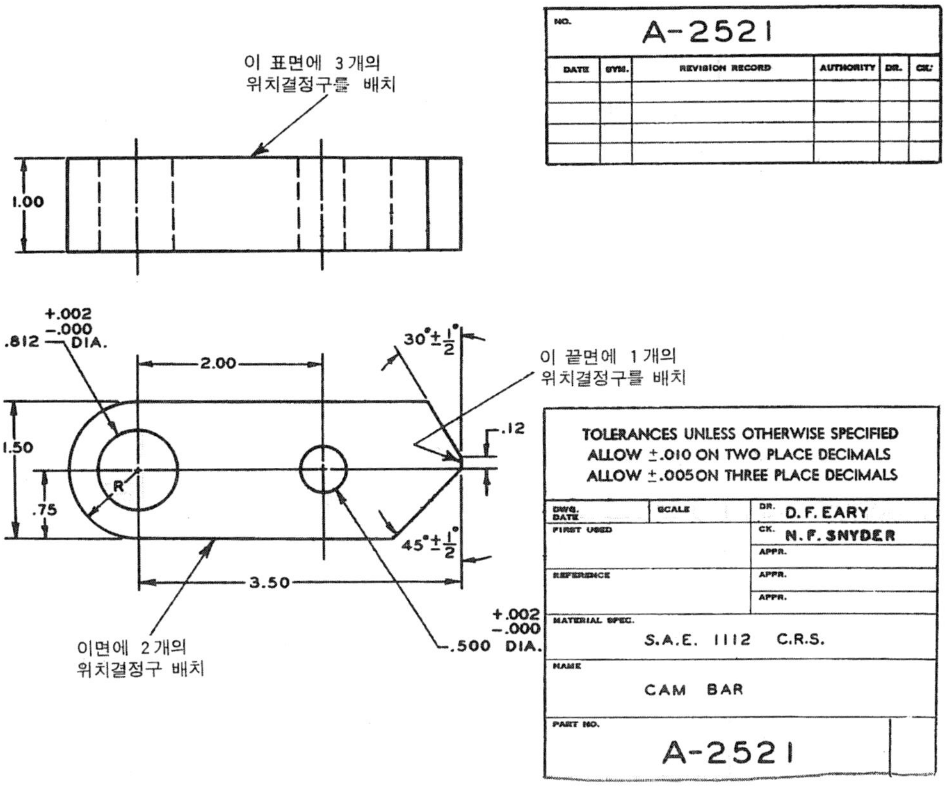

[그림 6.32] 기계가공부품의 기하학적 관리

6.3 치수 관리

공작물을 효율적으로 관리하기 위해서는 기하학적 형상 관리가 필요함을 앞 절에서 언급하였다. 부품의 설계도면대로 가공하여 공작물을 합격품으로 얻기 위해서는 가장 중요한 것 중의 하나인 치수를 제대로 관리해야 한다. 이는 설계도에 있는 치수대로 공작물을 가공해야 하는 것을 의미하며, 부품의 각 형상 치수를 구성한 공차 범위 내에서 제작될 때 공작물 치수관리를 제대로 한 합격품이 되는 것이다.

치수 관리는 기하학적 관리와 함께 얻을 수 있도록 공작물 위치 결정을 하는 것이 바람직하다. 하지만, 설계도에 표시된 부품의 치수 표기 방법 때문에 두 가지의 관리를 동시에 유지한다는 것이 불가능할 때도 있다. 이런 때는 치수 관리가 우선적으로 선택되어야 하고 다음으로 기하학적 관리를 고려해야 한다. 기하학적 관리를 잘 할 수 없으면 가공할 때 작업자의 높은 숙련도를 이용한다든지 혹은 값이 비싼 공구류를 이용해야 하는 생산비용증가와 같은 어려운 상황이 발생하기도 한다. 만약, 치수 관리를 제대로 할 수 없다면 설계도에 주어진 부품도 공차를 유지할 수 없거나 많은 추가 비용이 들 수도 있다. 이런 때는 부품도의 변경을 요청하여 방법을 강구하기도 한다.

공정계획자는 작업을 정확히 수행하기 위해 먼저 작업준비를 계획해야 하며, 위치 결정구의 적절한 배치는 이러한 작업준비의 부분적인 업무이다. 위치 결정구의 올바른 배치는 앞에서 언급한 기하학적 관리뿐만 아니라 치수 관리를 위해서도 필요하다. 위치 결정구를 배치하는 것은 공정계획자가 수행해야 할 분야인 것이다.

치수 관리를 잘 한다는 것은 치수를 구성한 공차 관리를 제대로 한다는 것을 의미한다. 공차 관리는 앞서 언급한 설계상의 공차 누적과 공정상의 공차 누적이 생기지 않도록 관리하는 것이다. 그런데 설계상의 공차 누적이 발생하지 않더라도 위치 결정구를 표면에 잘 못 배치하여 공차 누적이 발생할 수 있으며, 공정상의 공차 누적도 또한 마찬가지이다. 따라서 위치 결정구를 배치할 표면을 잘 선택해야 하며, 선택하였으면 그 표면의 정확한 위치에 배치할 필요가 있다. 치수 관리가 되지 않으면 가공 작업을 수행할 때 공작물의 치수를 표시한 것보다 훨씬 엄격하게 공차를 적용하여 가공해야 한다. 이러한 엄격한 공차의 작업은 결국 작업난이도를 올리며, 생산비용을 증가시키며, 제품 경쟁력을 떨어뜨리는 원인이 된다. 따라서 치수 관리를 양호하게 해서 공차범위 내의 치수를 얻어야 한다.

부품을 구성한 여러 표면들 중 제대로 위치 결정구를 배치하였을 경우에는 가공할 때의 공정상의 공차 누적은 없어질 수 있다. 공정상의 공차 누적은 공정계획자가 결정하는 위치결정방법에 의해 발생되므로 공정계획자의 역할의 중요함을 다시 한 번 알 수 있다. 다음으로 공작물의 대표적인 형상들인 원통 형상과 직육면체 형상에 대한 치수 관리를 기술한다.

6.3.1 원통 형상의 치수 관리

원통 형상의 단면 중심선이나 구멍의 중심선을 기준으로 치수가 기입되어있는 공작물을 생각해 보자. 이런 경우는 위치 결정구가 정확히 원통 표면에 배치되었다 할지라도 치수 관리가 제대로 되지 않을 수 있는데, 이는 표면이 정확히 선정되었을지라도 표면에서의 위치가 정확하지 않은 경우일 수 있으며, 주로 원통 형상의 단면이나 구멍의 중심선을 기준으로 치수가 주어졌을 때 발생한다. 하나의 예로 그림 6.33의 냉간압연된 봉재로부터 가공될 공작물을 살펴보자.

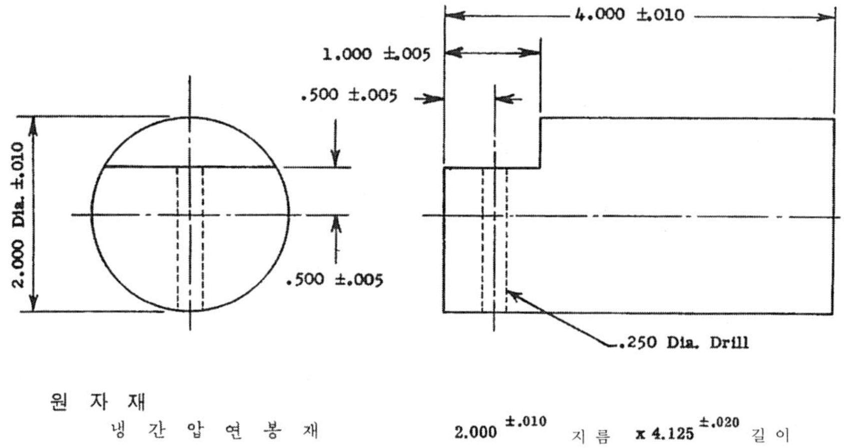

[그림 6.33] 봉재 작업을 위한 간이 설계도면

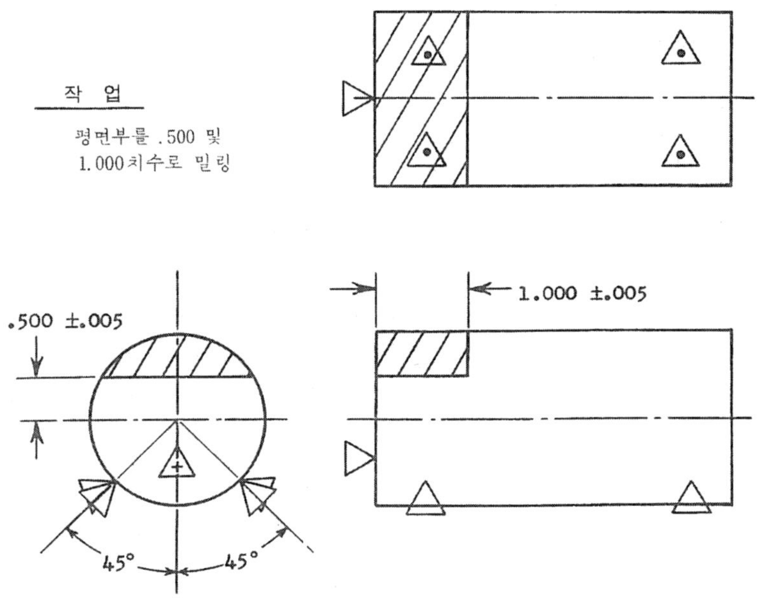

[그림 6.34] 밀링작업에서의 잘못된 위치 결정

작업순서를 보면 원재료의 직경 2.000±0.010인치, 길이 4.125±0.020인치인 봉재가 주어졌을 때, 봉재의 단면을 도면에 나타난 4.000±0.010의 일정한 길이로 절삭한 후 다음으로 평면을 밀링 작업하는 데 중심선으로부터 0.500±0.005의 위치에 끝면에서 1.000±0.005까지 작업한다. 이어서 드릴링 작업인데, 이는 끝면에서 0.500±0.005만큼 떨어진 곳을 중심으로 직경 0.250의 구멍을 작업하는 것이다.

설계도면의 평면 특징형상은 봉의 수평 중심선에서 주어진 수직 길이만큼 기계가공을 해야 한다. 구멍은 봉의 중심선을 통과하도록 가공한다. 공정계획자가 공작물을 가공하기 위해 일반 원통의 위치결정에서 사용한 규칙을 적용하여 그림 6.34와 같이 작업하였다고 하자.

긴 원통의 위치 결정구 배치처럼 먼저 네 개의 위치 결정구를 원통 표면에 배치하는 데, 이들 중 두 개씩 서로 직각이 되게 양 끝면의 가까운 곳에 배치하였다. 나머지 한 개의 위치 결정구는 왼쪽 끝면에 배치하였다.

공작물의 왼쪽 끝면에서 가공되는 길이가 1인치이므로 마지막 하나의 결정구는 가장 양호한 치수관리를 위해 왼쪽 끝면에 배치한 것이다. 1인치 치수는 왼쪽 끝면을 기준으로 한 치수이므로 원하는 공차 이내로 얻어질 수 있다. 평면이 가공되는 높이는 0.500인치인데, 이 치수는 공작물의 중심선을 기준으로 하는 치수이다. 그런데, 중심선은 오직 이론적 직선으로서, 실제적인 치수 관리를 얻기 위해서 중심선상에 위치 결정구를 배치할 수는 없다. 그러므로 위치 결정구는 중심선으로부터 일정 거리가 떨어진 표면에 배치해야 한다. 그림 6.34와 같이 위치 결정구를 배치하면 치수 0.500인치는 ±0.005인치의 공차로 유지될 수 없는 경우가 발생한다. 왜냐 하면, 위치 결정구가 정확한 표면에 배치된다 하더라도 위치 결정구의 표면상에서의 위치가 틀리게 배치될 수 있기 때문이다.

상세한 설명을 위해 다시 그림 6.35를 살펴보자. 수직 중심선은 공작물의 지름 변화와는 관계없이 고정된 위치를 유지한다. 하지만, 그림에서 보는 바와 같이 수평 중심선의 길이는 다음과 같이 변화할 수 있다. 먼저, 그림 6.35의 (a), (b), (c)에서 보듯이 봉재의 수평 중심선에서 위치 결정구가 배치되는 길이는 봉재 직경의 공차 범위 내에서의 최대값과 최소값일 때의 길이에 영향을 받는다. 즉, 봉재 직경이 2.010일 때는 수평 중심선에서 위치 결정구가 배치되는 길이는 최대로써 0.714이고, 봉재 직경이 1.990일 때는 최소길이로써 0.700이 된다. 따라서, 수평 중심선으로부터 총 변화 가능한 길이는 0.714−0.700=0.014이고, 위치 결정구로부터 수평 중심선까지 거리 0.707±0.007 인치이다.

설계도면에서 평면부의 높이 치수인 0.500±0.005에서 공차인 0.005인치는 위치 결정구로부터 상하 이동으로 ±0.007인치만큼 변한다. 따라서 봉재의 지름변화로 인해 0.005치수는 설계도의 공차 이내로 유지될 수 없다. 즉, 이 위치결정방법은 바람직하지 않고, 치수 관리는 좋은 관리가 되지 않는다. 이런 문제를 개선하기 위한 치수 관리로써 위치 결정구를 그림 6.36과 같이 배치하였다. 좌측의 끝면에 있는 한 개의 위치 결정구는 괜찮기 때문에 위치를 변경시키지 않았다. 다른 나머지 네 개의 위치 결정구는 원래 위치로부터 90° 만큼 새로운 위치로 이동시켰다.

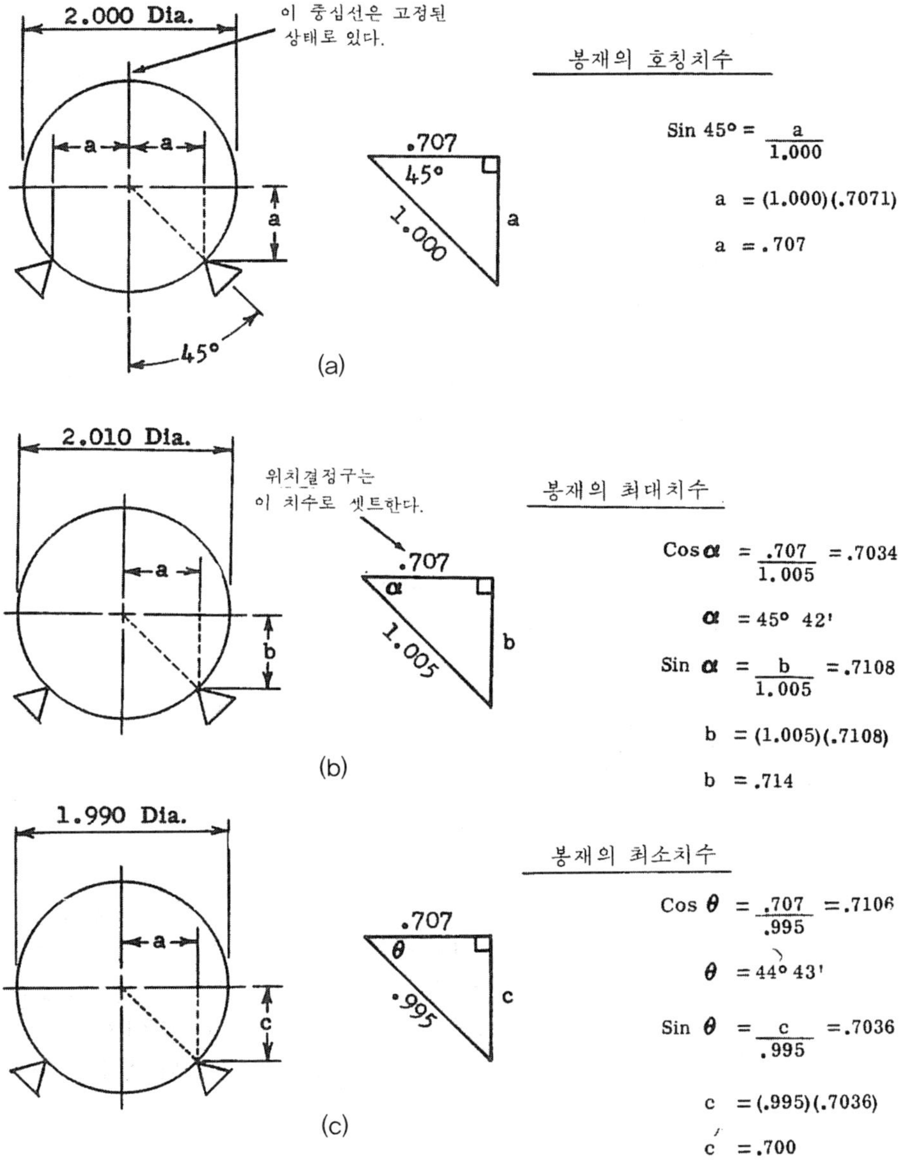

[그림 6.35] 중심선 관리의 예제

이와 같은 위치 결정구의 새로운 배치는 지름 변화가 생길지라도 수평 중심선에 영향을 미치지 않고 수직 중심선에 영향을 미친다. 그리고 수직 중심선의 변화는 0.005 치수에 영향을 미치지 않으므로 제대로 배치를 한 것이 된다. 수평 중심선은 공작물 변화에 영향을 받지 않고 위치 결정구에 대해 동일한 관계를 유지하게 된다. 이제 치수 관리를 양호하게 하였으므로 0.500±0.005 치수의 공차인 0.005 공차도 그대로 유지할 수가 있고, 같은 원통 표면상에서 위치 결정구를 이동시켰으므로 더 양호한 치수 관리를 수행하였다.

이상을 통해 볼 때 치수 관리를 위한 하나의 규칙은 다음과 같다. 치수 관리는 부품도에 주어진 치수에 대한 중심선 양쪽에 위치 결정구를 배치할 때 가장 좋게 된다.

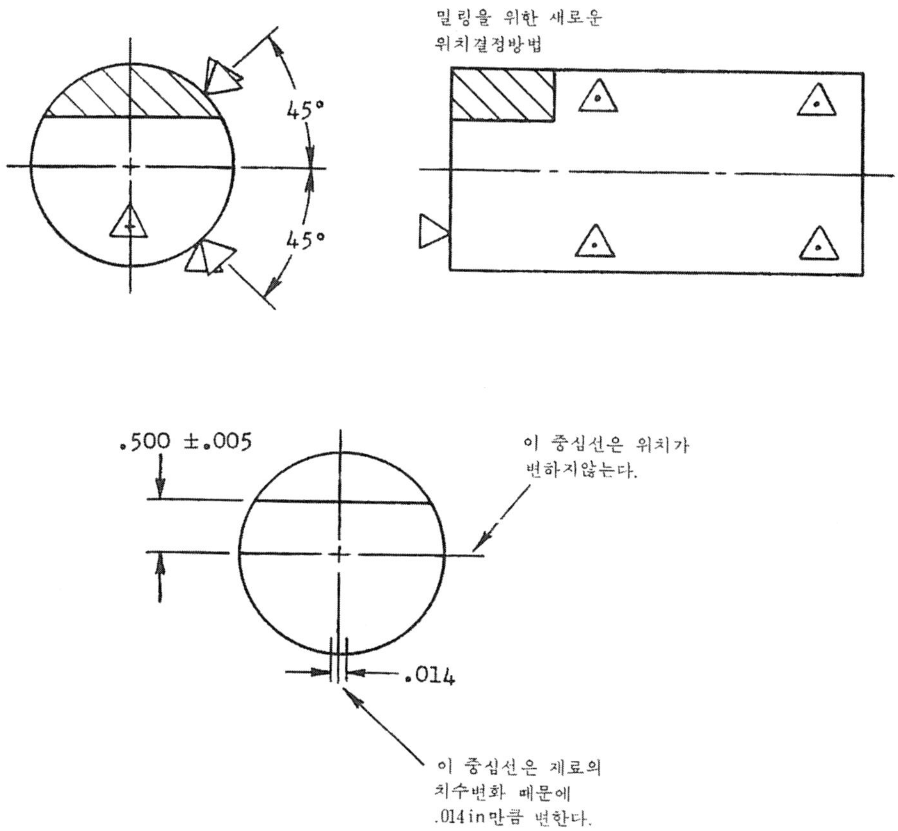

[그림 6.36] 밀링 작업에서의 양호한 치수관계

위치 결정구는 이와 같은 규칙을 따라 제품에 대한 드릴링 작업에 있어 그림 6.34와 같이 배치된다. 공작물은 밀링 작업할 때와 드릴링 작업할 때 모두 똑같이 위치 결정하여서는 안 된다. 드릴 구멍의 중심선은 평면부에 주어진 치수에 대한 중심선과는 다르다. 여기서 구멍의 중심선과 밀링 작업한 평면부위 사이의 직각도를 어떻게 관리할 것인가를 염두에 두어야 한다.

원통 형상에 대한 상기의 중심선 관리 외에 치수 관리를 위해 고려할 분야는 원통에 위치 결정구를 배치할 때 그들 사이의 간격이다. 그림 6.37에서 보는 바와 같이 둥근 표면상에 수직 중심선의 양쪽으로 위치 결정구를 배치하였다 할지라도 그 간격이 매우 좁으면 기하학적 형상 관리는 좋지 않으나, 수평 중심선의 상하 변화가 그렇게 크지 않으므로 치수 관리는 양호하게 된다. 이 경우는 간격이 좁으므로 안정감이 떨어져서 공작물이 쉽게 좌우로 흔들려서 위치 결정구와 공작물의 접촉이 잘 되지 않을 수도 있으며 더불어 수직 중심선의 위치 결정도 제대로 되지 않는 경우가 발생할 수 있다. 반면에, 기하학적 관리를 좋게 하기 위해 위치 결정구의 간격을 넓혀 놓으면 역시 수직 중심선의 양쪽으로 위치 결정구를 배치하였을 때의 수평중심선의 상하 이동 폭은 매우 커진다. 따라서 수평 중심선으로부터의 치수 관리는 매우 어렵게 된다.

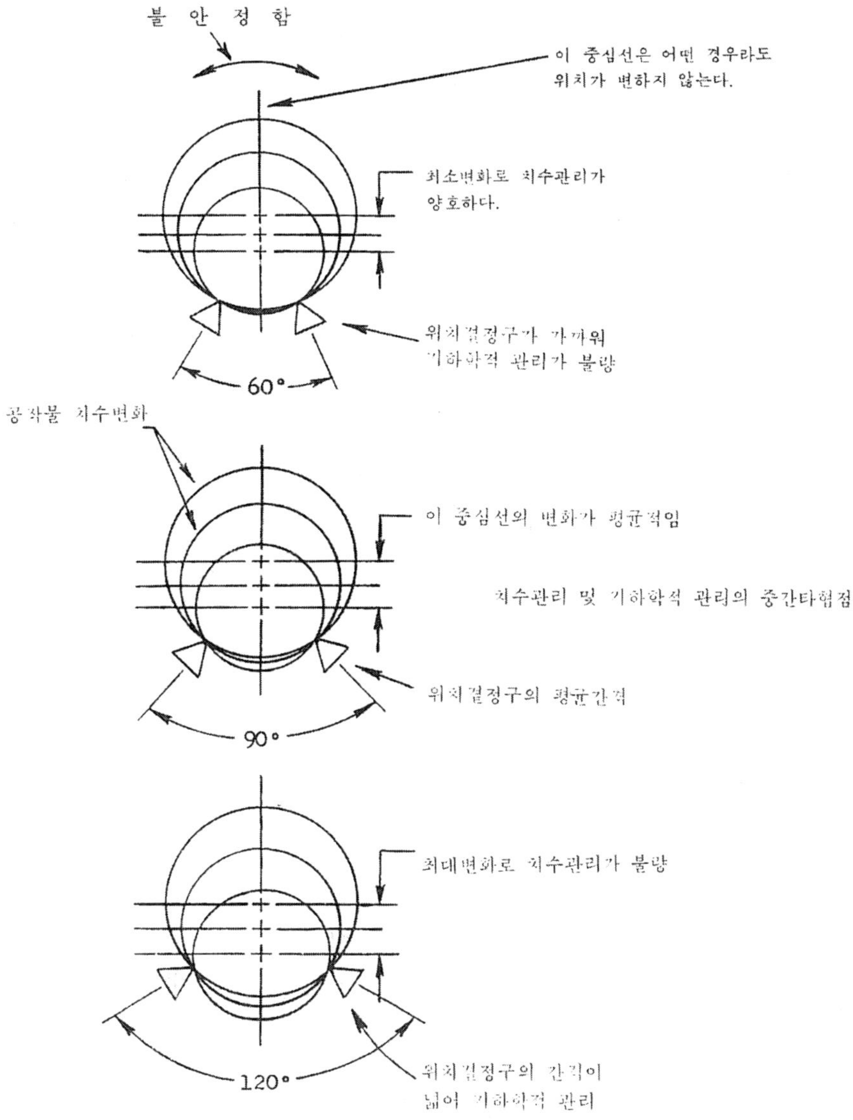

[그림 6.37] 위치 결정구의 간격이 다른 원통 형상의 예

이상을 통해 볼 때 원통 형상에 대한 중심선의 치수 관리는 원주 표면상에 배치하는 두 개의 위치 결정구의 간격에 영향을 받는다. 공정계획자는 위치 결정구의 간격을 너무 넓거나 좁지도 않은 일반적인 간격인 90°를 유지하게 하는 데, 이는 수직 중

심선을 기준으로 좌우로 45°씩 떨어진 곳에 위치 결정구를 배치하면 기하학적 관리와 치수 관리를 모두 적절하게 할 수 있기 때문이다.

6.3.2 직육면체의 치수 관리

앞에서 언급한 원통 형상의 중심선 관리 외에 직육면체 형상에서 홈을 작업할 때, 기하학적 형상공차의 치수 관리를 위한 위치 결정구의 배치에 대해 알아본다. 그림 6.38과 같이 직육면체의 윗면에 홈이 있는 설계도면에서, 두 개의 표면 사이에 평행도를 요구하는 기하 공차가 존재하는 경우를 생각해 보자. 이런 경우에는 홈형상과 평행도를 만족시키기 위한 기하학적 관리와 치수 관리를 하도록 위치 결정구의 배치에 주의를 기울여야 한다.

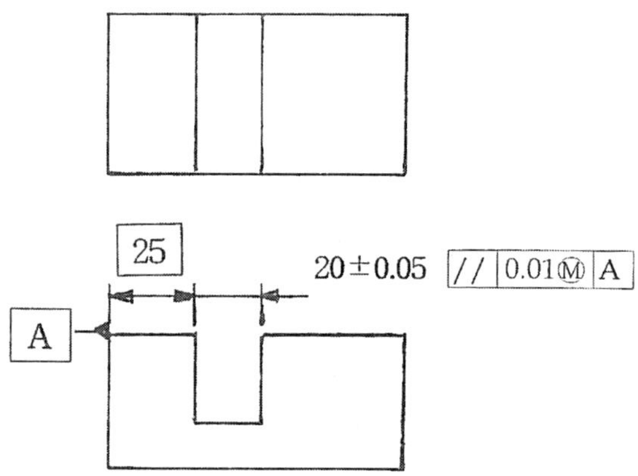

[그림 6.38] 기하공차의 직육면체

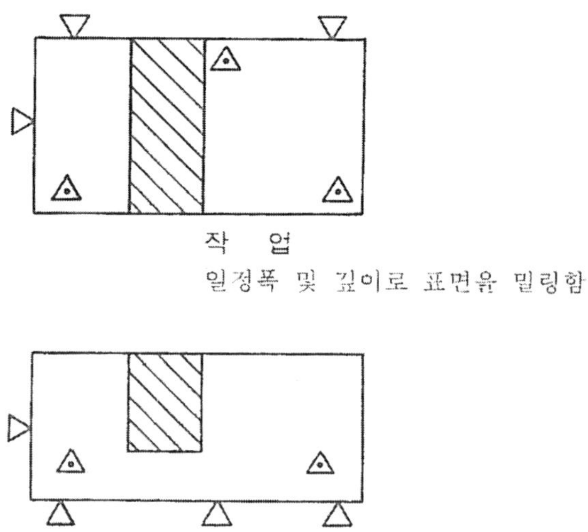

[그림 6.39] 가하학적 관리를 위한 위치 결정구 배치

설계도면에 그림 6.38과 같이 치수가 주어졌다고 하자. 공정계획자는 기하공차인 평행도 공차가 없다면 직육면체에 위치결정방법을 적용한 규칙을 적용하여 그림 6.39와 같이 가장 넓은 표면에 세 개의 위치 결정구 배치 등으로 위치 결정을 할 것이다. 이러한 방법은 공작물에 최선의 기하학적 관리와 치수 관리를 위해 결정한 것이며, 또한 가공작업에 따른 공정 공차 누적이 생기지 않도록 표면을 선택한 것이다. 그렇지만, 그림 6.38과 같이 평행도를 요구하는 직육면체이면 그림 6.39의 위치 결정 방법은 평행도 공차를 만족시킬 세 3개의 위치 결정구로 위치 결정이 제대로 되었다. 그러나 좌측 끝의 면은 홈을 가공할 때 영향을 받는 표면이므로 밑면에 대해 직각이 될 수도 있고 그렇지 않을 수도 있다. 뒷면인 옆면은 두 개의 위치 결정구에 의해서 제대로 위치 결정되었으나 좌측 끝의 면이 옆면에 대해 직각일 수도 있고 그렇지 않을 수도 있다. 홈과 좌측 끝면 사이의 평행도는 공작물의 직각도가 변하면 나빠질 수도 있으므로, 양호한 치수 관리를 할 수 없다.

설계도에 있는 평행도를 만족시키려면 기존의 위치결정방법을 변경해야 한다. 그림 6.40과 같이 홈이 좌측 끝의 면을 기준으로 평행인지를 확인하기 위해 좌측 끝의 면이 평면이 되도록 해야 하고, 이를 위해 세 개의 위치 결정구를 좌측 끝의 표면에 배치한다. 그 결과, 공작물의 평행도에 따른 치수 관리가 얻어졌다. 이 경우 기하학적 관리는 무시한다. 공작물에 다른 기하공차들인 직각도, 동심도 및 다른 특성들이 있으면 이들을 만족시키기 위해 다음의 규칙을 얻는다. 즉, '공작물에 평행도, 직각도, 동심도의 엄격한 공차가 요구될 때는 공차가 적용되는 표면들 중 한 면에 한 개 이상의 위치 결정구를 배치하여야 한다'는 것이다

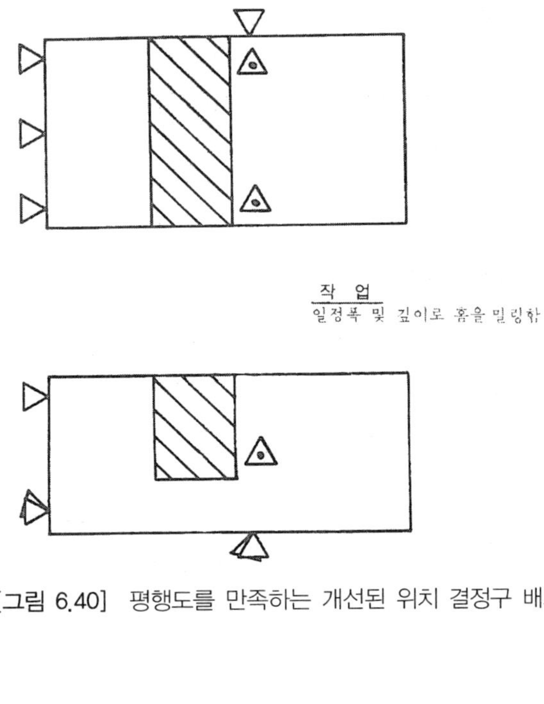

[그림 6.40] 평행도를 만족하는 개선된 위치 결정구 배치

그러나 경제적으로 가능할 때에는 두 가지를 모두 성취하도록 시도해야 한다. 제품 설계 기사와 공정 설계 기사간의 긴밀한 협조가 이루어지면 두 가지 관리를 유지하는 데 도움이 된다. 때로 어떤 제품에 대해 기능과 외관 또는 제품의 품질에 영향을 미치지 않고 위의 두 가지 관리를 얻을 수 있다.

6.4 기계적 관리

공정계획자는 작업을 준비하면서 작업할 때의 공작물을 관리하기 위해 공구력에 대응하는 공작물 관리를 해야 하며, 이는 공작물에 작용하는 공구력으로 인해 공작물이 흔들리지 않도록 위치를 잘 유지하는 것으로 기계적 관리라고 한다. 따라서 기계적 관리는 힘에 관계하며 공작물이 힘의 균형을 유지하는 것이다. 여기에도 위치 결정구의 배치가 관계하며, 기계적 관리를 잘 하기 위해서는 다음의 조건을 만족시켜야 한다. 첫째로 공작물에 공구력으로 인한 휨이 발생하지 않게 하며, 둘째로 공구력으로 인한 공작물과 위치 결정구 사이의 이탈이 없게 한다. 셋째로 고정력으로 인한 휨이 발생하지 않게 하고, 넷째로 고정력이 작용할 때 공작물이 모든 위치 결정구와 접촉하게 하며, 다섯째로 고정력이 커서 공작물에 손상이나 영구 변형을 일으키지 않게 적절한 고정력을 가해야 한다. 여섯째로 공작물 자중에 의한 휨이 발생하지 않도록 해야 한다.

이상과 같이 기계적 관리를 잘하기 위해서, 공정계획자는 고정력을 정확한 위치에 가해야 하고, 고정력을 받을 때 공작물을 지지하는 지지구가 정확한 위치에 배치되어야 한다. 그리고 기계적 관리도 중요하지만, 더욱 중요한 것은 치수 관리 및 기하학적 관리가 더 우선되어야 한다는 사실이다.

일반 절삭가공에서 가장 많이 하는 작업 중의 하나가 육면체 형상에서의 홈가공을 위한 밀링작업이므로 여기서는 홈을 만들기 위한 밀링가공에서의 기계적 관리에 대해 설명하기로 한다.

6.4.1 공구력에 의한 기계적 관리

밀링작업으로 인한 홈 형상 가공은 휨이나 변형량과 직접적인 관계가 있다. 휨은 재료의 탄성 범위 내에서의 공작물의 변형으로 정의하며, 재료의 항복점 이상의 범위에서 공작물이 영구적으로 변형될 때는 이를 소성 영역에서의 변형으로 영구변형이라 하고 휨이 더 심한 상태를 유지하는 것이다. 따라서 휨의 탄성 변형과 영구 변형이 재료에 미치는 영향은 서로 다르며 이에 대응하는 기계적 관리도 다르게 된다.

그림 6.41과 같이 홈 형상을 가공하기 위해 공작물에 위치 결정구가 배치되었다고 가정하자. 홈 형상은 밀링 커터의 절삭력으로 가공하므로 공구 절삭력이 문제를 야기

할 수 있다. 이때 절삭 깊이, 이송, 절삭 속도가 너무 크면 절삭할 때 공작물이 휘어진다. 그리고 절삭력이 제거되면 공작물은 원래 형상으로 되돌아간다. 홈의 바닥 부분인 노치는 공구의 형상대로 절삭되지만 스프링 백 현상으로 형상이 달라지기도 한다. 즉, 공작물의 휨으로 인해 노치의 치수가 설계도의 공차를 벗어나게 된다.

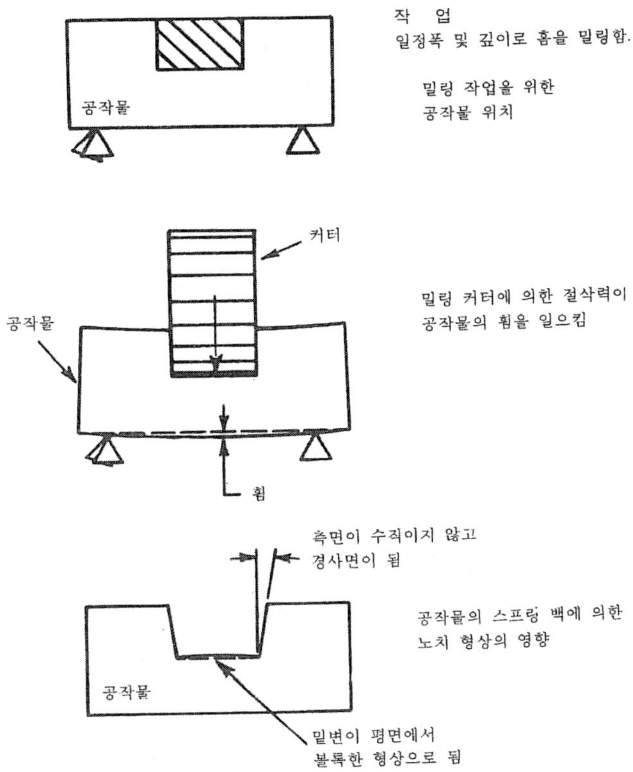

[그림 6.41] 밀링커터 절삭력에 의한 휨

이제 육면체 공작물에 홈을 가공하기 위한 큰 힘의 절삭력이 작용하여 그림 6.42와 같이 탄성한계를 넘어 휨이 생기고 영구변형이 되었다고 하자. 공작물에 변형을 일으킬 만큼 충분히 큰 공구 절삭력이 가해졌다가 제거되면, 어느 정도는 원상태로 되돌아가지만 일부는 변형된 상태로 남게 된다. 이때에 노치는 탄성에서의 형상 변화와는 다른 모양으로 형상이 변화한다. 즉 공작물의 형상이 달라지는 데, 달라진 공작물이 공차 범위를 벗어났다면 재작업이나 불량품으로 처리해야 한다.

이와 같은 홈 형상의 가공을 위한 밀링작업을 살펴보면, 기계적 관리에서의 첫 번째 고려사항은 공구력을 취급하는 것이다. 공구력은 설계도면이 갖는 부품 형상을 만들기 위해 반드시 필요하다. 그런데 공구력이 과다하게 작용하면 공작물의 형상 변화가 생기며 기계적 관리가 불량하게 된다. 기계적 관리는 공구력에 의한 것과 관계하며, 공구의 형상에는 관계가 없다. 공구의 형상은 주로 공구설계자와 관계한다.

과다한 공구력은 마모된 공구의 사용, 절삭 속도, 이송, 절삭 깊이 등으로부터 발생한다. 이 힘은 공작물의 휨이나 변형을 더 크게 한다. 그러나 이런 현상은 대부분 공구설계자나 작업자로부터 발생한다. 공정계획자는 공구력의 작용과 관계하지는 않으며, 공구력의 방향, 위치결정방법과 관련한 업무를 수행한다.

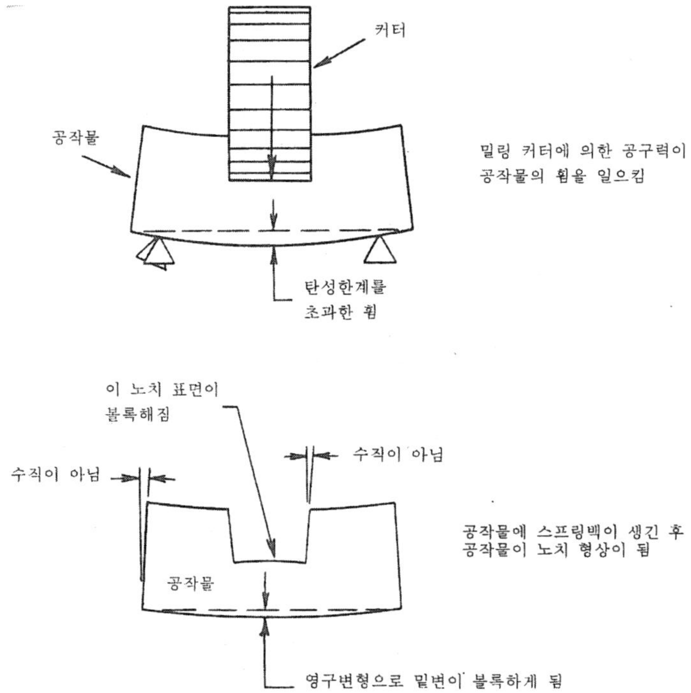

[그림 6.42] 공구력에 의한 영구 변형

그림 6.42에서와 같은 홈 형상의 가공을 위한 밀링작업을 다시 한 번 살펴보자. 그림과 같이 밑면에 세 개의 위치 결정구가 배치되면 공작물에는 휨이나 영구변형이 발생한다. 그런데 이러한 위치 결정구의 배치는 기하학적 관리 및 치수 관리를 고려하여 배치한 것이다. 이제 기계적 관리를 위해, 그림 6.43과 같이 공구력을 고려하여 공구력이 작용하는 바로 아래쪽에 위치 결정구를 배치하였다고 생각해 보자.

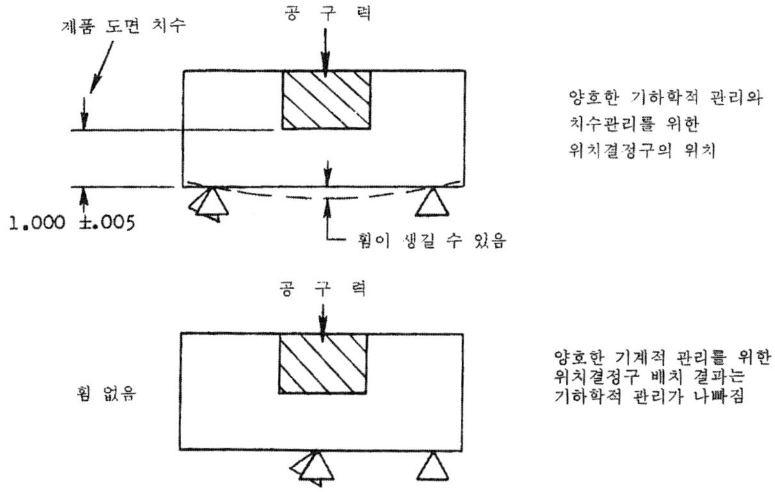

[그림 6.43] 기계적 관리를 위한 위치 결정구의 배치

공구력이 작용하는 곳의 바로 아래에 배치된 위치 결정구는 공구력의 작용을 견딜 수 있게 하므로 휨의 발생을 방지하고 기계적 관리를 잘 하게 된다. 하지만, 위치 결정구의 간격이 좁아지므로 기하학적 관리가 나빠진다. 이때에는 그림 6.44와 같이 지지구라는 것을 이용하여 해결할 수 있다. 여기서 사용하는 지지구는 공작물의 휨을 제한하거나 정지시키는 기구로 정의할 수 있다.

지지구에는 그림 6.44와 같이 고정식 지지구와 조정식 지지구의 두 가지 종류가 있다. 먼저 고정식 지지구는 이름이 의미하는 것과 같이 고정된 것으로, 위치 결정점이 되지는 못한다. 그러므로 공작물이 위치 결정구에 놓이는 것과 같이 지지구에 접촉되어서는 안 되고, 이런 상태가 되려면 고정식 지지구는 위치 결정구에 의해 형성되는 평면과 높이가 같거나 또는 약간 아래쪽에 놓여져야 한다. 지지구가 위치 결정구의 높이보다 아래쪽에 있으면 공작물이 불규칙 형상일지라도 작업 중에 접촉이 되지 않는다.

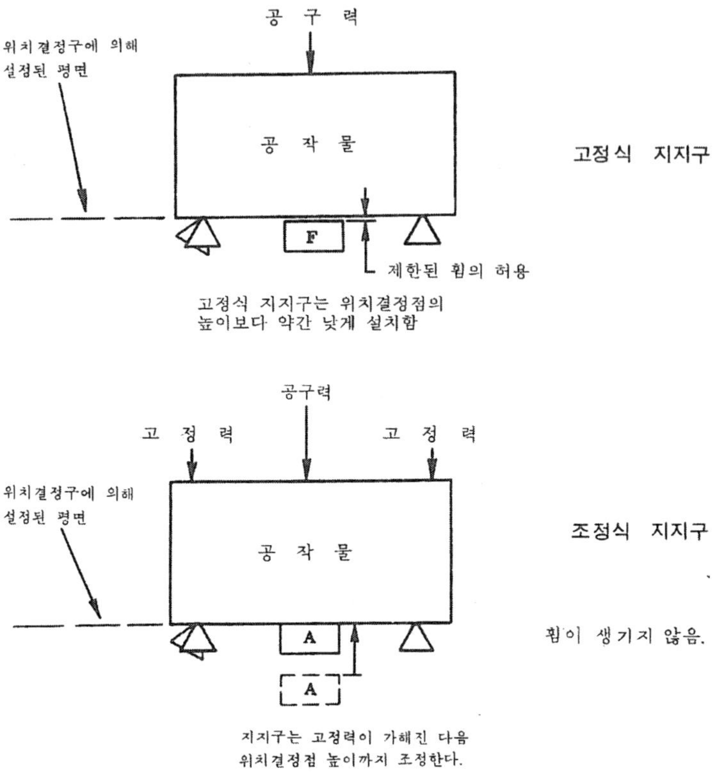

[그림 6.44] 지지구의 종류

작업하는 공작물의 밑면이 평면이 아니거나 불규칙 형상이 있으면 지지구는 좀 더 낮추어야 한다. 만일 공작물 밑면이 가공이 잘 된 표면이라면 지지구는 약간 높일 수도 있다. 지지구가 낮으면 공구 절삭력이 가해질 때 공작물에는 휨이 허용되어 고정된 지지구에 접촉한다. 그러므로 고정식 지지구가 공작물의 휨을 제한한다는 것은 엄격한 공차를 유지하고 영구 변형이 생기지 않게 한다는 것을 의미한다. 그래서 고정식 지지구는 부분적으로 기계적 관리를 할 수 있는 수단이 된다. 공작물이 휘어지는 양은 가해진 공구 절삭력과, 위치 결정구로부터 지지구 사이의 거리에 따라 달라진다. 그림 6.44에서 보듯이 조정식 지지구를 사용하면 기계적 관리는 더 좋아진다.

조정식 지지구는 높이를 조정할 수 있는 이점이 있으므로 이것을 기계적 관리에서는 활용한다. 먼저 조정식 지지구는 위치 결정구의 높이 이하로 낮춘다. 공작물을 위치 결정구위에 올려놓을 때 지지구는 접촉되지 말아야 한다. 그 다음 고정력을 가하여 위치 결정구에 공작물을 접촉시킨다. 그 다음은 조정식 지지구가 공작물에 접촉할 때까지 위로 올려서 조정한다. 이때 조정식 지지구를 올리는 힘에 주의해야 한다. 그렇지 않으면 공작물이 지지구의 힘 때문에 휨이 발생할 수도 있다. 지지구를 조정한 후 공구력을 가하면 공작물의 휨은 발생하지 않을 것이다. 작업이 완료되었을 때는 공작물을 탈착하고 지지구는 다음 공작물을 위해서 높이를 낮추어야 한다. 조정식 지지구는 고정식 지지구보다 더 비싸지만 대신 양호한 기계적 관리를 얻을 수 있다. 또한 조정식 지지구는 작업자의 시간과 노력이 더 필요하므로 비용이 더 든다. 따라서 지지구는 그 목적에 따라 종류를 선택해야 한다.

지지구는 위치 결정구가 아니며, 위치 결정구를 대신할 수는 없다. 다만, 지지구는 공작물의 휨이나 영구변형을 방지할 수 있다. 그러나 가끔 대체 위치 결정구가 지지구를 대신할 수도 있다.

다음으로 공구력에 의해 발생하는 공작물의 휨에 대한 두 번째 고려사항을 생각해 보자. 이는 공구력의 방향인 밀링커터의 회전을 반대 방향으로 변경하는 것이다. 공구력에 있어서 밀링커터의 회전 방향에 따르는 힘의 방향을 그림 6.45에 표시한다. 먼저 상향 절삭인 경우는 공구력이 위쪽을 향하기 때문에 공작물에는 휨이 생기지 않고 오히려 공작물을 위치 결정구로부터 들어 올리는 형태의 절삭이다. 반면에, 하향 절삭인 경우는 공구력이 아래쪽으로 작용하므로 공작물에 휨이 생기며, 공작물을 위치 결정구상에 고정시키는데 도움을 주는 형태의 절삭이다.

밀링작업에서의 상향 절삭은 공작물에 휨을 발생시키지 않기 때문에 지지구가 필요하지 않은 반면에 공구력이 공작물을 들어 올리는 경향이 있기 때문에 바람직하지 못하다. 반면에 하향 절삭은 공작물에 가하는 아래 방향의 힘 때문에 위치 결정구에 공작물을 고정하는 힘이 가해져서 휨이 발생하므로 지지구를 추가하여 휨을 방지할 필요가 있다.

이상을 정리하면, 기계적 관리는 공작물에 발생하는 휨을 감소시키기 위해 밀링커터의 회전을 조정하여 기계적 관리를 할 수 있는 것은 아니며, 다만, 하향 절삭에서는 기계적인 관리에 필요한 고정력을 보조해준다. 오히려 밀링커터의 회전은 위치 결정구를 사용할 때 다른 관점에서 기계적 관리를 보조하기도 한다. 위치 결정구가 그림 6.46과 같이 공작물상에 배치되었다고 가정하자. 상향 절삭에서 밀링커터의 회전은 왼쪽으로 힘을 가하므로 힘의 균형을 위해 위치 결정구는 공작물의 왼쪽 끝의 표면에 배치해야 한다. 이렇게 하면 공구력이 위치 결정구에 대해서 공작물을 고정하므로 양호한 기계적 관리를 하게 된다.

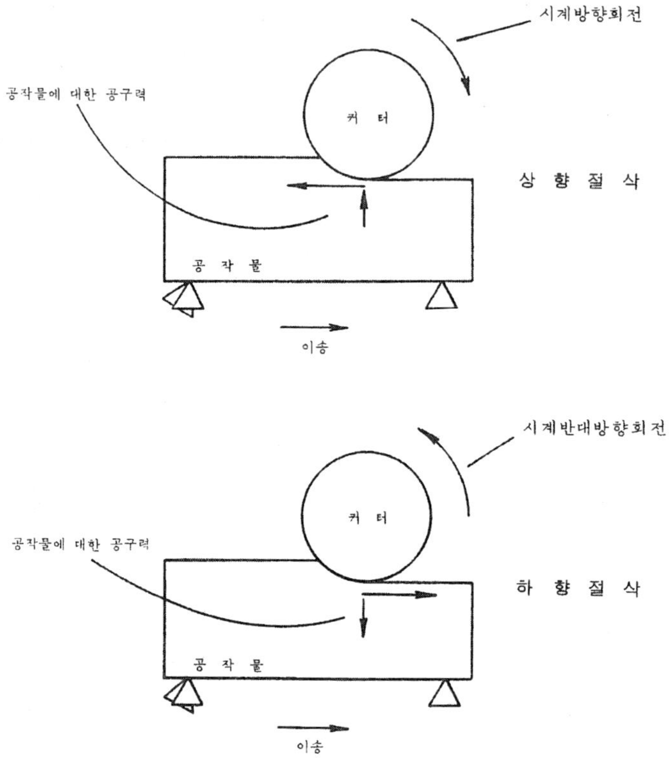

[그림 6.45] 밀링커터 회전에 따른 영향

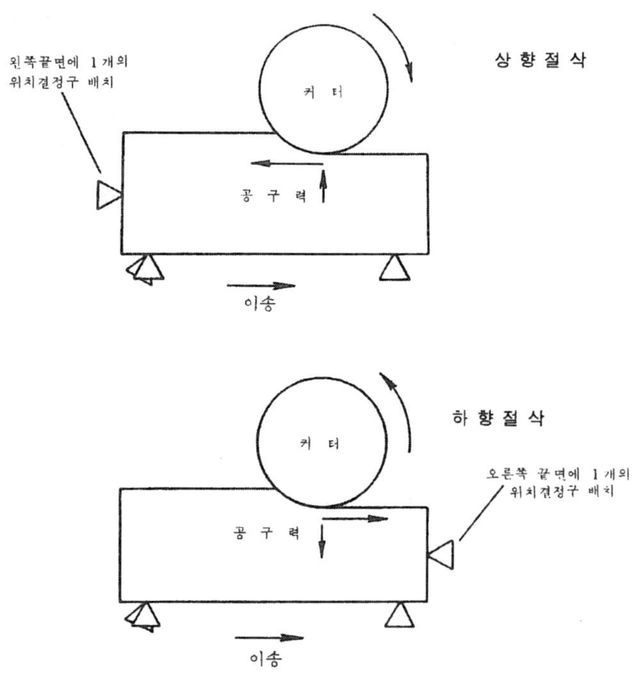

[그림 6.46] 밀링커터 회전과 위치 결정구 배치

하향 절삭에서의 밀링커터의 회전은 오른쪽의 끝 표면에 힘을 가하게 되므로 위치 결정구를 공작물의 오른쪽 끝면에 배치해야 힘의 균형을 이룰 수 있다. 이렇게 위치 결정구를 배치하면 공구력이 기계적 관리를 유지하는데 도움을 준다. 반면에 위치 결정구가 왼쪽의 끝 표면에 배치되면 공구력은 공작물을 위치 결정구로부터 멀리 이탈하게 한다. 그림 6.46의 공작물에서 양쪽 중 한 면에 한 개의 위치 결정구를 배치하면 기하학적 관리나 기계적 관리에 영향을 주지 않으므로 밀링커터의 절삭 방향에 따른 적절한 위치 결정구의 배치는 기계적 관리를 양호하게 할 수 있다.

이상을 볼 때 공구력에 의한 기계적 관리를 위해서 다음과 같이 정리할 수 있다. 첫째로 공작물의 휨을 관리하기 위해서 공구력의 반대쪽에 위치 결정구를 배치한다. 단, 기하학적 관리와 치수 관리를 함께 할 수 있을 때 적용한다. 둘째로 공구력에 의해 발생되는 공작물의 휨을 제한하기 위해서, 필요한 때에는 고정식 지지구를 사용한다. 셋째로 경제성보다 품질이 우선인 경우는 공구력에 대응하여 조정식 지지구를 사용한다. 넷째로 공작물을 고정할 때 고정력을 보조하도록 공구력을 적용한다.

6.4.2 고정력에 의한 기계적 관리

기계적 관리에서 두 번째로 고려할 사항은 고정력이다. 공정계획자는 고정력의 위치와 크기를 결정하기도 하며, 고정력을 얻기 위한 고정장치나 클램핑을 설계하는 역할을 하기도 한다. 고정력은 작업자 기술의 숙련정도와는 관계없이 공작물을 위치 결정구에 접촉하게 하며, 공구력과 상관없이 공작물을 모든 위치 결정구에 고정시키는 역할을 하고, 공작물의 치수변화에 관계없이 공작물을 위치 결정구에 고정시킨다. 하지만 고정력을 작용시킬 때는 다음 사항을 유의해야 한다. 즉, 공작물이 휨이나 영구변형을 일으키지 않도록 해야 하며, 공작물의 지지구 방향을 향해 힘을 가해야 하며, 할수 있다면 공구력의 바로 반대쪽에 고정력을 배치하는 것이 좋다.

고정력을 실제 사용하는 부품인 그림 6.47의 마그네슘 주조품에 적용하여 본다. 위치 결정구의 바로 반대편에 고정력이 가해지면 몇 가지 이점이 얻어진다. 첫째로 고정력에 의한 휨이 생기지 않는다. 그리고 이 고정력은 정면밀링 커터로 가공하는 보스의 표면과는 떨어진 곳에 작용하므로 절삭 공구와의 간섭이 생기지 않는다. 이제 고정력이 위치 결정구와 공작물을 확실히 접촉하도록 힘을 가하면 양호한 기계적 관리를 하게 된다. 그림 6.47의 주조품에 대하여 그림 6.48과 같이 밀링 작업이 작용하는 경우를 살펴보자. 이 경우는 공구력의 방향이 달라졌음을 알 수 있다. 그림 6.47에서는 정면 밀링으로 절삭되었지만, 그림 6.48에서는 대형 엔드밀을 사용하여 보스의 표면을 가공하려고 한다. 이 경우는 공작물의 휨을 정지시키기 위해 공구력이 작용하는 표면의 반대편에 위치 결정구를 배치할 수가 없다. 그렇게 되면 기하학적 관리 및 치수관리 원칙에 위배되기 때문이다. 따라서 공구력에 의한 주조품의 중심부분의 휨을 방지하기 위하여 지지구를 사용해야 한다.

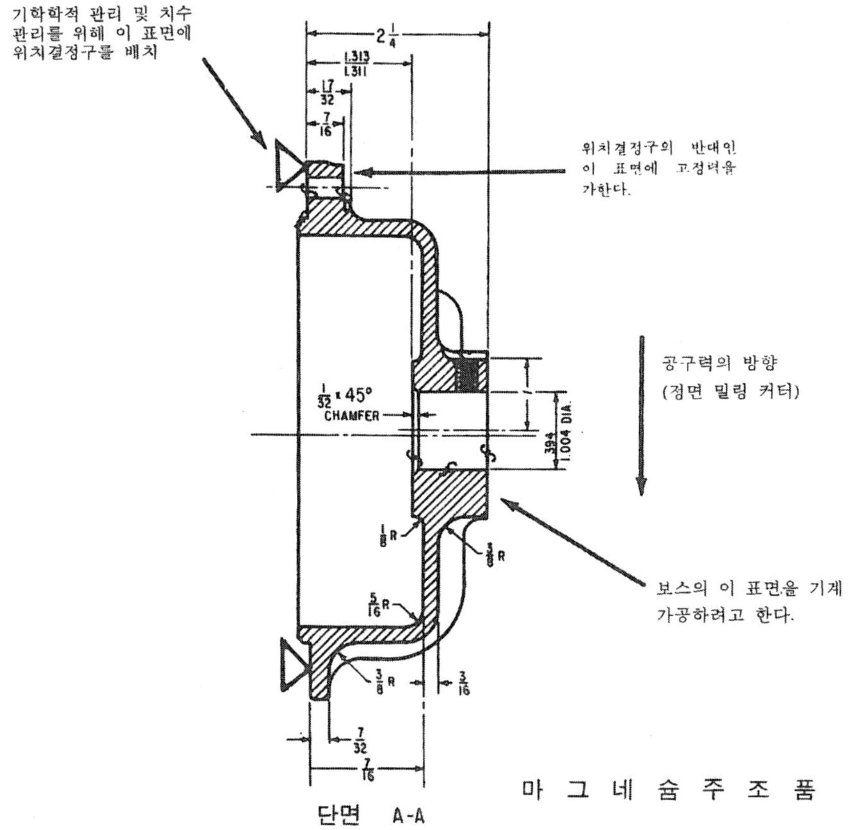

[그림 6.47] 고정력에 의한 기계적 관리

그림 6.48에서 고정력을 가할 수 있는 다른 위치는 점선의 화살표로 나타냈다. 그러나 이 위치에서는 공구력에 의해 공작물에 휨이 생기고, 고정력으로 인해 공작물을 통하여 지지구에 힘을 가하게 하므로 고정력의 위치로는 적절하지 않다.

고정력에 의한 기계적 관리의 또 다른 예로써 합력에 의한 고정력의 경우를 생각해 보자. 그림 6.49에는 공작물에 작용하는 하나의 고정력으로 여러 개의 위치 결정구에 공작물을 고정시키는 형상이 표시되어 있다.

먼저 공작물의 중심부에 수직으로 가해진 하나의 고정력은 공작물을 3개의 위치 결정구와 확실히 고정되게 한다. 6개의 위치 결정구에 대하여 공작물을 확실히 고정하기 위해서는 두 번째 고정력을 가하면 된다. 하지만, 만일 한 개의 고정력이 먼저 가해지면 공작물은 두 번째 고정력이 가해져도 위치 결정구상에서 움직이지 않으려 할 것이다. 이러한 문제는 그림 6.50에 나타낸 바와 같이 두 개의 고정력을 한 개의 합력으로 결합함으로써 해결할 수 있다. 따라서 작업자는 한 개의 클램프만 사용하면 된다. 물론, 두 번째 가해지는 고정력이 첫 번째 힘보다 커서 공작물을 움직이기에 충분하면 고정력을 처음과 같이 두 개의 고정력으로 분리해도 좋다.

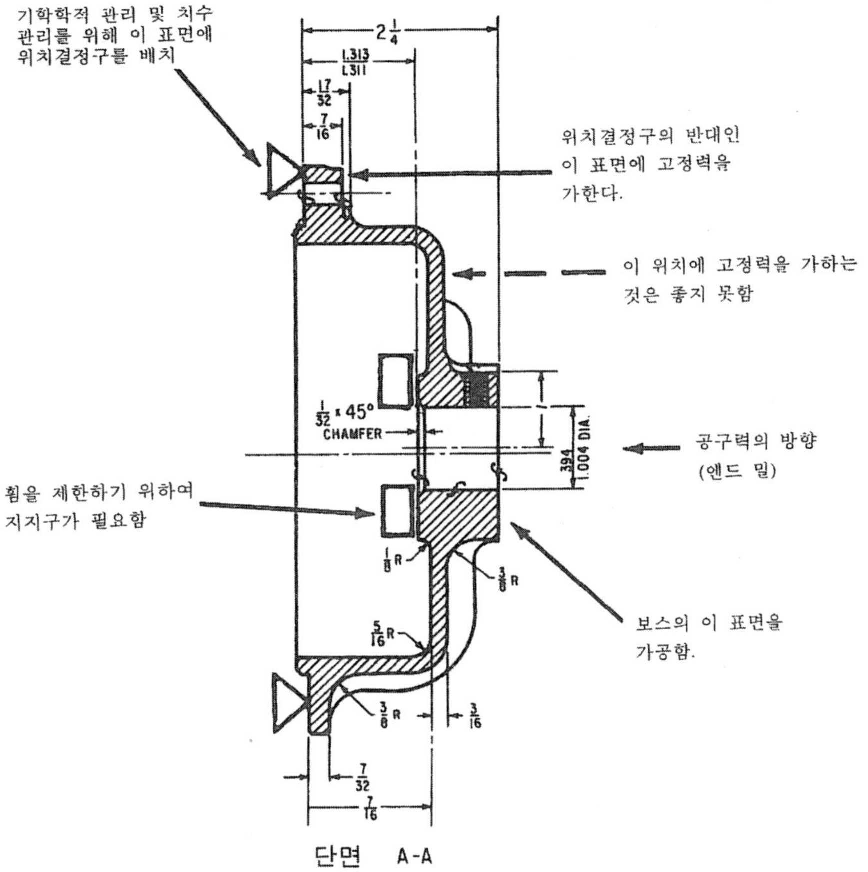

[그림 6.48] 지지구를 사용한 기계적 관리

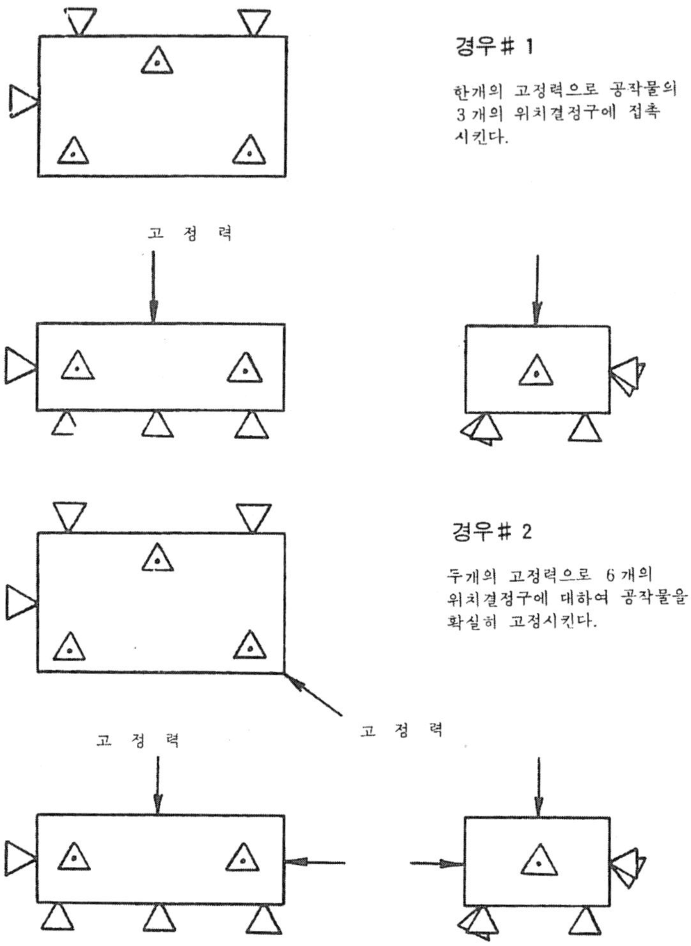

[그림 6.49] 합력의 고정력과 위치 결정구

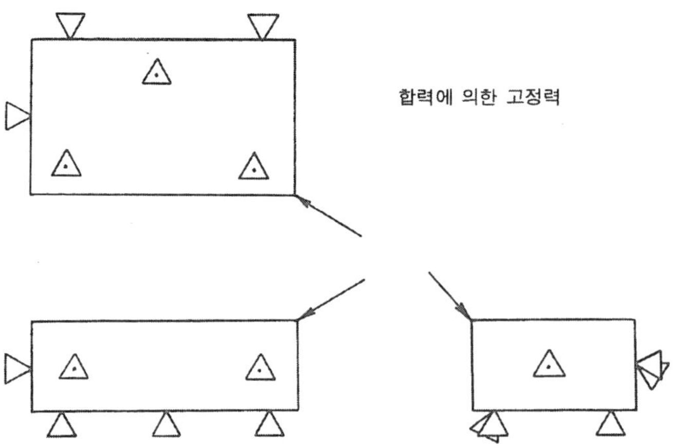

[그림 6.50] 하나의 합력에 의한 고정력

공정계획자는 고정력을 결정할 때, 어떤 표면에 고정력을 가할 수가 없는 경우를 만나게 된다. 이런 경우는 공작물 표면의 치수에 대한 공차가 엄격하고 표면 거칠기, 또는 외관이 중요한 경우이다. 일반적으로 표면이 곱거나, 치수가 정확한 표면이 위치 결정구를 설치하기에 알맞은 표면이며, 공작물 표면이 거칠거나 치수가 정확하지 않을 때는 공작물에 손상이 덜 생긴다. 적절한 고정력을 사용한다고 할 때, 얻을 수 있는 규칙은 다음과 같다. 첫째로, 고정력은 위치 결정구의 바로 반대편에 배치하여야 한다. 둘째로, 지지구는 고정력에 의한 공작물의 휨을 제한하기 위해서 사용되어야 한다. 셋째로, 고정력에 의한 마찰력을 이용하면 여섯 번째 위치 결정구 대신으로 보충할 수 있다. 넷째로, 비강성공작물에는 하나의 큰 고정력 보다는 여러 개의 작은 힘의 고정력을 사용하는 것이 좋다. 다섯째로, 공작물에 생기는 자국은 중요하지 않은 표면에 고정력을 가함으로서 제한할 수 있다. 여섯째로, 합력에 의한 고정력은 인적인 요소의 필요성을 감소시킬 수 있다.

앞서 언급했듯이 고정력이나 지지구는 치수 관리가 지켜지지 않으면 아무 소용이 없는 것이므로, 기계적 관리는 기하학적 관리 및 치수 관리와 똑같이 중요하지만 공정계획의 순서에는 맨 마지막으로 고려해야 한다.

작업준비계획에서 수행하는 것 중의 하나는 고정계획이다. 고정계획은 공작물의 위치결정과 지지를 다루는 분야이다. 이들의 자동화에 대한 연구는 독립적으로 개발되어 온 시스템[8] 이래 여러 시스템이 개발되어 왔으며[9-19], 고정계획 자동화의 영역은 여기서 취급하지 않고 후반부에서 취급하고자 한다.

이상을 통해 작업준비계획에서의 위치결정방법, 기하학적 관리, 치수 관리, 기계적 관리에 대해 설명하였다.

복습문제

1. 위치결정개념은 무엇인가?
2. 공작물 관리는 무엇을 말하는가?
3. 3-2-1 위치결정방법을 직육면체 형상을 예로 들어 설명하라.
4. 공정사의 공차누적은 무엇을 의미하는가?
5. 직각도의 기하공차를 적용한 치수 관리를 기술하라.
6. 원추 형상의 기하학적 관리를 위해 3-2-1 위치결정방법을 적용해 보라.

part 7

집단화 기술

공정계획은 원재료를 설계도면 상의 제품으로 가공하는 다단계 변환공정에 관한 의사결정 계획을 수행하는 것이다. 하나의 제품을 가공하기 위해 제공되는 공정지시서 또는 작업지시서는 공정계획의 결과이며 많은 작업들과 기계들이 표시되어 있다. 기업의 입장에서 생산할 제품은 과거의 대량생산과는 달리 다품종소량생산의 형태로 변하고 있으며, 기계공업분야에서의 이산부품 생산에도 생산할 부품들의 종류는 다양해지고 각 종류별로 생산할 수량은 점점 적어지거나, 종류가 다양해지는 만큼 수량도 다양해지고 있다. 이러한 다양한 종류의 부품생산은 높은 신뢰성을 요구하며, 금속뿐만 아니라 플라스틱, 복합 재료 등의 다양한 소재를 가공해야 하고, 대량생산에서 가졌던 설비배치인 제품별 배치의 효율성에 가까운 효율을 얻기 위해 공정별 배치의 비효율성을 극복하고, 설계와 제조 및 관리 기능의 통합화의 필요성을 강조하게 되었다. 이러한 생산 환경의 변화는 생산에서 많은 복잡성과 어려움을 야기했는데, 먼저 생산 품목과 생산 공정이 다양해지고, 공작기계와 치공구에서 다루어야 할 생산능력이 복잡하며, 어떤 경우에는 많은 양을 생산하다가 갑자기 생산 수량이 줄어들기도 하고 전혀 다른 종류의 생산을 신속하게 해야 하는 등으로 환경 조건이 불확실하며, 이에 따라 생산계획, 공정계획 및 일정계획의 수립이 매우 어렵고, 작업현장에서의 생산 실시는 매우 가변적이고 동적이며 생산관리와 통제 또한 그러하다.

하지만 오늘날과 같은 글로벌 경쟁력을 가져야 하는 시대에서는 다품종소량생산이 갖는 생산성 저하의 어려움을 극복해야 하며, 그 방법으로 생산할 부품이나 제품, 생산에 사용되는 기계나 치공구들에 대한 유사한 것들을 함께 묶는 집단화 기술(Group Technology : GT)이 필요하다.

7.1 집단화 기술

집단화 기술의 개념은 여러 해 전부터 세계의 여러 나라와 기업들에서 과학적 관리의 한 부분으로 사용하여 왔으며, 집단화 기술을 적용한 분야도 또한 공학과 제조 영역에서 다양한 이름의 여러 가지 형태로 사용하여 왔다. 집단화 기술이란 용어의 최초 사용자는 소련의 기술자인 S. P. Mitrofanov로써, 집단화 기술의 과학적 원리(The Scientific Principles of Group Technology)란 제목으로 1959년에 논문을 발표하면서 집단화 기술이란 용어를 처음 사용하였다. Mitrofanov가 제안한 집단화 기술은 매우 포괄적으로 적용할 수 있는 개념을 담고 있다. 즉, 많은 문제들은 유사한데, 이들 유사한 문제들을 그룹화하고 그룹화된 문제들을 해결하기 위한 하나의 해법을 찾음으로써 시간과 노력을 절감할 수 있다는 것이었다.

집단화 기술의 생산 및 가공과 관련한 각 나라의 도입과정을 살펴보면, 최초로 발표가 된 소련에 이어서 서독은 1960년대 중반에 Aachen 공과대학의 H. Opitz 교수에 의해 실제적인 연구가 진행되었다. 개발한 시스템은 기계가공품에 대한 부품분류

시스템으로서, 그림 7.1과 같이 5자리수의 기본코드와 4자리수의 보조코드를 가지며, 이것은 기본적인 부품분류방식을 확립시킨 시스템이었다. 체코슬로바키아에서는 VUOSO(공작기계 연구소)가 비교적 간단한 부품분류방식을 개발하였는데 집단화 기술을 처음 도입하려는 기업에서 적용하기에 좋은 시스템이었다.

<table>
<tr><td colspan="7">형 식 코 드</td><td colspan="4">보 충 코 드</td></tr>
<tr><td colspan="3">1</td><td>2</td><td>3</td><td>4</td><td>5</td><td>6</td><td>7</td><td>8</td><td>9</td></tr>
<tr><td colspan="3">부품 등급</td><td>주형상</td><td>회전기계</td><td>평면기계</td><td>추가구멍,
치형, 성형</td><td rowspan="10">치
수</td><td rowspan="10">재
료</td><td rowspan="10">재
료
의
형
태</td><td rowspan="10">정
밀
도</td></tr>
<tr><td>0</td><td rowspan="6">회
전
부
품</td><td>L/D≦0.5</td><td rowspan="3">외형요소</td><td rowspan="3">외형요소</td><td rowspan="3">평면의기
계화</td><td rowspan="3">기타구멍,
치형,성형</td></tr>
<tr><td>1</td><td>0.5〈L/D〈3</td></tr>
<tr><td>2</td><td>L/D≧3</td></tr>
<tr><td>3</td><td>L/D≦2</td><td rowspan="2">주형상</td><td rowspan="2">회전기계</td><td rowspan="2">평면의기
계화</td><td rowspan="2">기타구멍,
치형,성형</td></tr>
<tr><td>4</td><td>L/D〉2</td></tr>
<tr><td>5</td><td>특수</td><td></td><td></td><td></td><td></td></tr>
<tr><td>6</td><td rowspan="4">비
회
전
부
품</td><td>A/B≦3
A/C≧4</td><td rowspan="2">주형상</td><td rowspan="3">구멍가공
회전기계
화</td><td rowspan="3">평면의기
계화</td><td rowspan="3">기타구멍,
치형,성형</td></tr>
<tr><td>7</td><td>A/B〉3</td></tr>
<tr><td>8</td><td>A/B≦3
A/C〈4</td><td>주형상</td></tr>
<tr><td>9</td><td>특수</td><td></td><td></td><td></td><td></td><td></td><td></td><td></td><td></td></tr>
</table>

[그림 7.1] Opitz 시스템의 코드 구조

미국에서는 1960년대 이후에 집단화 기술을 도입하였으며, 1970년대 중반에 브링엄영 대학교의 알렌과 펜실베니아 주립대의 함인영 교수가 미국 산업에 집단화 기술의 아이디어를 적극 도입하였다. 일본은 서독에서 집단화 기술을 인식하기 시작한 시기와 유사한 시기에 관심을 갖기 시작했다. 일본기계기술연구소는 1960년대 중반에 중소기업과 일반기계공업을 대상으로 하는 집단화에 필요한 부품분류 기법을 개발하였다. 이 시스템은 1968년에 가공의 효율화를 목표로 10진법 5자리를 가진 KC-1 시스템이다. 이어서 1969년에는 공정계획의 능률향상을 위하여 KC-2시스템을 개발하였는데 이 시스템은 10진법 9자리로 구성된 구조로 되어있다. 그 후에도 일본은 일본인 특유의 한 단계 한 단계 발전을 적극 추진하였으며, 일본 기계공업의 실정에 적합한 부품분류시스템을 개발하였다. 먼저 1970년에는 10진법 13자리수를 갖는 KK-1시스템을 개발하였으며, 1973년에는 역시 10진법 13자리수를 가진 KK-2시스템을 개발하였고, 1976년에는 10진법 21자리수를 가진 KK-3시스템을 개발하였다. 그림 7.2는 회전형상부품과 비회전형상부품을 위한 KK-3시스템의 코딩 구조를 보여주고 있다. 이들은 주로 절삭가공과 연삭가공을 하는 기계가공부품을 대상으로 부품분류를 하는데, 설계와 가공을 위해서도 적용이 가능하다. 중소기업 이상의 규모를 가진 기업이 사용하기에 적합하며 나중에 언급할 공정계획의 자동화에 많이 사용이 되는 부품분류시스템이다. 한국에서는 1976년도에 한국기계연구원에서 집단화 기술을 도입하여 국내에 소개한 이래 많은 기업들이 집단화 기술을 위한 부품분류시스템을 개발하거나 기존의 시스템을 적용하였다.[57, 58]

KK-3 Basic Coding Structure (Rotational Components)

Column	I	II	III	IV	V	VI	VII	VIII	IX	X	XI	XII	XIII	XIV	XV	XVI	XVII	XVIII	XIX	XX	XXI
	Part Name (Function)		Materials		Main Dimensions			Geometrical Shapes and Machining													
								Formed Shape		External Surface				Main Hole			Auxiliary Holes				
classified items	general classification	detailed classification	general classification	detailed classification	edge length (A)	width (B)	primary shapes, ratio of main dimensions	bending direction	bending angle	external plane surface	external curved surface	main curved surface	cyclic and auxiliary surface	direction and step	screw, thread and related shape	internal shape other than main hole	direction	shape	special hole	non-machining processes	accuracy

KK-3 Basic Coding Structure (Non-Rotational Components)

Column	I	II	III	IV	V	VI	VII	VIII	IX	X	XI	XII	XIII	XIV	XV	XVI	XVII	XVIII	XIX	XX	XXI
	Part Name (Function)		Materials		Main Dimensions			Geometrical Shapes and Machining													
								External Surface						Internal Surface				Non-Concentric Hole			
classified items	general classification	detailed classification	general classification	detailed classification	length (L)	diameter (D)	primary shapes, ratio of main dimensions	general external shape	concentric screw threaded	functional groove	irregular shape	shaped surface	cyclic surface	general internal shape	curved internal shape	internal plane surface and cyclic surface	grid surface	regularly placed hole	special hole	non-machining operations	accuracy

[그림 7.2] KK-3 시스템의 코딩 구조

집단화 기술은 매우 다양하고 복잡한 공작물들에 대하여 일정하게 정해 놓은 규칙에 의해 하나씩 순서대로 표현한 후에, 이들 중에서 특정한 목적에 맞는 것들을 선택하여 집단으로 모아서 이들에 대해 설계로부터 가공, 운반, 조립, 적재 등의 생산과정을 합리적으로 적용하는 기술을 의미한다. 이러한 집단화 기술의 기본적인 개념과 적용분야는 그림 7.3과 같이 도식적으로 표현할 수 있다.

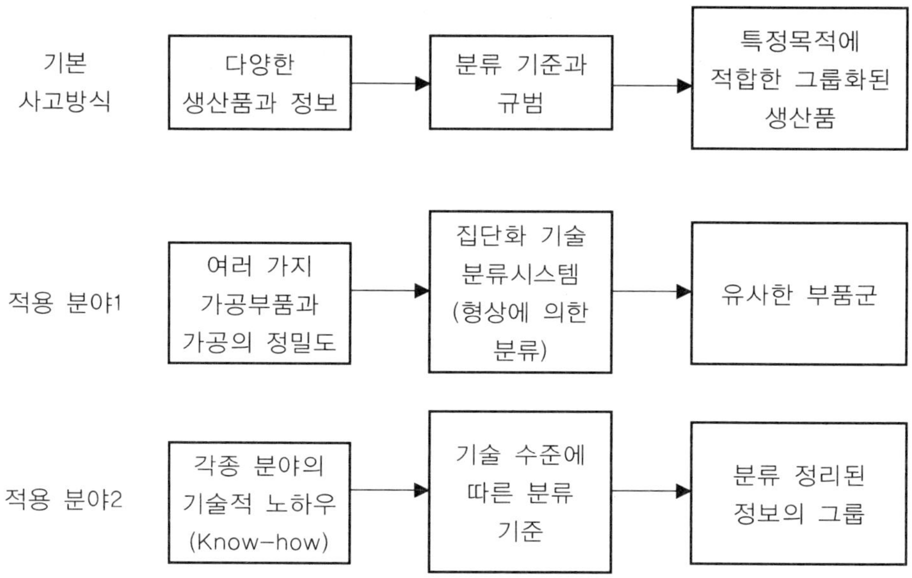

[그림 7.3] 집단화 기술의 기본 사고방식과 적용

앞에서 언급했듯이 집단화 기술은 제품의 주문발주로부터 시작하여 설계, 생산과정과 생산, 조립 및 운반, 출하에 이르는 전체적인 단계에 적용할 수 있는 개념이다. 먼저 부품의 설계에 있어서 집단화 기술의 적용을 살펴보면 비록 다품종소량생산의 시대이므로 다양한 제품들을 설계하고 생산해야 한다 할지라도 제품을 구성하고 있는 부품은 많은 경우에 표준화된 부품이나 규격화할 수 있는 부품들로 구성된 경우가 많으므로 이들을 집단화하고자 하는 것이다. 그림 7.4에서는 많은 부품 설계도면들이 비슷한 형상을 가진다는 것을 보여주는 예이다. 그러므로 이러한 유사한 설계부품들은 하나의 설계 부품군으로 집단화할 수가 있다. 그리고 새로운 설계를 할 때는 기존의 유사한 설계 부품군으로부터 가장 가까운 설계를 찾아서 약간의 수정을 가하면 새로운 설계를 쉽게 할 수 있다. 복합부품 또한 이러한 설계에서의 개념을 사용하면 보다 잘 표현할 수 있다. 그림 7.5에 표현한 복합부품의 예를 통해 보듯이 하나의 복합부품은 개별 설계부품들을 집단화해 놓은 부품으로 볼 수 있으며, 역으로 개별 부품은 복합부품의 부분적인 특징형상을 갖는다.

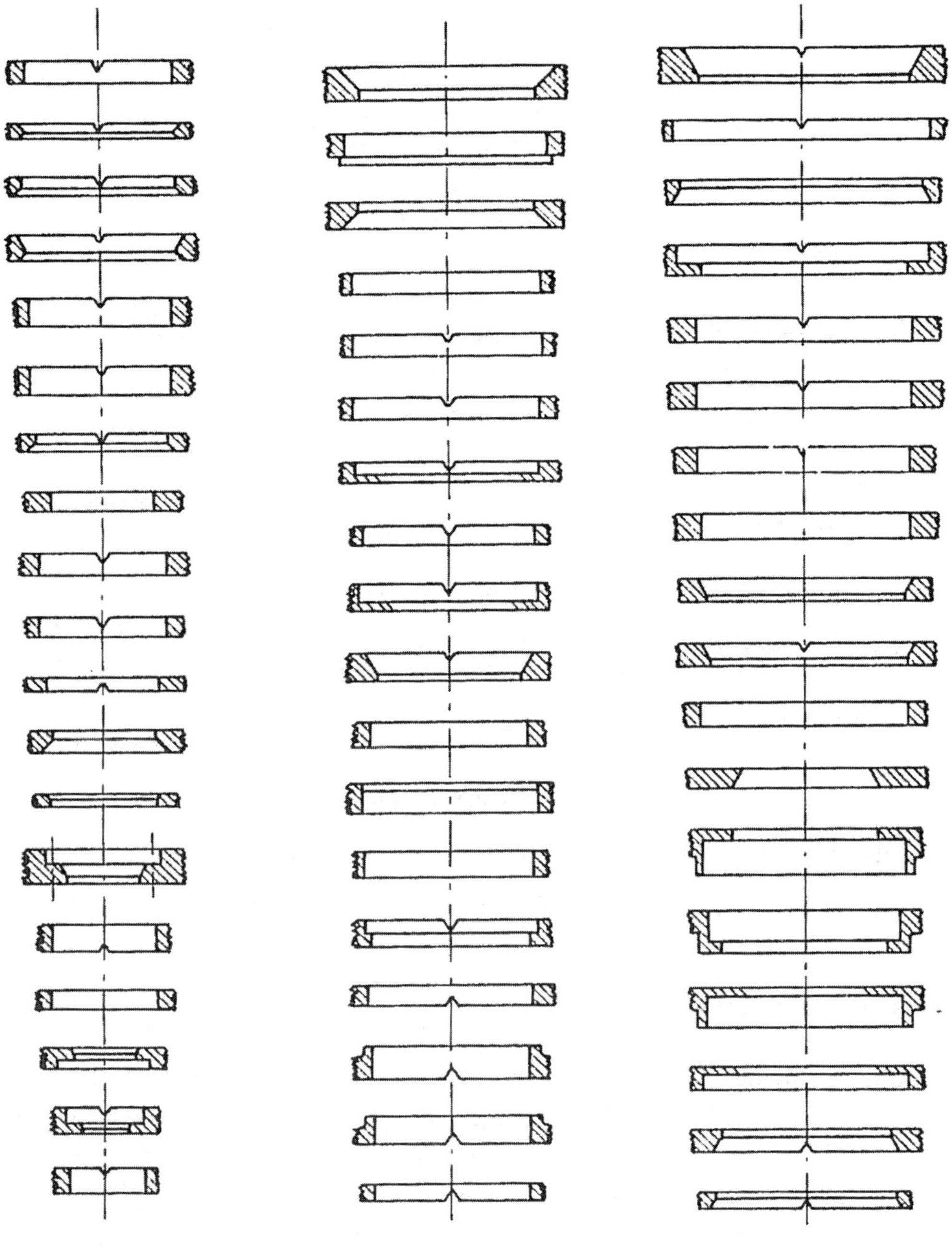

[그림 7.4] 설계 부품군 [20]

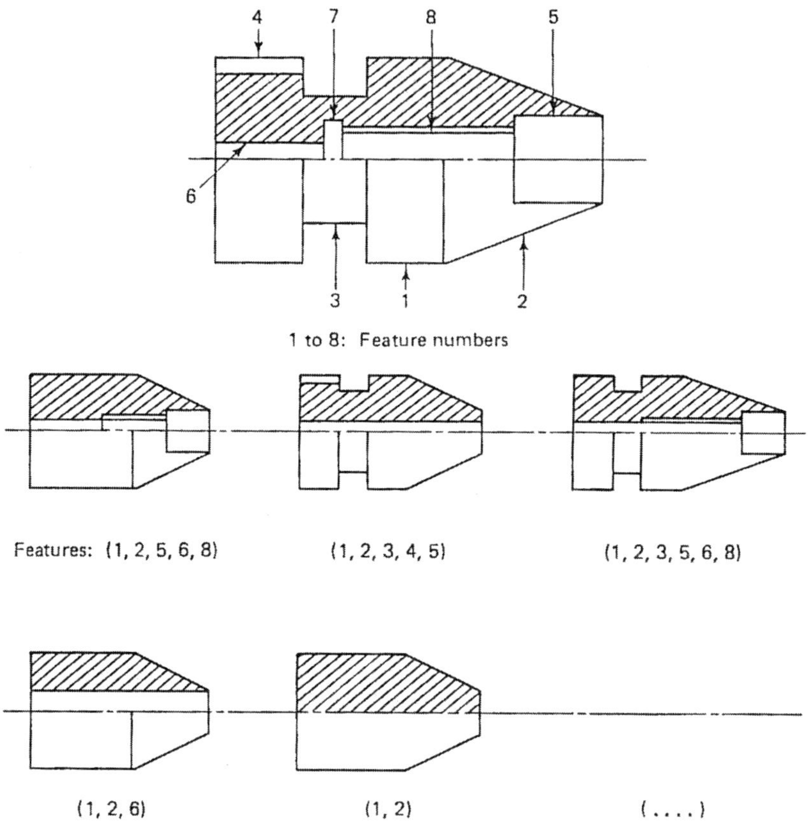

[그림 7.5] 개별부품의 특징형상을 집단화한 복합부품 [20]

제조방법과 관계하는 공정계획에서의 집단화 기술은 모양이 비슷한 것끼리 집단화하는 설계와는 다른 훨씬 더 중요한 의미를 갖는다. 비록 유사한 특징형상이 아닐지라도 제조공정은 유사할 수가 있으므로, 설계도면에서의 가시적인 것에 의한 집단화보다는 도면의 특징형상들을 가공할 수 있는 비가시적인 가공방법들의 유사성을 살펴서 집단화를 하는 기술이다. 그림 7.6의 부품들은 특징형상과 기능으로는 서로 다르지만 가공방법에 있어서는 모두 내부면 보링작업, 정면 밀링작업, 구멍 드릴링작업을 필요로 한다. 따라서 가공방법의 측면에서는 그림 7.6의 부품들을 집단화해야 하며 이들은 생산공정 부품군이라고 한다. 이러한 다양한 부품들일지라도 가공방법의 유사성에 의해 집단화하면 공정계획을 각 집단별로 쉽게 수립할 수 있다. 이런 부품군에 속한 부품은 유사한 공정들로 가공할 수 있으므로 그들을 묶은 하나의 기계그룹 또는 기계셀이 그 부품군을 위해 설치될 수도 있다. 각 기계셀에는 유사한 부품들만 가공되므로 이런 특징은 생산계획이나 생산관리와 통제를 보다 쉽게 하게 한다. 이러한 때 사용하는 설비배치 방법을 그룹별 설비배치라고 한다.

공정계획에서의 집단화 기술을 요약하면 부품의 형상, 가공치수, 가공방법 등이 유사한 부품은 그룹화하여 집단화하고, 생산설비와 치공구들의 그룹화를 적용하여 작업준비시간, 공정과 공정 사이의 운반시간 및 가공을 위한 대기시간을 줄이고, 가공 롯트수를 증가시켜 대량생산방식에 가까운 효과를 얻어 생산성 향상을 꾀하고자 하는 제조철학이다. 다품종소량생산을 위한 뱃치생산형태를 갖는 생산에서는 전통적으로 설계에서부터 생산하기까지의 과정이, 하나의 부품은 오직 하나의 과정을 갖고 전개되는 것으로 인식하여왔다. 하지만 뱃치생산형태에서 가공할 부품들의 설계도와 가공공정들을 정밀하게 조사하여 유사한 부품들을 부품군(Part Family)으로 집단화함으로써, 더욱 효과적인 설계의 합리화와 효율적인 설계 데이터의 검색, 제조의 표준화 및 제조 합리화를 꾀하게 되었고 생산성 향상이 가능하게 되었다.

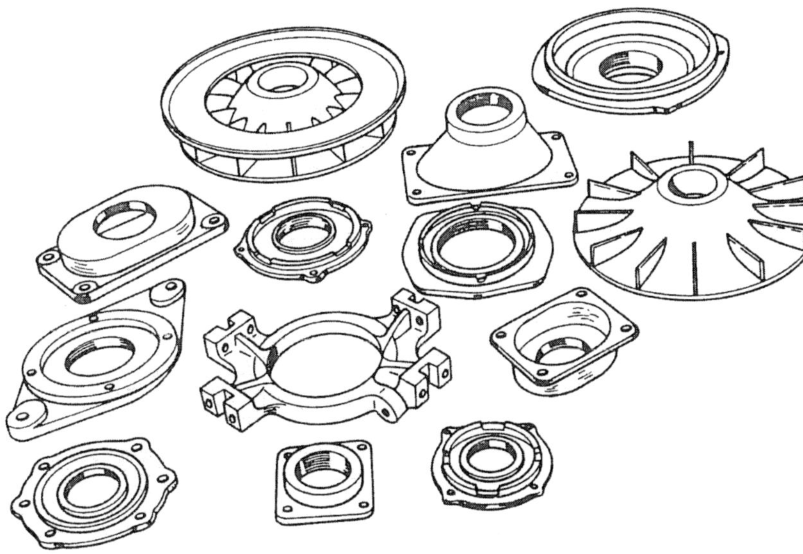

[그림 7.6] 생산공정 부품군

7.2 부품군 형성 기법

다양한 제품을 구성하는 요소들인 다양한 부품들은 유사성의 기준에 따라 집단화를 할 수 있고 그들을 부품군(Part Family : PF)라 한다. 공정계획에서는 설계 및 제조와 관계하므로 주로 설계의 속성 또는 제조의 속성이 유사한 기준에 따라 부품군을 형성한다. 설계의 속성은 특징형상, 크기, 무게, 재료 등이 될 수 있으며, 제조의 속성은 가공공정, 공차, 표면 거칠기, 사용할 기계 등이 제조와 관련된 속성으로 볼 수 있다. 그림 7.7의 (a)와 (b)는 각각 특징형상과 가공공정이 유사한 부품군을 보여주고 있다.

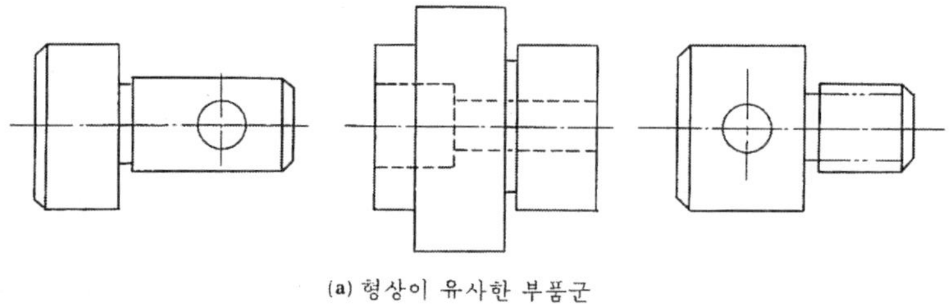

(a) 형상이 유사한 부품군

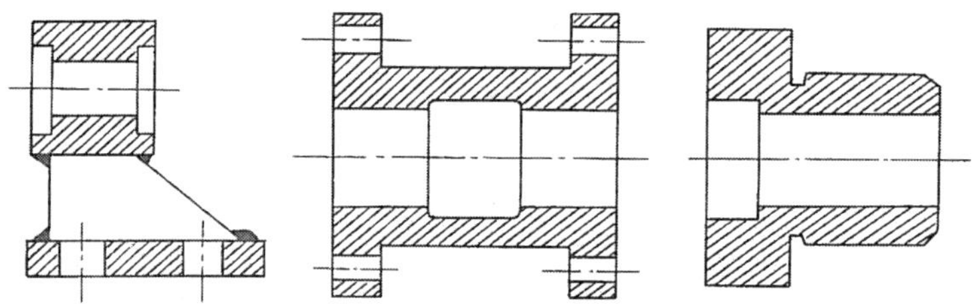

(b) 가공공정이 유사한 부품군

[그림 7.7] 특징형상 및 가공공정이 유사한 부품군

기계부품의 설계 및 생산을 대상으로 부품군을 형성하는 기법으로는 일반적으로 직관적 방법, 분류 및 코딩시스템 방법, 및 생산흐름분석의 세 가지 방법이 있다. 직관적 방법은 가장 경제적이고 간단한 시각적 방법으로서 부품들을 작업자나 집단화하고자하는 사람의 눈으로 확인하여 비슷한 부품들을 집단화하는 방법이다. 따라서 부품들의 개수가 사람의 시야에 들어오지 않을 정도로 많거나 매우 복잡한 경우에는 비효율적인 방법이다. 분류 및 코딩시스템의 방법은 먼저 설계속성이나 제조속성을 파악하여 특징별로 분류 기준을 만들어 놓은 후에, 집단화하고자 하는 부품도면들을 조사하여 정해진 분류기준에 적합한 코드번호를 부여하고, 이들을 부품군으로 집단화하는 방법이다. 이 때 기업이 생산하는 모든 부품에 대한 분류 및 코딩을 하면 도움이 된다. 마지막으로 생산흐름분석은 공정지시서에 있는 가공공정정보 및 가공경로정보들을 사용하여 그들이 같거나 비슷한 경로를 가지는 부품들을 동일한 부품군으로 집단화하는 방법이다. 시각화 방법은 매우 간단하고 기초적인 것이므로 본 절에서는 분류 및 코딩시스템에 의한 방법과 생산흐름분석에 대해 상세히 서술하기로 한다.

7.2.1 분류 및 코딩 시스템

앞에서 잠깐 언급했듯이 분류 및 코딩을 하기 위해서는 먼저 특징별로 기준을 만들고 각 부품들에 대하여 코드번호를 부여해야 한다고 하였다. 이런 작업은 많은 시간, 비용 및 인력이 필요한 작업이다. 그리고 분류 및 코딩의 기준은 각 기업체마다 다를 수 있으므로 기업에 가장 적절한 시스템은 자체 내에서 분류 및 코딩의 기준을 만들어야 하는 어려움이 있다.

공정계획에서의 분류(classification)는 동일한 제품, 기능, 특징형상, 가공방법, 사용기계 등의 속성을 가진 대상끼리 묶는 것을 의미하며 분류대상이 되는 구성요소들에 대한 특성들을 유사성에 의해 모으거나 분리시키는 기법이다. 코드(code)는 구성요소들이 표준형식으로 이미 약속되어있는 방법에 따라 의미가 부여되어 있는 부호나 부호의 집합으로 나타낸 것이다. 분류와 코드를 하는 데 있어서 가져야 할 기본적인 원칙은 다음과 같다. 먼저 분류의 기준으로는 회사가 현재 보유한 기존 부품뿐만 아니라 앞으로의 새로운 부품까지도 고려하는 포괄성을 가져야 한다. 애매함이 없고 중복되지 않도록 분류기준을 잘 정의하여 집단화와 분리를 분명히 할 수 있도록 상호배반의 성질이 있어야 한다. 언제 분류해도 변하지 않는 고유의 특성에 기초할 수 있도록 불변성이 있어야 한다. 미래의 확장이나 기술적인 변화에 적응하도록 확장가능성이 있어야 한다. 각 부서나 한 부서의 사용자의 요구사항에 맞도록 사용의 적합성의 성질을 가져야 한다. 코드의 구성 원칙으로는 첫 째로 가능한 한 짧게 한다. 왜냐하면 짧을수록 사용자의 잘못이 줄어들기 때문이다. 그리고 숫자만으로 구성된 코드는 작업자가 사용할 때 오류가 적으므로 가능하면 숫자로만 구성하도록 하고, 영문자와 숫자가 합쳐진 영숫자 형태(Alphanumeric type)는 가능하면 피하도록 한다. 자리수는 고정이 되도록 하고 각 자리수에서의 코드형식도 고정이 되어 작업자가 코딩시 헷갈리거나 어려워하지 않도록 한다.

(1) 설계 및 제조 속성 분류

분류 및 코딩에서 가장 바람직한 시스템은 앞에 언급한 원칙에 따라 간결하고 정확하고 분명하게 대상요소를 코딩하고, 원하는 목표에 적합하도록 분류할 수 있는 시스템이다. 분류에만 제한하여 볼 때, 생산시스템에서 갖는 분류의 형식은 생산대상에 따른 제품, 기능, 특징형상, 설계, 또는 가공기술에 관한 분류로 나눌 수 있다. 공정계획은 설계와 제조를 링크하는 교량역할을 하므로, 설계에서의 분류와 제조방법에 관계하는 분류의 내용들을 살펴본다.

설계 속성에 의한 분류는 기본적인 외부형상, 내부형상, 길이, 직경 및 이들의 비, 재료의 종류, 기능 등의 속성을 가지며, 제조방법에 따른 분류는 주요공정, 보조공정, 공차, 표면 거칠기, 길이와 지름의 비, 가공순서, 작업 등의 속성을 가진다. 표 7.1은 부품에 나타날 수 있는 설계의 속성과 제조의 속성들을 요약한 표이다.

(2) 코딩 시스템

기계부품을 대상으로 한 코딩은 부품이 갖고 있는 설계 및 제조의 특징을 명시하기 위하여, 사전에 이미 약속된 대로 각 자리수에 부품의 특징을 나타내는 코드를 부여하는 과정이다. 코딩 시스템은 각 자리수의 코드를 관계있는 코드로 할 것인가, 또는 자리수들이 서로 상관없도록 코드의 의미를 부여할 것인가에 따라 다르며, 기본적인 구조는 다음과 같이 세 가지로 분류한다.

[표 7.1] 분야별 속성 내용

분야	부품의 속성 내용
설계	· 기본적인 외부 형상 · 기본적인 내부 형상 · 길이와 직경의 비 · 재료의 종류 · 부품의 기능 · 외부 주요치수 · 보조 치수 · 치수공차 · 표면 거칠기
제조	· 주요 공정 · 보조 공정 · 외부 주요치수 · 길이와 직격의 비 · 표면다듬질정도 · 공작기계 · 가공순서 · 작업 · 절삭공구 · 가공시간 · 생산롯트크기 · 연간 생산량 · 사용 치공구 · 치수공차 · 기하공차

01 계층형 코드 (Hierarchical Code)

계층형 코드는 자리수를 구성하고 있는 각 코드의 의미가 앞 자리수의 코드에 따라서 결정이 되는 종속적인 관계를 갖도록 구성한 코드이며, 종속적 코드 또는 모노코드(Monocode)라고 부른다. 계층형 코드를 보여주는 예는 그림 7.8과 같다.

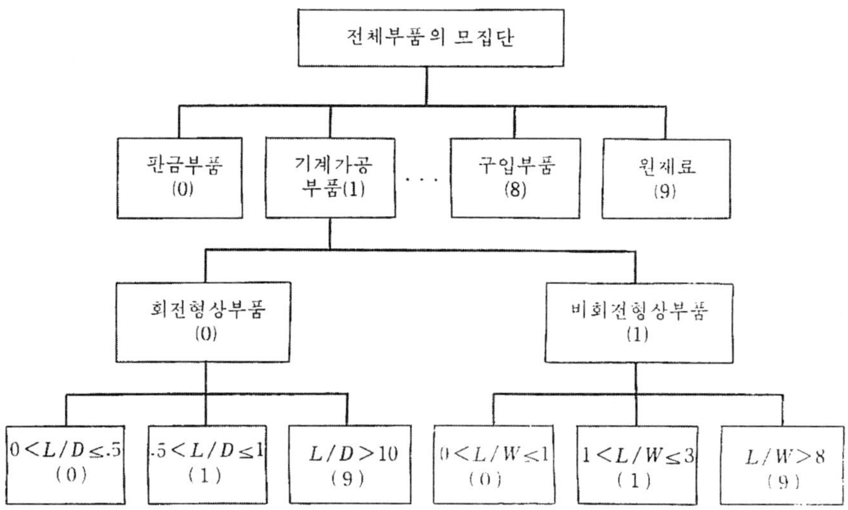

주) (1) L = 길이, D = 직경, W = 폭
(2) 예로서, $L/D > 10$ 보다 큰 회전형상의 기계가공부품은 코드 "109"를 가진다.
(3) ( ) 속의 숫자는 코드의 부호를 나타낸다.

[그림 7.8] 계층형 코드의 예

그림 7.8에서 2종류의 코드, 100과 110을 살펴보자. 두 가지 코드 모두 3번째 자리수의 코드가 0으로서 같은 데, 그 의미는 서로 다르다. 코드 100에서의 0은 앞 자리수의 코드가 0이므로 회전형상 부품이면서 길이 대 직경의 비가 0보다 크고

5보다 작거나 같은 값의 범위를 가진 부품을 의미한다. 코드 110에서의 0은 앞 자리수의 코드가 1이므로 비회전형상 부품이면서 길이 대 너비의 비가 0보다 크고 1보다 작거나 같은 값을 가지는 크기의 부품을 의미한다. 이와 같이 계층형 코드는 각 코드의 의미가 앞 자리수의 코드의 의미에 따라서 달라지므로 코딩할 때 앞 자리수를 보면서 해석해야 한다. 따라서 코드의 생성에 어려움이 있고 해석할 때 앞 자리수의 의미를 살펴야 하므로 복잡하다. 하지만 비교적 짧은 자리수의 코드로 많은 양의 정보를 담아낼 수 있는 장점도 있다.

02 고정형 코드(Fixed-Digit Code)

고정형 코드는 각 자리수의 코드의 의미가 앞 자리수의 코드의 의미에 영향을 받지 않고 항상 자신만의 고유한 의미를 가지며 따라서 각 자리수의 코드는 서로 독립적인 특징을 갖는다. 독립적 코드 또는 폴리코드(Polycode)라고 부르기도 한다. 그림 7.9는 고정형 코드의 구조를 보여주는 예이다.

제 1 행	제 2 행	제 3 행	제 4 행
0	0	0	0
1	1	1	1
2	2	2	2
3	3	3	3
4	4	4	4
5	5	5	5
6	6	6	6
7	7	7	7
8	8	8	8
9	9	9	9

[그림 7.9] 고정형 코드의 예

그림 7.9에서 2종류의 코드 1463과 2513에 대해 살펴보자. 두 개의 코드에서 네 번째 자리수의 코드가 모두 3이다. 하지만 이 3의 의미는 두 개의 코드에서 모두 같다. 즉, 네 번째 자리수의 3은 앞 자리수에 영향을 받지 않고 고유의 의미를 가지는 것이다. 이와 같은 구조의 고정형 코드는 계층형 코드에 비해 이해하고 개발하기가 쉽고 적용하기 쉬운 장점이 있으나, 많은 양의 정보를 코드로 나타내기 위해서는 코드의 구성요소를 증가시켜야 한다는 단점이 있다. 예를 들면, 두 개의 자리수로 구성된 코딩 시스템에서 각 자리수는 0부터 9까지의 숫자만을 사용해서 코딩한다고 할 경우에 계층형 코드는 100개의 정보로 분류하여 저장할 수 있으

나, 고정형 코드에서는 분류할 수 있는 정보가 20개 밖에 되지 않는다. 따라서 정보의 저장이 계층형이 훨씬 많은 정보를 저장할 수 있음을 알 수 있다.

03 혼합형 코드(Mixed-mode Code)

혼합형 코드는 계층형 코드와 고정형 코드가 섞여져서 코드를 구성한 형식으로, 대부분의 집단화 기술에서 사용한 코드는 이 구조를 사용하고 있다. 혼합형 코드는 멀티코드(Multicode)라고도 한다.

코딩 시스템을 구성한 자리수는 코딩하고자 하는 대상의 정보가 많고 적음에 따라 달라질 수 있으나, 기계가공부품을 대상으로 할 경우에는 대략적으로 6 자리수 에서부터 30 자리수 사이로 구성하면 적합하다. 설계에 목적을 둔 분류 및 코딩 시스템은 12 자리수 이하로도 충분하며, 설계와 제조를 겸하여 사용할 목적으로는 20 자리수에서 30 자리수 사이로 구성을 하면 필요한 정보들을 잘 분류하고 코딩할 수 있다.

(3) 분류 및 코딩 시스템의 예

공정계획을 위한 부품의 분류 및 코딩 시스템은 주로 설계 및 제조 분야에서 필요로 하는 것으로서, 다양한 부품들에 대한 집단화를 위해 코드 정보로 변환하는 데 중요한 역할을 해 왔다. 지금까지 수십 종류 이상의 분류 및 코딩 시스템이 개발되어 왔는데, 이들 중 설계 분야에서의 적용을 살펴보면 유사한 부품들의 설계 검색을 쉽게 하기 위하여 형상의 유사성을 중요하게 고려하여 표현하였고, 제조분야에서는 제조공정에 대한 유사성을 중점적으로 고려하여 분류 기준을 개발하였다.

지금까지 개발된 분류 및 코딩 시스템들 중 대표적인 것은 집단화 기술의 효시로 널리 알려진 서독의 Aachen 공대에서 개발한 Opitz시스템이고, 앞서 언급한 그림 7.1은 이 시스템의 기본 구조를 나타내고 있다. 그림에서 보듯이 기본 구조의 내용은 먼저 부품의 전반적인 형상이 제 1행에 분류되어 있고, 제 2행부터 5행까지는 외부면 및 내부면의 형상과 평면가공에 대한 형상 정보, 그리고 보조구멍 가공과 기어 이의 가공에 대한 분류 기준을 내용으로 하고 있다. 6행에는 치수 정보, 7행에는 재료 정보, 8행에는 소재의 형상 정보, 그리고 9행에는 가공 정밀도에 대한 분류 기준을 내용으로 하고 있다. 즉, 처음 다섯 자리 수에는 기본 형상에 관계하는 분류에 따른 코드이고, 나머지 네 개의 자리 수에는 제조의 속성과 관계하는 보조코드가 주어짐을 알 수 있다. 그림 7.10에는 형식코드의 내용으로 제1행에는 회전형상부품에 대한 분류와 제2행부터 5행까지는 가공형상의 내용을 분류해 놓고 있다. 그림 7.11과 같은 예제에 Opitz 시스템을 적용해 본다.

이 부품을 Opitz 시스템에 적용하면 가장 긴 길이 1,500과 큰 지름 1,000의 비는 1.5이므로 첫 번째 자리 수의 코드는 1이 된다.

자리 수 1

<table>
<tr><th colspan="3">부품등급</th></tr>
<tr><td>0</td><td rowspan="5">회전부품</td><td>L/D≦ 0.5</td></tr>
<tr><td>1</td><td>0.5<L/D<3</td></tr>
<tr><td>2</td><td>L/D≧3</td></tr>
<tr><td>3</td><td></td></tr>
<tr><td>4</td><td></td></tr>
<tr><td>5</td><td rowspan="5">비회전부품</td><td></td></tr>
<tr><td>6</td><td></td></tr>
<tr><td>7</td><td></td></tr>
<tr><td>8</td><td></td></tr>
<tr><td>9</td><td></td></tr>
</table>

자리 수 2

<table>
<tr><th colspan="3">외형, 외형요소</th></tr>
<tr><td>0</td><td colspan="2">평탄하고 외형요소 없음</td></tr>
<tr><td>1</td><td rowspan="3">한끝계단 또는 단면가공</td><td>외형요소없음</td></tr>
<tr><td>2</td><td>나사</td></tr>
<tr><td>3</td><td>기능적 홈</td></tr>
<tr><td>4</td><td rowspan="3">두끝계단</td><td>외형요소없음</td></tr>
<tr><td>5</td><td>나사</td></tr>
<tr><td>6</td><td>기능적 홈</td></tr>
<tr><td>7</td><td colspan="2">기능적 원추</td></tr>
<tr><td>8</td><td colspan="2">동작나사</td></tr>
<tr><td>9</td><td colspan="2">기타</td></tr>
</table>

자리 수 3

<table>
<tr><th colspan="3">내부 형상, 내부형상요소</th></tr>
<tr><td>0</td><td colspan="2">구멍 없슴,
돌출구 없슴</td></tr>
<tr><td>1</td><td rowspan="3">한끝계단 또는 단면가공</td><td>외형요소없음</td></tr>
<tr><td>2</td><td>나사</td></tr>
<tr><td>3</td><td>기능적 홈</td></tr>
<tr><td>4</td><td rowspan="3">두끝계단</td><td>외형요소없음</td></tr>
<tr><td>5</td><td>나사</td></tr>
<tr><td>6</td><td>기능적 홈</td></tr>
<tr><td>7</td><td colspan="2">기능적 원추</td></tr>
<tr><td>8</td><td colspan="2">동작나사</td></tr>
<tr><td>9</td><td colspan="2">기타</td></tr>
</table>

[그림 7.10] Opitz 시스템의 형식코드의 세부 내용 (계속)

자리 수 4

평면기계화	
0	표면 기계화 없음
1	한 방향으로 바깥쪽에 평면 또는 곡먼
2	원주상 눈금 긋기와 관련된 외면
3	외부 홈이나 슬롯
4	외부 스플라인(다각형)
5	외면 또는 슬롯, 외부 스플라인
6	내면 또는 슬롯
7	내부 스플라인(다각형)
8	내부 및 외부 다각형, 홈 또는 슬롯
9	기타

자리 수 5

보조구멍과 치형		
0	치형 없음	보조구멍 없음
1		피치원 직경 아닌 축 방향
2		피치원 직경 상의 축방향
3		피치원 직경 아닌 반경 방향
4		축방향, 반경방향, 기타방향
5		축방향, 반경방향, 기타방향의 피치원 방향
6	치형	스퍼기어치형
7		베벨기어치형
8		기타기어치형
9		기타

[그림 7.10] Opitz 시스템의 형식코드의 세부 내용

이 부품의 전체 윤곽에 따른 형상을 보면 최고 지름의 원통을 기준으로 양 쪽으로 작은 지름이 형성되어 계단모양으로 구성된다. 그리고 왼 쪽에 나사가 있으므로 두 번째 자리 수의 코드는 5가 된다. 나머지 3,4,5자리 수의 코드도 동일한 방법으로 적용하면 100이 되고, 종합하면 그 결과는 15100이 됨을 알 수 있다.

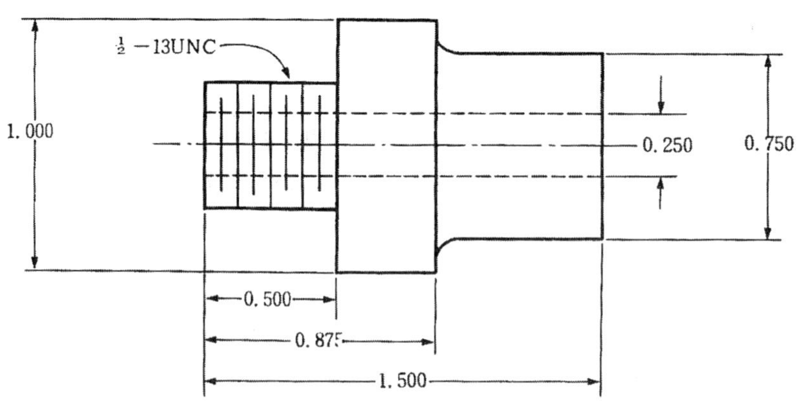

[그림 7.11] 분류 및 코딩시스템을 위한 예제 부품

또 다른 대표적인 분류 및 코딩 시스템의 예는 일본기계진흥협회에서 개발한 KK-3시스템이다. 이 시스템은 범용 분류 및 코딩 시스템으로, 주로 금속 절삭 및 연삭가공부품을 대상으로 하며, 그림 7.2에서 보았듯이 21자리 수와 각 자리 수에 0부터 9까지의 코드를 갖는 분류 형태로 되어있다. 이 시스템은 매우 상세한 부품정보들을 코드에 표현하는 데, 예로서 그림 7.12에는 하나의 예제 부품과 그림 7.13에는 KK-3 시스템을 적용한 코드를 나타내고 있다. 특히 5번 자리 수부터 17번 자리 수까지의 내용을 살펴보면 부품의 형상 및 제조공정과 관련된 정보들을 상세히 표현하고 있음을 알 수 있다.

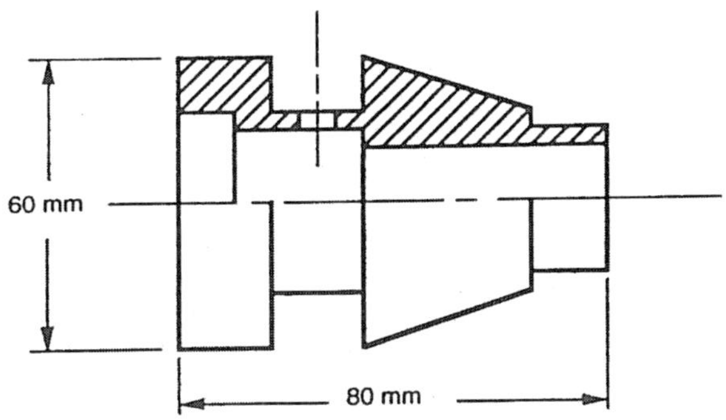

[그림 7.12] KK-3 시스템의 적용을 위한 예제 부품

Code digit	Item	Component condition	Code
1	Name	Control valve	0
2		Others	9
3	Materials	Copper bar	7
4			5
5	Dimension length	80 mm	2
6	Dimension diameter	60mm	2
7	Primary shape and ratio of chief dimension	L/D 1.3	2
8	External surface	With functional tapered surface	3
9	Concentric screw	None	0
10	Functional cut-off	None	0
11	Extraordinary shaped	None	0
12	Forming	None	0
13	Cylindrical surface>3	None	0
14	Internal primary	Piercing hole with dia. Variation, no cut-orf	2
15	Internal curved surface	None	0
16	Internal flat surface	None	0
17	End surface	Flat	0
18	Regularly located hole	Holes located on circumferential line	3
19	Special hole	None	0
20	Non-cutting process	None	0
21	Accuracy	Grinding process on external surface	4

[그림 7.13] KK-3 분류 및 코딩 시스템의 적용

이상과 같은 분류 및 코딩 시스템 외에도 4개의 자리 수로 구성된 VUOSO - PRAHA 시스템, 12개의 자리 수를 사용한 MICLASS 시스템과 이것을 더욱 발전시킨 MULTICLASS II 시스템, 그리고 DCLASS 시스템 등이 개발되었다. 이들은 각자에게 주어진 목적에 따라 개발된 것이므로 기업의 입장에서는 자사에서 생산하는 부품의 종류와 형상에 따라서 자사에 적합한 시스템을 개발하여 사용하는 것이 좋다.

7.2.2 생산흐름분석(Production Flow Analysis : PFA)

생산흐름분석은 사실 공정계획을 위해서 사용되는 기법이기보다는 공정계획을 완료한 후의 공정(작업) 지시서를 바탕으로, 지시서에 주어진 정보를 이용하여 부품군을 형성하고, 부품군에 속한 부품들을 가공할 기계그룹을 형성하는 기법이다. 즉, 부품들의 집단(부품군)과 기계들의 집단(기계그룹)을 형성하는 기법이다. 이 방법은 그림 7.14의 흐름도와 같이, 크게 4단계로 나누어 공장에서의 생산 흐름을 분석하는데, 첫 번째는 공장흐름분석이다. 이것은 한 공장에서 생산하는 부품들을 각 생산분야별로 부서별로 나누어 이동경로를 분석하는 흐름 다이어그램(Flow Diagram)을 작성한다. 두 번째는 그룹 분석인데, 여기서는 생산부서에서 형성한 부품과 기계간의 행렬표를 사용하여 부품군과 기계그룹을 결정하는 것이다. 세 번째는 라인분석인데, 이는 형성된 각 기계그룹 내에 속한 기계와 기계 사이의 자재흐름과 기계들의 최적배치에 관한 계획을 수립하는 것이다. 네 번째는 툴링 분석인 데, 여기서는 부품을 가공하는 공구집단과 장착 및 탈착의 최적순서를 분석하여 계획을 수립하는 것이다. 생산흐름분석은 부품군을 형성하는 데 제조데이터를 사용하는 데, 형상을 다르나 제조공정이 유사한 경우와 형상은 유사하나 제조공정이 다른 경우의 단점을 해결할 수 있다. 하지만 생산흐름분석의 입력자료는 공정 지시서이므로 공정 지시서의 신뢰 정도에 따라 생산흐름분석의 정확성이 좌우된다고 하겠다.

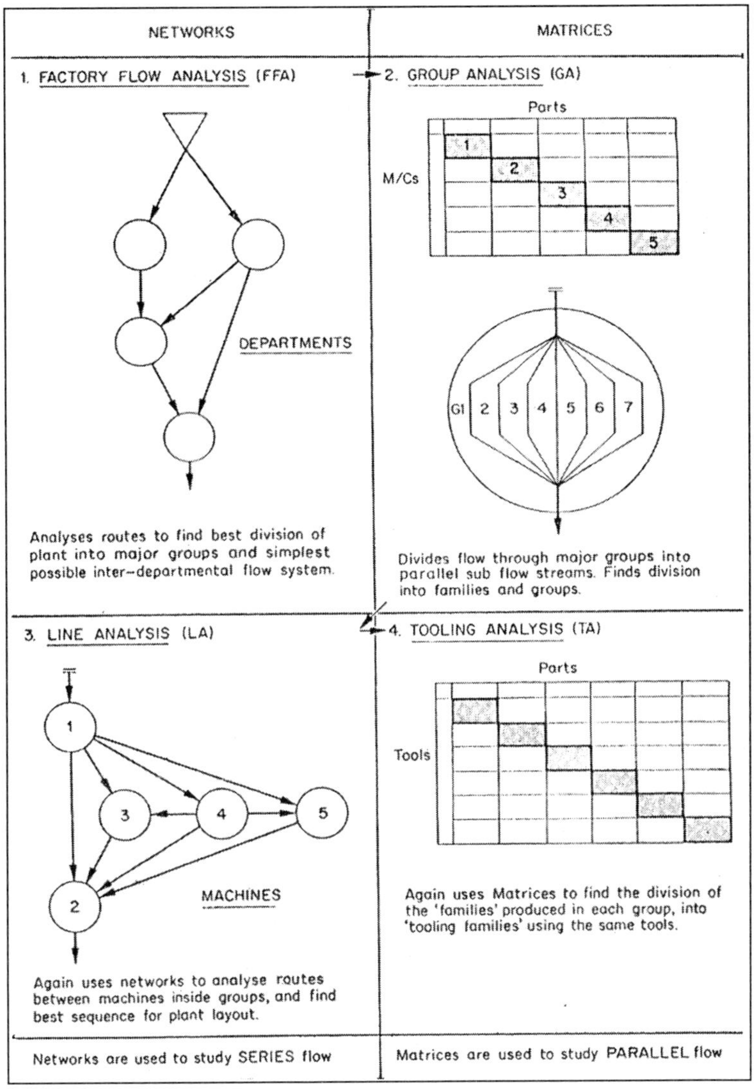

[그림 7.14] PFA의 단계별 흐름도 [21]

7.2.3 집단화 기법(Group Formation Techniques)

(1) 클러스터링 방법(Clustering method)

클러스터링 방법은 1972년에 J. McAuley가 제안한 방법으로 2단계를 사용한다.[60] 첫 번째 단계에서는 기계와 부품의 행렬에서 상호 종속성을 나타내는 유사성 계수인 Sij 를 다음과 같이 정의한다. 즉, Sij = Nij / (Nij+Mij).

여기서, Nij는 두 기계 i와 j에서 모두 가공되는 부품들의 개수를 의미하고, Mij 는 두 기계 i와 j 중 하나의 기계에서만 가공되는 부품의 개수를 의미한다.

다음 표 7.2와 같이 3대의 기계(m/c)에서 가공되는 5개의 부품(p)들이 주어졌을 때 기계들 상호간의 유사성 계수를 계산하면 다음과 같다.

S_{12} = 2/(2+2) =0.5, S_{13} = 2/(2+3) = 0.4, S_{23} = 3/(3+1) = 0.75이다.

[표 7.2] 유사성 계수를 위한 행렬

m/c \ p	1	2	3	4	5
1	0	1	1	1	0
2	0	1	1	0	1
3	1	1	1	0	1

두 번째 단계에서는 Sij 값을 근거로 단일연결 클러스터분석(Single linkage cluster analysis)을 적용하여 기계들을 집단화한다. 단일연결 클러스터분석은 두 클러스터 사이에 어떻게 유사성을 정의할 것인가를 해석한 것으로 클러스터 내의 모든 요소들 사이에서 가장 큰 값을 갖는 유사성 값을 두 클러스터 상호간의 유사성으로 정의하였다.

다음의 표 7.3과 같이 10종류의 기계와 8개의 부품을 대상으로 상호 간의 가공 관계를 나타내는 행렬이 주어졌을 때, 클러스터링 방법을 적용해 본다.

표의 각 행렬에서의 숫자 영(0)은 기계에서 가공되지 않는 부품을 의미하며, 숫자 일(1)은 기계에서 가공되어야 할 부품을 의미한다. 예를 들면 1번 기계는 부품 1, 3, 6, 8번을 가공해야 함을 의미하며, 다른 부품들은 1번 기계에서는 가공되지 않는 부품들이다. 따라서 행렬을 잘 조작하여 그룹화를 하면 기계에서 가공되는 부품들을 집단화할 수 있다.

[표 7.3] 8개의 부품과 10대의 기계 행렬의 예

기계 \ 부품	1	2	3	4	5	6	7	8
1	1	0	1	0	0	1	0	1
2	1	0	0	0	0	1	0	0
3	0	1	0	0	1	0	0	1
4	1	0	1	0	0	1	0	0
5	0	0	0	1	0	0	1	0
6	0	1	0	0	1	0	0	1
7	0	0	0	0	1	0	0	1
8	1	0	1	0	0	1	0	0
9	0	0	0	1	0	0	1	0
10	0	1	0	0	0	0	1	0

표 7.3의 행렬의 기계-부품 간의 데이터를 사용하여 기계 상호간의 유사성 계수를 계산한다. S_{12} = 2/(2+2) =0.5, S_{13} = 1/(1+5) = 0.17 등으로 계산하면, Sij = 1인 기계들은 기계그룹 (4,8), (3,6), (5,9)이다. 다음으로 유사성계수가 0.75가 되는 기계그룹은 (1,4) 또는 (1,8)이므로 이들은 합쳐서 (1,4,8)이 된다. 계속해서 각 기계들의 유사성 계수를 다 구하고, '단일연결 클러스터분석'을 적용하면 그림 7.15와 같은 덴드로그램(dendrogram)을 그릴 수 있다.

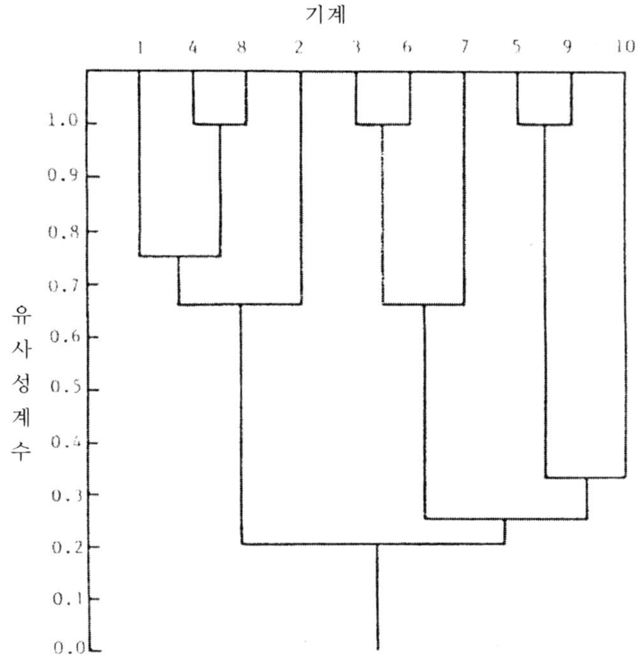

[그림 7.15] 유사성계수를 이용한 덴드로그램

유사성 계수 값을 계산한 후 덴드로그램을 그리는 절차를 살펴보면 가로축에는 기계번호를 기입하는 데 기계들 상호간의 유사성 계수가 큰 기계들을 서로 이웃하도록 기입한다. 세로축에는 유사성 계수 값을 큰 값부터 작은 값의 순서로 기입한다. 이상의 순서로 덴드로그램을 작성한 후 기계그룹을 구하게 된다. 즉, 기계그룹은 덴드로그램 상에 수평선을 상하로 이동하여, 원하는 기계그룹의 개수에 적합한 접점의 수를 찾음으로써 구할 수 있다. 그 결과는 표 7.4와 같다.

[표 7.4] 기계그룹 개수에 소속한 기계

일련 번호	그룹수	기계그룹 후보군
1	10	한 그룹이 한 기계
2	7	(1) (2) (3,6) (4,8) (5,9) (7) (10)
3	6	(1,4,8) (2) (3,6) (5,9) (7) (10)
4	4	(1,2,4,8) (3,6,7) (5,9) (10)
5	3	(1,2,4,8) (3,6,7) (5,9,10)
6	2	(1,2,4,8) (3,5,6,7,9,10)
7	1	(1,2,3,4,5,6,7,8,9,10)

(2) 랭크순서에 의한 집단화 방법

랭크순서 집단화 방법(Rank Order Clustering Method : ROC 기법)은 킹[61]에 의해 제안된 단순하고 효과적인 집단화를 위한 방법으로, 유사성 계수를 계산하지 않고 기계와 부품 간의 행렬에 ROC 알고리즘을 적용하여 기계그룹과 부품군을 형성하는 방법이다. ROC 알고리즘은 먼저 주어진 행렬에서의 각 행과 각 열의 값을 십진수 값으로 계산한다. 계산하는 방법은 각 행렬의 우측과 아래쪽을 가장 낮은 이진수로 좌측과 위쪽을 가장 큰 이진수로 인식하고, 각 행과 열에서의 0 또는 1의 값을 이진수와 곱하고, 곱한 값들을 더하고 순서를 정하여 집단화를 수행하는 방법이다. 구체적인 단계별 내용은 다음과 같다.

- [단계 1] 기계-부품 행렬에서 각 행에 대하여, 2진수로 셀 엔트리의 값을 읽고 이들을 더한다. 각 행들의 값을 비교하여 큰 값부터 작은 값의 순서로 순위를 매긴다. 만일 비교한 값이 서로 같으면, 그 순위는 그대로 유지하게 한다.
- [단계 2] 현재의 행렬에서 행들의 순위가 직전에 구한 행들의 순위와 같으면 멈춘다. 같지 않으면 [단계 3]으로 간다.
- [단계 3] 행들에 대하여 큰 값부터 작은 값으로 감소시키는 순서로 행렬을 재배열한다. 기계-부품 행렬에서 각 열에 대하여, 2진수로 셀 엔트리의 값을 읽고 이들을 더한다. 각 열에서의 값을 서로 비교하여 큰 값부터 작은 값의 순서로 순위를 매긴다. 만일 비교한 값이 서로 같으면, 그 순위는 그대로 유지하게 한다.
- [단계 4] 현재의 행렬에서 열들의 순위가 직전에 구한 열들의 순위와 같으면 멈춘다. 같지 않으면 [단계 5]로 간다.
- [단계 5] 열들에 대하여 큰 값부터 작은 값으로 감소시키는 순서로 행렬을 재배열한다. [단계 1]로 간다.

이상의 ROC 기법을 앞서 예제로 적용한 표 7.3과 동일한 부품-기계 행렬인 8개의 부품과 기계 10대의 행렬에 적용해 본다.

- [단계 1] 부품-기계 행렬에서 각 행에 대한 2진수의 가중치를 곱한 후, 이들을 더한 십진수 값을 표 7.5의 행렬의 우측에 기입한다. 예를 들면, 첫 번째 행의 2진수는 10100101이므로 $1 \times 2^7 + 0 \times 2^6 + 1 \times 2^5 + 0 \times 2^4 + 0 \times 2^3 + 1 \times 2^2 + 0 \times 2^1 + 1 \times 2^0 = 165$의 값이 십진수 값으로 계산된다. 다른 행들도 동일한 방법으로 십진수 값을 계산하여 우측에 기입한다. 이들 십진수 값의 순위는 가장 우측에 기입된다.

[표 7.5] [단계 1]의 적용

부품 / 기계	1	2	3	4	5	6	7	8	십진수	순위
1	1		1			1		1	165	1
2	1					1			132	4
3		1			1			1	73	5
4	1		1			1			164	2
5				1			1		18	8
6		1			1			1	73	6
7					1			1	9	10
8	1		1			1			164	3
9				1			1		18	9
10		1					1		66	7
2진수 가중치	2^7	2^6	2^5	2^4	2^3	2^2	2^1	2^0		

- [단계 2] 단계 1의 결과로 얻은 표 7.5에서의 기계의 순위가 현재의 행의 순서와 다르므로 단계3으로 간다.
- [단계 3] 행들을 감소하는 순서대로 재배열하여 표 7.6과 같은 결과를 얻는다. 열들에 대한 2진수 가중치를 곱하여 이들을 더한 십진수 값을 계산하여 행렬의 가장 아래칸에 작성하였다. 열들에 대한 순위는 십진수 값의 바로 아래에 매겨져 있다.
- [단계 4] 단계 3에서 막 결정한 순서가 현재의 열들의 순서와 다르다.
- [단계 5] 열들에 대하여 감소하는 순서로 재배열하고, 그 결과는 표 7.7과 같다.
- [단계 1] [단계 2] [단계 3]을 적용한 결과는 표 7.8과 같다.
- [단계 4] [단계 5]를 적용한 결과는 표 7.9와 같고, 직전의 순위와 동일하다. 멈춘다.

[표 7.6] [단계 3]의 결과

부품 기계	1	2	3	4	5	6	7	8	2진수 가중치	
1	1		1			1		1	2^9	
4	1		1			1			2^8	
8	1		1			1			2^7	
2	1					1			2^6	
3		1			1			1	2^5	
6		1			1			1	2^4	
10		1					1		2^3	
5				1			1		2^2	
9				1			1		2^1	
7					1			1	2^0	
십진수	960	56	896	6	49	960	14	560		
순위	1	5	3	8	6	2	7	4		

[표 7.7] [단계 5]의 결과

부품 기계	1	6	3	8	2	5	7	4	십진수	순위
1	1	1	1	1					240	1
4	1	1	1						224	2
8	1	1	1						224	3
2	1	1							192	4
3				1	1	1			28	5
6				1	1	1			28	6
10					1		1		10	8
5							1	1	3	9
9							1	1	3	10
7				1		1			20	7
십진수										
순위										

[표 7.8] [단계 3]의 결과

부품 기계	1	6	3	8	2	5	7	4	십진수	순위
1	1	1	1	1						
4	1	1	1							
8	1	1	1							
2	1	1								
3				1	1	1				
6				1	1	1				
7				1		1				
10					1		1			
5							1	1		
9							1	1		
십진수	960	960	896	568	52	56	7	3		
순위	1	2	3	4	6	5	7	8		

[표 7.9] [단계 4], [단계 5]의 결과

부품 기계	1	6	3	8	5	2	7	4	십진수	순위
1	1	1	1	1					240	1
4	1	1	1						224	2
8	1	1	1						224	3
2	1	1							192	4
3				1	1	1			28	5
6				1	1	1			28	6
7				1	1				24	7
10						1	1		6	8
5							1	1	3	9
9							1	1	3	10
십진수										
순위										

(3) ROC 2 기법

앞에서 언급한 랭크순서 집단화 방법은 대상이 되는 부품과 기계의 종류가 많아지면 2진수 값들을 계산할 때 많은 시간이 소요된다는 단점이 있다. ROC(Rank Order Clustering)2 기법은 이러한 단점을 보완하고자 킹과 나콘차이(V. Nakornchai)가 개발한 기법으로 알고리즘의 절차는 다음과 같다.

- [단계 1] 마지막 열번호부터 처음 열번호까지 다음을 반복하여 행(기계)들을 재배열한다. 즉, 엔트리를 가진 행들의 위치를 여러 행들 중 가장 위쪽으로 옮겨서 위치를 정해준다. 2개 이상의 행들이 엔트리를 가지면 그들의 순서는 그대로 유지하면서 행들의 위치를 위쪽으로 옮긴다.
- [단계 2] 마지막 행부터 첫 번째 행까지 다음을 반복하여 열(부품)들을 재배열한다. 즉, 엔트리를 가진 열들의 위치를 여러 열들 중 가장 왼쪽으로 옮겨서 위치를 정해준다. 2개 이상의 열들이 엔트리를 가지면 그들의 순서는 그대로 유지하면서 열들의 위치를 왼쪽으로 옮긴다.
- [단계 3] 재배열한 열들이 직전의 열들과 순서가 동일하면 부품군과 기계그룹을 형성한다. 멈춘다. 순서가 바뀌어 재배열이 되었으면 [단계 1]로 간다.

이상의 ROC 2 기법을 5대의 기계와 7개의 부품으로 구성된 아래의 표 7.10과 같은 행렬에 적용해 본다.

[표 7.10] ROC 2 기법의 적용 예

기계 \ 부품	1	2	3	4	5	6	7
1		1		1	1	1	
2	1		1				
3	1		1				1
4		1		1		1	
5	1						1

- [단계 1] 행들을 재배열하는 데, 마지막 열부터 첫 번째 열까지 엔트리가 있는 행들을 옮긴다. 이러한 이동을 간편하게 하기 위하여 표 7.11과 같이 가장 좌측에 마지막 열번호부터 첫 번째 열번호까지 작성하고 각 열에서 관계하는 행들을 좌측으로 이동시킨다. 첫 번째 열까지 반복적으로 작업을 한 후, 그 결과를 보면 행들의 순서가 바뀐 것을 알 수 있다.
- [단계 2] 열들을 재배열할 때에도 [단계 1]과 동일한 방법으로 적용한다. 따라서 표 7.12와 같이 좌측에 마지막 행번호부터 첫 번째 행번호까지 작성하고, 각 행에 관계하는 열들

을 좌측으로 이동시킨다. 첫 번째 행까지 작성하고 각 행에 관계하는 열들을 좌측으로 이동시킨다. 첫 번째 행까지 반복적으로 작업을 하고, 변화한 열들의 순서를 확인한다.

- [단계 3] 마지막 행번호 3에서의 관계하는 열들을 확인하여 열의 순서를 재배열한 결과가 직전에서의 열들의 순서와 동일하므로 멈춘다. 최종으로 재배열된 행(기계)와 열(부품)으로 구성된 행렬을 표 7.13과 같이 구하여, 기계그룹은 (3,2,5), (1,4)로, 부품군은 (1,3,7), (2,4,6,5)로 집단화됨을 알 수 있다.

[표 7.11] 행들의 재배열 과정

7	1	2	3	4	5
6	3	5	1	2	4
5	1	4	3	5	2
4	1	4	3	5	2
3	1	4	3	5	2
2	3	2	1	4	5
1	1	4	3	2	5
	3	2	5	1	4

[표 7.12] 열들의 재배열 과정

4	1	2	3	4	5	6	7
1	2	4	6	1	3	5	7
5	2	4	6	5	1	3	7
2	1	7	2	4	6	5	3
3	1	3	7	2	4	6	5
	1	3	7	2	4	6	5

[표 7.13] ROC 2 기법의 최종 적용 결과

기계 \ 부품	1	3	7	2	4	6	5
3	1	1	1				
2	1	1					
5	1		1				
1				1	1	1	1
4				1	1	1	

(4) 직접 집단화 기법(Direct Clustering Algorithm)

직접 집단화 기법(Direct Clustering Algorithm : DCA)은 Chen과 Milner가 개발하였다[62]. 앞에서의 집단화 기술과 유사하게 기계와 부품들로 구성된 행렬을 이용하는데, 엔트리가 값을 갖는 행과 열들을 찾아 오름차순과 내림차순으로 순서를 변형하여 집단화를 구하는 방법이다. DCA 기법의 절차는 다음과 같다.

- [단계 1] 부품-기계 행렬에서, 차례대로 각 행과 열에서의 값(1의 값)을 갖는 엔트리들의 개수(K)를 파악한다. 열들은 K를 감소시키는 순서(내림차순)으로, 행들은 증가시키는 순서(오름차순)으로 부품-기계 행렬을 재배열한다.
- [단계 2] 행렬의 첫 번째 열부터 시작한다. 첫 번째 열에서 값을 갖는 엔트리들의 행번호를 가장 위쪽으로 이동시킨다. 두 번째 열에도 동일하게 적용하며 나머지 열들에도 동일한 절차를 적용하여 모든 행들을 재배열한다.
- [단계 3] 현재 재배열한 행렬이 직전에 구한 행렬과 같으면 멈추고, 같지 않으면 [단계 4]로 간다.
- [단계 4] 행렬의 첫 번째 행부터 시작한다. 첫 번째 행에서 값을 갖는 엔트리들의 열번호를 가장 왼쪽으로 이동시킨다. 두 번째 행에도 동일하게 적용하며 나머지 행들에도 동일한 절차를 적용하여 모든 열들을 재배열한다.
- [단계 5] 현재 재배열한 행렬이 직전에 구한 행렬과 같으면 멈추고, 같지 않으면 [단계 2]로 간다.

이상의 DCA 기법을 앞의 ROC 기법에서 적용한 10대의 기계와 8개의 부품으로 형성된 행렬을 대상으로 적용해 본다.

- [단계 1] 각 행과 열에서의 엔트리 개수를 파악하면 표 7.14와 같다. 그리고 행은 증가시키는 오름차순으로 열은 감소시키는 내림차순으로 행렬을 재배열하면 표 7.15와 같다.
- [단계 2] 첫 번째 열 1번을 보면, 1의 값을 갖는 엔트리들의 행번호는 2,4,8,1번이므로 이들을 행렬의 위쪽으로 이동시킨다. 두 번째 열 6번은 첫 번째 열과 동일한 엔트리들을 가지므로 그대로 둔다. 계속해서 나머지 열들에 대하여 1의 값을 갖는 엔트리들의 행번호를 이동하면 표 7.16과 같이 모든 행들이 재배열된다.
- [단계 3] 재배열된 행들은 (2,4,8,1,7,3,6,10,5,9)이고 직전의 행들의 배열은 (2,5,7,9,10,3,4,6,8,1)로써 서로 순서가 다르므로 [단계 4]로 간다.
- [단계 4] 첫 번째 행 2번을 보면, 1의 값을 갖는 엔트리들의 열번호는 1,6번이고 잘 배열되어 있으므로 그대로 둔다. 두 번째 행 4번에서의 값을 갖는 엔트리의 열 번호는 1,6,3이므로 3번 열을 6번 열의 우측으로 이동시킨다. 계속해서 나머지 행들에 대하여 1의 값을 갖는 엔트리들의 열번호를 이동하면 표 7.17과 같이 모든 열들이 재배열된다.
- [단계 5] 재배열된 열들은 (1,6,3,8,5,2,7,4)이고 직전의 열들의 배열은 (1,6,8,2,3,5,7,4)로써 서로 순서가 다르므로 [단계 2]로 간다.

[단계 2] [단계 3]을 적용하면 동일한 행들의 순서를 가지므로 멈춘다. 이들에 의해 형성된 부품군은 (1,6,3), (8,5,2), (7,4)이고, 기계그룹은 (2,4,8,1), (7,3,6), (10,5,9)이다.

[표 7.14] 행렬의 엔트리개수 파악

부품 / 기계	1	2	3	4	5	6	7	8	엔트리개수
1	1		1			1		1	4
2	1					1			2
3		1			1			1	3
4	1		1			1			3
5				1			1		2
6		1			1			1	3
7					1			1	2
8	1		1			1			3
9				1			1		2
10		1					1		2
엔트리개수	4	3	3	2	3	4	3	4	

[표 7.15] 오름차순, 내림차순에 의한 행렬 재배열

부품 / 기계	1	6	8	2	3	5	7	4	엔트리개수
2	1	1							
5							1	1	
7			1			1			
9							1	1	
10				1			1		
3			1	1		1			
4	1	1			1				
6			1	1		1			
8	1	1			1				
1	1	1	1		1				
엔트리개수									

[표 7.16] [단계 2]를 적용한 결과

부품 기계	1	6	8	2	3	5	7	4	엔트리개수
2	1	1							
4	1	1			1				
8	1	1			1				
1	1	1	1		1				
7			1			1			
3			1	1		1			
6			1	1		1			
10				1			1		
5							1	1	
9							1	1	
엔트리갯수									

[표 7.17] [단계 4]를 적용한 결과

부품 기계	1	6	3	8	5	2	7	4	엔트리개수
2	1	1							
4	1	1	1						
8	1	1	1						
1	1	1	1	1					
7				1	1				
3				1	1	1			
6				1	1	1			
10						1	1		
5							1	1	
9							1	1	
엔트리갯수									

DCA 기법은 알고리즘의 특성상 부품과 기계로 구성된 행렬에서 어떤 형태로 행렬이 주어지더라도 일관성 있게 동일한 결과를 제공하는 장점이 있다. 그리고 다목적용

기계 또는 병목현상(bottleneck)의 기계들은 매우 많은 부품들을 가공하므로 집단화하는 데에 어려움이 발생하기 때문에 이러한 기계들에 관계하는 부품들의 행렬 값은 '+'기호를 사용하고 값이 없는 엔트리로 가정하여 DCA 기법을 적용한다. 그리고 기법을 적용한 후에 나오는 집단화에 소속되지 않는 엔트리들은 '예외적인 엔트리'로 간주하여 '*'기호를 사용하여 표시하고 값이 없는 엔트리로 가정하여 DCA기법을 다시 실행하여 부품군과 기계그룹을 구한다.

이상의 집단화 기술 외에도, 퍼지를 이용한 집단화 기법이든지, 인공 신경망을 이용한 집단화 기법 등이 있다.

복습문제

1. 공정계획에서의 집단화 기술을 정의하여라.
2. 부품군 형성기법에는 어떤 종류가 있나?
3. 분류시스템의 형식을 설명하여라.
4. 생산흐름분석에서 행해지는 네 단계를 기술하고 집단화 기술과 관계하는 것은 몇 단계인가?
5. 표 7.10의 예제와 같은 기계와 부품이 있다고 하자. ROC 기법을 적용하여 집단화 기술을 적용할 때 기계그룹과 부품군을 형성하여라.

part 8

컴퓨터이용 공정계획

8.1 변성형 공정계획(Variant Process Planning)

8.2 창성형 공정계획(Generative Process Planning)

8.3 자동형 공정계획(Automated Process Planning)

오늘날, 많은 선진국에서의 산업구조는 3차 금융 및 서비스산업 중심으로 변화되어가고 있다. 따라서 제조업에 종사하는 인력들이 줄어들고 있으며 특히, 절삭가공을 한다든지 주조작업을 하며 소성의 성질을 이용한 성형가공을 하는 등 기름을 손에 묻히거나, 뜨거운 쇳물이 운반되는 작업현장에서 근무하고, 무거운 중량물들을 이동하는 일 등과 관련된 제조업에 종사하고자 하는 인력은 더욱 줄어들고 있다. 따라서 제조업의 전문가들은 점점 고령화되어가고 많은 전문가들이 은퇴하는 반면에 제조업에 종사하고자 하는 신규인력은 줄어들므로 말미암아 수십 년간 전문가들이 쌓아 온 전문기술들 또한 사라지고 있는 실정이다. 하지만 생산 시스템에서의 제조 분야의 전문기술은 여전히 중요하므로 제조 선진국에서는 전문가들이 고령화되고 은퇴하더라도 그들이 가진 기술을 활용하기 위한 방법을 찾기 시작했다. 현재 제조업의 비율이 27-28%인 우리나라의 산업구조도 선진국을 따라가는 구조로 점점 변화되어가고 있다[22].

공정계획에서도 수십년간 종사한 공정계획의 전문가들이 고령화되어 은퇴하는 반면에 이들을 받쳐줄 신규인력과 중견인력은 점점 줄어들고 있다. 따라서 공정계획의 전문가들이 가지고 있는 전문기술들을 계속해서 활용하고 전수할 방법을 찾고자 하는 노력이 대두되었다. 공정계획에서는 부품도면정보들의 인식, 제조공정의 선정, 가공순서의 결정, 가공기계의 선정, 작업을 위한 셋업계획, 작업계획에 따른 작업지시서 작성 등 여러 기능을 수행해야 하며, 각 기능을 수행하기 위해서는 많은 데이터를 근거로 의사결정을 해야 한다. 1970년대부터 급속히 발전한 컴퓨터 기술은 데이터의 저장, 검색, 활용, 및 처리능력을 신속히 제공하므로 의사결정의 수행에 적합한 도구로 판단되었고 공정계획 분야에서도 컴퓨터를 적극 도입하였다.

컴퓨터이용 공정계획(Computer Aided Process Planning : CAPP)은 공정계획의 여러 기능들을 수행하기 위하여 컴퓨터의 능력을 활용한 방법을 말하며 자동공정계획이라고도 한다. 공정계획 분야에 있어서 컴퓨터의 응용가능성을 가장 먼저 논의한 사람은 1960년대 중반의 Niebel이며, 그 후 많은 사람들이 CAPP 분야를 위해 연구해 왔다. 그러나 초창기에는 컴퓨터의 하드웨어와 소프트웨어 능력이 제한되었고, 제조공학이 컴퓨터와는 다소 거리가 있었으므로, 방대한 양의 데이터를 처리해야 하는 공정계획을 위한 컴퓨터 소프트웨어의 개발은 불가능하였다. 따라서 초기의 컴퓨터를 이용한 공정계획의 연구는 어느 정도의 수작업이 있을지라도 공정계획의 문제점을 해결해주는 쪽으로 방향을 잡았으며 공정계획을 위한 시간과 노력을 줄이는 데 목적을 두었었다. 즉, 형상이 유사한 부품들에 대해서는 미리 정해진 표준공정계획을 검색하고 인식하여 공정계획 전문가가 적절하게 수정을 하는 변성형(Variant) 공정계획을 사용하였다. 이 방법은 비록 자동으로 공정계획의 기능들을 수행하지는 못하지만 개발의 용이성과 생산현장에서의 활용하기 쉬운 특징으로 인해 초기의 CAPP 개발자들은 많은 관심을 가졌었다.

이러한 시스템의 예로는 1970년대 중반에 개발한 CAPP, MIPLAN, IPROS 등이 있다. 그러나 변성형은 새로운 부품에 대해서는, 유사한 부품이 없을 경우에는 공정계획의 수립이 불가능하고 경험이 많은 공정계획 전문가의 능력에 의존하는 문제점 등이 있었다. 이러한 문제들을 해결하기 위해 많은 연구자들이 표준공정계획을 배제하며 공정계획에서 수행하는 여러 기능들에 관한 의사결정을 자동으로 수행하는 방법인 창성형 공정계획 시스템의 개발에 많은 노력을 기울여 왔으며 APPAS, CORE-CAPP, EXCAP 등의 시스템을 개발하였다. 1980년대 초에는 인공지능(Artificial Intelligence) 분야의 급속한 발전으로 공정계획에 영향을 끼쳐 AI기법을 적용한 공정계획 시스템이 개발되었다. 창성형은 공정계획의 자체 기능은 자동으로 수행하지만 부품설계정보들이 자동으로 입력되지는 않았으며, 수동에 의한 입력이었다. 따라서 생산시스템의 자동화 정도를 더욱 높이기 위해서는 설계와 공정계획이 연계된 자동화가 필요하였으며 이 시스템을 자동형 공정계획이라 하였다. 자동형 공정계획은 부품정보와 관계하는 설계데이터의 해석에서부터 공정계획의 최종 단계에 이르기까지 모든 기능에 컴퓨터를 활용하며, 특히 부품 설계데이터의 인식이 자동화에 한걸음 더 나아간 것이다.

이상을 통해 볼 때, 컴퓨터이용 공정계획은 컴퓨터를 활용하는 정도 및 접근방식에 따라 변성형(Variant) 공정계획, 창성형(Generative) 공정계획, 및 자동형(Automatic) 공정계획의 3종류로 구분할 수 있다. 요약하면, 변성형 공정계획은 유사한 부품은 유사한 제조방법으로 가공된다는 사실에 근거하여, 유사한 부품들을 집단화하고 제조방법과 작업을 선택하는 영역에 컴퓨터를 사용한 방법으로써, 공정계획의 일부 기능에 컴퓨팅 능력을 도입한 것이므로 공정계획 전문가의 힘을 여전히 필요로 한다. 창성형 공정계획은 공정계획 전문가가 수행해온 여러 기능들 중에서 의사결정의 기능을 컴퓨터를 이용하여 처리하고 공정계획 전문가의 개입을 최소화한 방법이다. 자동형 공정계획은 설계자로부터 주어지는 부품도면 정보의 인식부터 컴퓨터가 개입하여 자동화를 수행하는 방법으로 컴퓨터 통합생산시스템에 가장 적합한 방법이라 할 수 있다. 본 장에서는 이러한 컴퓨터이용 공정계획의 여러 종류들에 대한 구조를 설명한다.

8.1 변성형 공정계획(Variant Process Planning)

변성형 공정계획은 유사한 부품들은 유사한 제조공정에 의해 가공된다는 개념을 근거로 집단화 기술을 이용하여 공정계획을 자동화하는 기술이다. 먼저 부품설계도면에 나타난 특징형상과 치수공차정보들을 근거로 각 부품들을 코딩한다. 취급할 모든 부품들에 대한 코딩을 완료한 다음에, 회사 내의 특성과 사용목적에 따라 분류기준을 정한 후 코딩된 부품들을 부품군으로 집단화한다. 그리고 각 집단화된 부품을 가공할 대표적인 제조공정계획을 수립하여 데이터베이스에 저장해 놓는다. 이들은 OP 코드(operation code)의 형태로 저장된다. 예를 들면 DRL10은 하나의 OP 코드로써 센터드릴작업 ->드릴공구교환 -> 구멍드릴가공 ->리머로 공구교환 ->리밍작업의 순서를 가지도록 컴퓨터의 데이터베이스에 저장된다.

변성형 공정계획은 준비 단계와 실행 단계의 두 단계를 통해 실행되며 그 흐름은 그림 8.1과 같다.

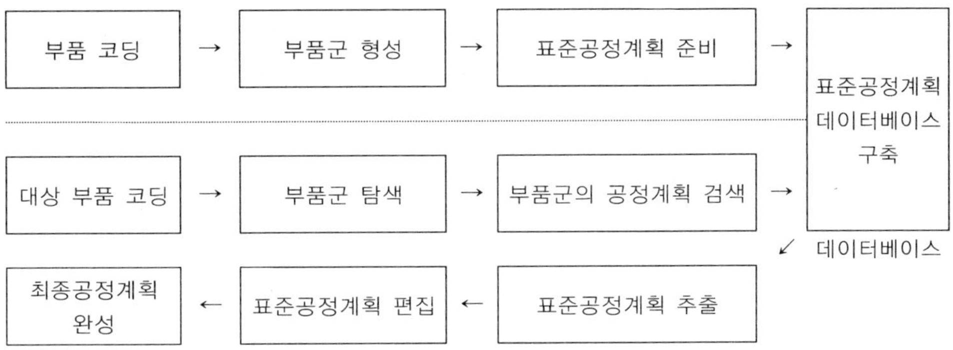

[그림 8.1] 변성형 공정계획의 수행절차

변성형 공정계획의 준비 단계는 앞에서 언급하였다. 따라서 새로운 부품에 대한 공정계획을 수립하기 위해서는 이미 데이터베이스에 저장된 표준화된 공정계획을 응용한다. 즉, 새 부품에 대하여 코딩 기준에 따라 코딩을 한 후, 코딩된 부품이 소속될 부품군을 탐색한다. 탐색한 부품군의 공정계획을 검색하는 데, 이는 데이터베이스에 저장된 표준공정계획들 중의 하나이다. 검색하여 적합한 표준공정계획을 추출하고 편집을 한다. 이때 편집은 전문 공정계획자가 수행하며, 편집의 완료 후에 구하고자 하는 최종 공정계획을 얻게 된다.

이상의 과정을 볼 때 변성형 공정계획은 다음의 장점을 갖는 공정계획이다.
① 집단화 기술에서의 코딩을 이용하여 부품을 표현한다. ② 일단 표준공정계획이 수립되면, 여러 부품들에 대한 공정계획을 쉽게 수립할 수 있다. ③ 창성형 공정계획에 비하여 변성형을 실행하는 것이 비교적 프로그래밍이 단순하고 프로그램 운영이 간단하다. ④ 변성형 공정계획은 이해하기 쉽고, 계획한 결과를 최종 계획에서 조정할 수 있다. ⑤ 변성형은 배우기 쉽고 사용하기 쉽다.

반면에, 단점으로는 ① 공정계획을 수립하고자 하는 부품이, 이전에 공정계획을 수립한 것과 유사한 부품들로 제한된다. ② 부품들에 대한 편집을 하기 위하여 여전히 경험많은 전문 공정계획자를 필요로 한다. ③ 상세한 부분의 공정계획은 수립할 수 없다. ④ 변성형 공정계획은 추가되는 공정계획의 보완이 없이는 완전 자동화된 제조 시스템에 적합하지 않다.

8.2 창성형 공정계획(Generative Process Planning)

창성형 공정계획은 부품에 대한 공정계획을 인간의 개입이 없이 컴퓨터에서 실행되는 알고리즘에 의해 자동으로 공정계획을 생성하도록 하는 방법이다. 창성형 공정계획의 절차는 먼저 설계모델을 입력하면 입력된 정보로부터 제조지식을 획득하며, 공정계획의 여러 의사결정을 컴퓨터를 통해 수행하는 것으로 그림 8.2의 흐름을 갖는다. 창성형 공정계획을 실행하기 위한 갖추어야 할 요소로는 부품서술방법, 의사결정 및 알고리즘, 그리고 제조 데이터베이스의 세 가지 분야가 있다.

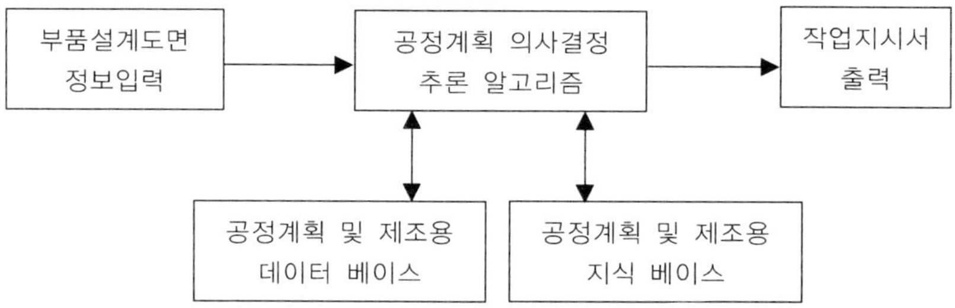

[그림 8.2] 창성형 공정계획의 수행절차

그림 8.2에서 보는 바와 같이 창성형 공정계획의 의사결정이 사람의 개입이 없이 제조공정과 관련이 있는 데이터베이스와 지식베이스의 정보를 활용하여 자동으로 생성된다. 따라서 의사결정논리를 제대로 인식하고 잘 표현해야 하며, 부품을 정의할 때 컴퓨터가 잘 읽어 받아들일 수 있는 구조로 부품을 정의해야 하고, 제조기술에 대한 데이터베이스와 부품서술데이터가 서로 잘 통합이 되는 구조를 가져야 한다. 창성형이 갖는 특징은 다음과 같이 요약할 수 있다.

① 부품도면정보를 입력할 때 특징형상 및 가공기술적인 정보만 사람이 입력하고 공정계획의 기능은 컴퓨터 시스템이 처리한다. ② 공정계획의 의사결정에 소요되는 시간이 단축된다. ③ 새 부품에 대한 공정계획의 수립이 용이하다. ④ 사람이 의사결정하지 않고 컴퓨터 프로그램에 의해 의사결정이 되므로 일관성 있는 공정계획을 제공할 수 있다 .⑤ 자동제조설비와 연계하여 통합함으로 생산자동화를 꾀할 수 있다.

창성형 공정계획 시스템의 예로는 APPAS[20], CORE-CAPP[23], AUTAP[24,25], CIMS/PRO[26], TIPPS[20], EXCAP[27], XPLANE[28], SAPT[29-31], KAPPS[32] 등이 있으며, 이들은 부품을 표현하는 방법과 의사결정논리를 저장하고 응용하는 방법에서 상당한 차이가 있다. 초기의 창성형 공정계획은 의사결정논리를 얻기 위하여 의사결정표(Decision table)나 의사결정나무(Decision tree)를 사용했다. 예를 들면 APPAS에서는 의사결정나무를, AUTAP에서는 의사결정표를 사용하고 있다. 또 인공지능의 개념을 도입하여 공정계획시스템의 개발에 도입한 연구가 활발히 행해져 왔는 데[33-35], AI 기법에 기초한 공정계획은 공정계획의 자동 생성에 많은 도움을 주고 적합한 것으로 알려져 있다. 이와 같은 AI 에서의 전문가시스템을 이용한 공정계획은 GARI[20], TOM[20], XPLAN[28], SAPT[29-31], KAPPS[32] 등이 있다. 이러한 창성형 공정계획 시스템은 어떠한 형태이든 간에 공정계획자인 사람이 부품설계정보를 입력해야 한다.

창성형 공정계획의 이상적인 시스템은 모든 공정계획의 의사결정논리가 프로그램 내부에 포함되어 있어 턴키 시스템으로 작동되어야 한다. 따라서 변성형을 수행할 때 사전에 필요했던 준비 단계가 필요 없다. 다음으로 창성형 공정계획의 주요 구성요소들인 부품서술방법과 의사결정논리를 표현하는 방법들에 대하여 기술한다.

8.2.1 부품서술방법

공정계획에서는 입력정보들이 어떠한 형식을 갖고 있느냐에 따라 시스템 사용에서의 용이성과 시스템의 능력에 영향을 미친다. 입력정보로 부품을 서술할 때 상세한 정보들이 필요하다고 해서 매우 길고도 특수한 언어를 사용하여 입력하는 것은 시스템 사용을 매우 어렵게 한다. 또 부품설계도면으로부터 특별하게 구성된 입력형식에 맞추어 입력하는 것 또한 지루하고 자동화에 방해가 되는 요소이다. 이런 경우에는 오히려 입력의 자동화를 꾀하는 것보다는 수동으로 부품정보들을 입력하는 것이 더 쉽고 빠르게 공정계획을 수행할 수 있을 것이다. 부품정보를 잘 전달하기 위해서는 상세한 정보들을 필요로 할 수도 있고 특수한 서술언어를 사용할 수도 있지만, 궁극적으로는 공정계획의 여러 기능들이 빠른 시간에 정확하게 의사결정되어 양질의 공정 지시서나 작업 지시서를 제공해야 한다는 것이다.

공정계획의 출발은 부품도면정보들의 입력으로부터 시작하므로, 본 절에서는 먼저 부품을 서술해온 일반적인 방법부터 출발하여 지금까지 공정계획에서 사용되어 온 다양한 입력형식들을 살펴본다.

(1) 일반적인 부품서술방법

부품을 서술할 때 가장 사용하기 쉬운 최초의 방법이 자연어에 의해 부품을 서술하는 것이다. 일상의 사람들이 사용하는 언어로 대화하듯이 부품을 서술하므로 가장 부정확한 서술방법이 된다. 예를 들면 하나의 막대기를 서술하고자 할 때 다음과 같이 말로서 서술하는 것이다. 즉, '막대기가 저탄소강으로 만들어져야 한다. 완성된 막대기는 1인치의 지름과 10인치의 길이이며, 양 끝은 둥글게 되어야 한다. 한쪽 끝에서 1인치 떨어진 곳에는 3/8인치의 구멍이 가공되어야 한다' 고 막대기를 서술하는 방법이다.

다음의 부품서술방법은 수동으로 스케치하는 방법이다. 범용 설계자가 사용하는 가장 일반적인 방법으로 개념 설계 단계에서 주로 많이 사용하는 방법이다. 가끔 치수, 공차, 표면 다듬질 정도 등의 정보를 포함하며, 엄격한 도면작성 규칙에 따를 필요도 없고, 특별한 준비가 필요 없이 종이와 필기도구만 있으면 부품을 서술할 수 있다. 하지만 도면작성규칙이 없이 작성자의 의도대로 자유롭게 스케치하므로 정확성이 부족하게 된다.

좀 더 체계화된 방법으로 공업제도에 의한 서술방법이 있다. 이 방법은 설계 대상을 묘사할 때 공식적으로 사용하는 방법이다. 기하형상이나, 치수, 공차 등을 작성할 때 표준 규칙을 적용하여 표현한다. 형상은 기본적으로 직선, 곡선, 원 등으로 구성하도록 하며, 다각직각투영법이나 삼각법과 같은 투영법을 사용하여 입체 대상물을 2차원 도면에서 표현한다. 공학자들이 공업제도로 작성된 도면을 해석할 때 그렇게 어렵지 않게 해석할 수 있으며, 다만, 자동화를 꾀하고자 할 때 도면에는 치수선, 치수보조선, 일반 주기의 보조선 등 여러 종류의 선들이 있으므로 이들로부터 형상과 관련한 선들을 인식하는 데에는 많은 어려움이 있다.

물리적 모델에 의한 부품서술방법도 있다. 이 방법은 크레이 모델이나 템플릿을 사용한 방법이다. 형상의 외관이 기능보다 중요할 때 모델을 만들어 봄으로써 외형을 눈으로 확인할 수 있다. 제작한 것의 검사를 위해 템플릿이 사용되기도 하지만, 공정계획을 위해서는 직접 사용되지는 않는다.

GT 코드를 이용하여 부품을 서술하는 방법도 있다. GT 코드로 구성된 대부분의 시스템은 여러 개의 자리 수와 각 자리수에 10진수를 이용하여 구분된 정보를 담고 있다. 이들 정보의 내용은 전체 형상과 치수, 외부 형상의 정보, 내부 형상의 정보, 기능, 특수형상의 유무 등에 대한 내용이다.

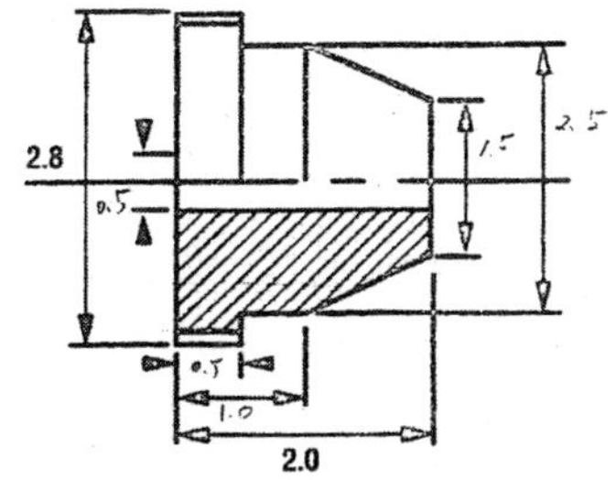

A. Engineering drawing

11106

B. GT code

Digit		Meaning Code value
1	rotational part L/D ratio = 1.4 > 0.5	: 1
2	step to one end	: 1
3	internal bore without shape element	: 1
4	no external plane surface	: 0
5	gear teeth	: 6

C. Explanation of the Code

[그림 8.3] 부품도와 Opitz에 의한 GT코드

다수의 변성형 공정계획 시스템에서는 부품서술을 위한 입력정보의 구조로 GT 코드를 사용하고 있으며, 표준공정계획을 검색하는 데 GT코드를 사용하기도 한다. 새로운 부품을 서술할 때 처음부터 시작하는 것이 아니라, 기존의 코딩된 부품들을 검색하여 유사한 부품을 검색하여 이들 코드를 약간 수정함으로써 부품서술을 하는 데 이는 부품서술시간을 단축시키는 장점이 된다. 따라서 중복작업을 제거할 수 있고 설계공정의 표준화를 추구할 수 있다. Opitz 시스템이 변성형 공정계획에서의 부품서술을 위해 사용되는 대표적인 GT코드를 생성해주는 시스템이다. 그림 8.3은 설계도면에 대한 Opitz 시스템을 적용한 예이다.

부피를 갖고 있는 기본 입체물인 프리미티브(primitive)를 조합하여 형상을 구성하도록 하는 솔리드 모델에 의한 부품서술방법이 있다. 부피가 있는 모델을 컴퓨터 내부에 표현하는 방법은 CSG(Constructive Solid Geometry), B-REP(Boundary Representation), Sweep Representation, 셀 분해법(Cell Decomposition), Spatial Occupancy Enumeration, Primitive Instancing 등이 있다. 먼저 Sweep Representation은 기본적인 선, 면 등을 정의한 후에 일정한 방향으로 이동시켜 부품을 구성하는 형상들을 표현하는 방법으로 그림 8.4와 같이 형상들을 표현할 수 있다. 셀 분해법은 부피가 있는 부품을 기본 셀로 분해해서 표현한 방법으로, 그림 8.5는 컵에 대한 셀분해법을 보여주고 있다. 셀 분해법의 특수한 형태로 정육면체를 이용하여 형상을 표현하는 Spatial Occupancy Enumeration이 있으며 그림 8.6은 하나의 예를 보여준다. Primitive Instancing은 기본형상을 선형 변형함으로써 부품 형상을 표현한 방법으로 그림 8.7은 구와 육면체를 기본형상으로 변형시킨 예를 보여 주고 있다.

CSG 방법은 복잡한 형상의 물체들을 단순한 솔리드들의 집합으로 구성된 것으로 정의한 모델링 방법이다. 로체스터 대학교에서 생산자동화 프로젝트를 수행하면서 개발한 부품서술방법이다. 기본적인 프리미티브들을 정의하고 이들을 집합연산에 따라 조합함으로써 복잡한 형상들을 불리언 연산자들을 사용하여 표현한 방법이다. 그림 8.8은 하나의 부품에 대한 CSG 표현을 보여주고 있다.[36]

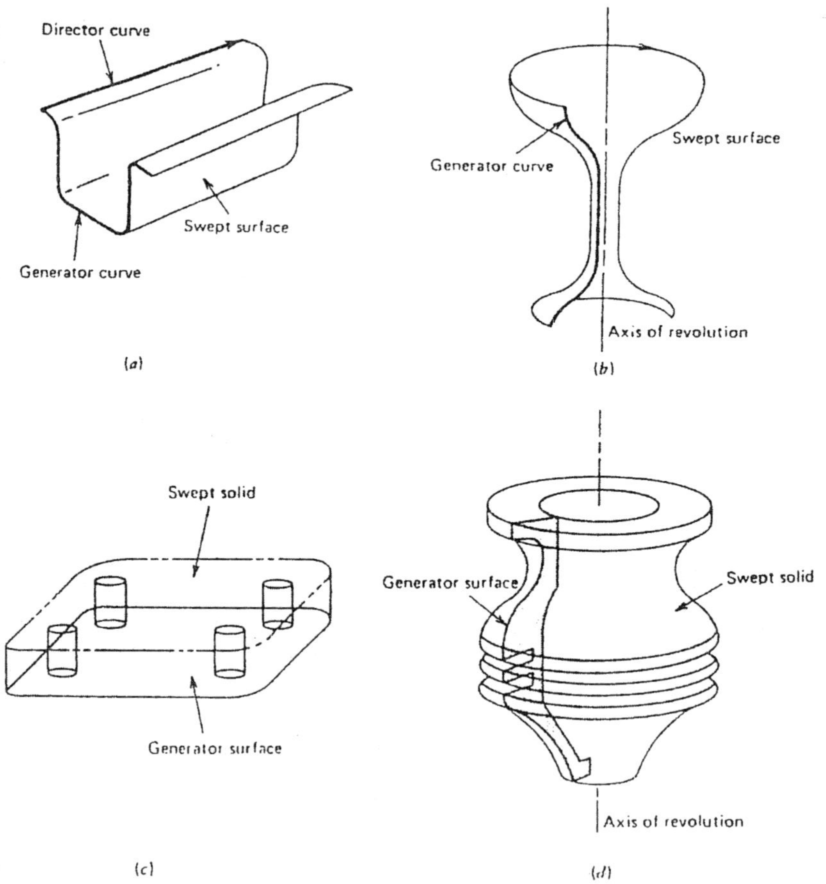

[그림 8.4] Sweep Representation의 예 [36]

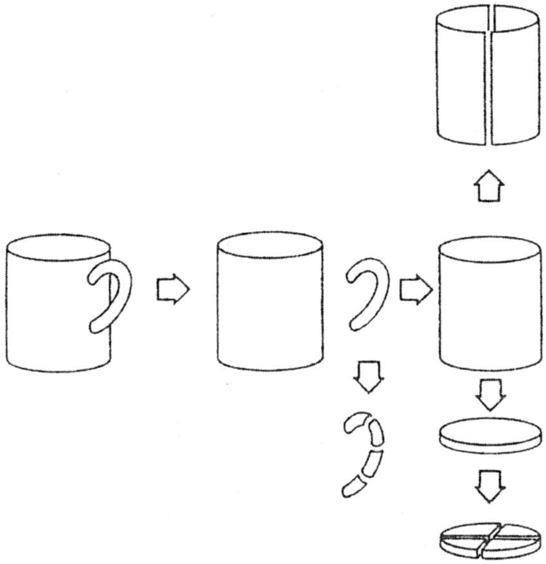

[그림 8.5] Cell Decomposition의 예

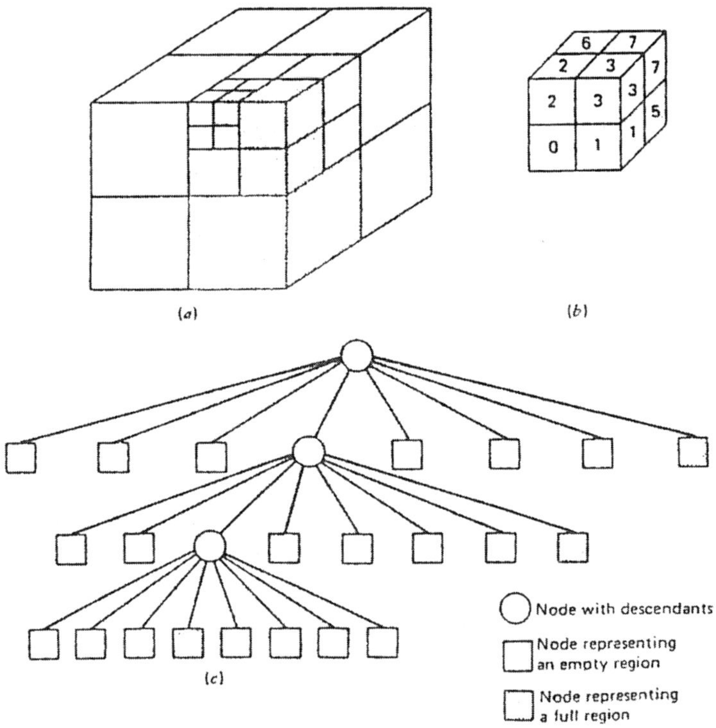

[그림 8.6] Spatial Occupancy Enumeration의 예

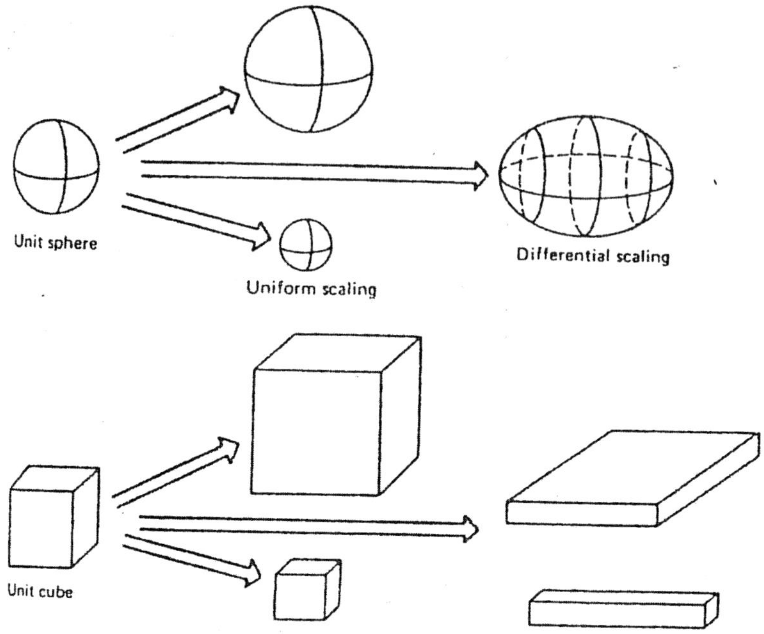

[그림 8.7] Primitive Instancing의 예

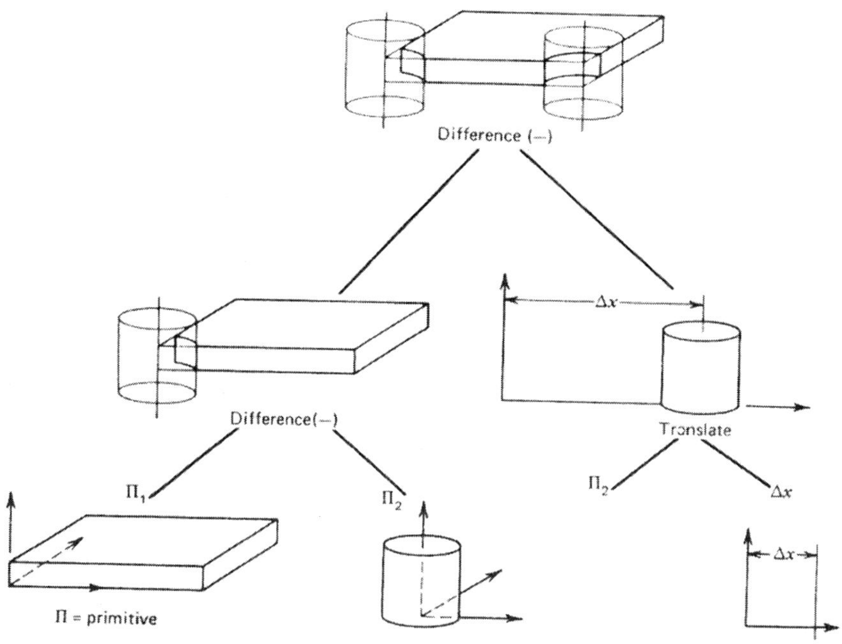

[그림 8.8] CSG에 의한 부품 표현

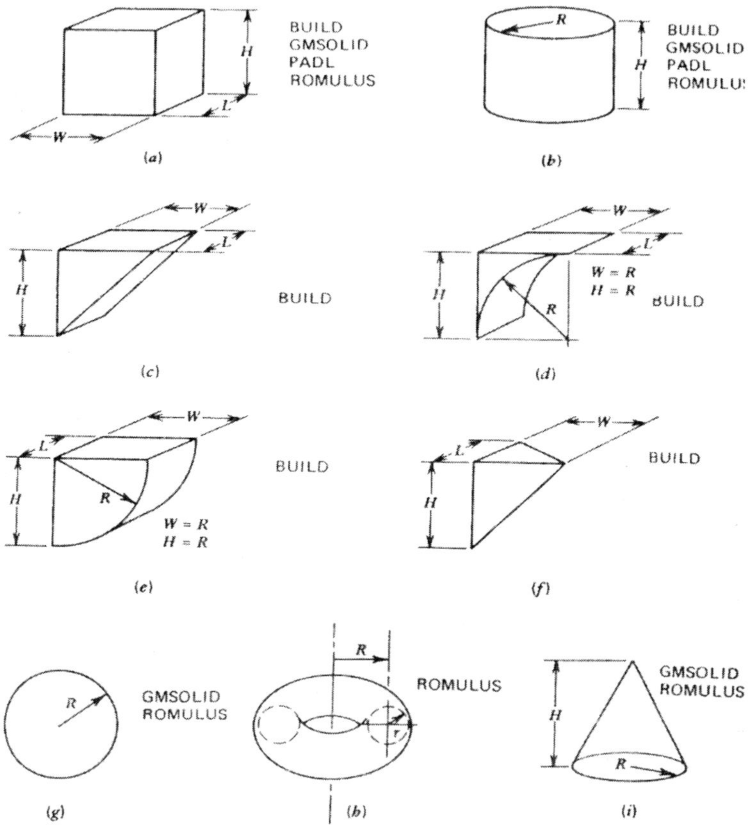

[그림 8.9] 프리미티브 솔리드

프리미티브는 사용자가 정의한 프리미티브나 미리 정의된 프리미티브들이 있으며 솔리드 형태를 갖는다. 중요하게 사용되는 프리미티브들은 그림 8.9와 같이 육면체(block), 원통(cylinder), 구(sphere), 원환체(torus), 웨지(wedge), 원추체(cone) 등이 있다.[36] 데이터가 저장되는 구조는 이진트리구조로 저장되며 구조가 간결하여 만들기가 쉽다. 하지만 한 물체의 표현방식이 사람에 따라 매우 다양하게 표현될 수 있다. 동일한 대상물에 대한 CSG에 의한 표현은 B-rep의 표현보다 적은 저장공간으로 표현할 수 있으나, 그 모델을 재생하기 위해서는 보다 많은 계산시간이 걸린다.

B-rep은 부품의 형상을 구성한 경계면과 이들 면과 면 사이의 위상학적인 결합관계를 정의해서 형상을 표현하는 방법이다. 면과 면을 구성하는 모서리, 모서리를 구성하는 꼭지점의 결합관계가 정해지므로 특징형상들을 해석하고 도형을 처리하는 시간을 신속하게 할 수 있다. 그림 8.10은 육면체를 B-rep의 구조로 표현한 예제이다. B-rep의 형상모델링을 이용한 대표적인 시스템은 BUILD나 GEOMAP이다. B-rep에서 정의하는 면은 다음과 같은 최소조건을 만족시켜야 한다. 먼저 솔리드의 경계를 정의하는 면들의 개수는 유한하다. 둘째, 솔리드의 한 면은 솔리드 경계의 부분집합이다. 셋째, 한 공작물의 경계는 공작물의 모든 면들을 연합한 것이다. 넷째, 하나의

면은 더 큰 확장된 표면의 부분집합이거나 그 표면의 제한된 영역을 의미한다. 다섯째, 하나의 면은 유한한 면적을 가진다.

하나의 솔리드를 구성하는 점, 선, 면들의 개수를 정확히 파악했는지를 확인해주는 오일러(Euler)의 공식은 이들의 유효성을 확인해주는 방법으로 잘 알려져 있다.

01 구멍이 없는 경우 : V−E+F = 2

02 구멍이 있는 경우 : V−E+F−H+2P = 2(B)

단, V는 꼭지점, E는 모서리, F는 면, H는 구멍의 개수, P는 관통하는 구멍의 개수, B는 분리된 형체(body)들의 개수이다.

예를 들면, 육면체는 꼭지점이 여덟 개, 모서리가 열두 개, 면이 여섯 개로 파악했는 데 이들의 개수가 정확한지를 알려면, 유효성 점검식 V−E+F=2가 성립하는 지를 알아보면 된다. 즉, 8 − 12 + 6 = 2가 성립되므로 육면체를 구성한 요소들을 파악한 개수가 정확함을 알 수 있다. 원통도 마찬가지이지만 원통면으로 인한 선과 꼭지점의 개수가 애매하다. 따라서 원통은 수직선을 그어 원통을 펼친 형태로 생각하고 적용하면 된다. 따라서 원통은 꼭지점 두 개, 면 세 개, 모서리 세 개가 되고 유효성 점검식에 의해 2 − 3 + 3 = 2가 성립된다.

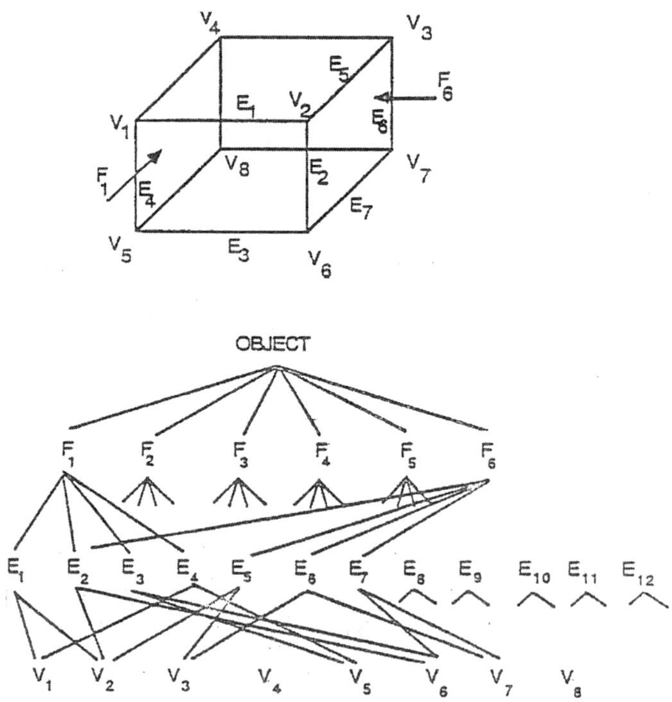

[그림 8.10] B-rep의 예

동일한 대상물에 대한 B-rep에 의한 표현은 CSG의 표현보다 많은 저장공간을 필요로 하지만, 일단 저장을 해 놓으며 그 모델이 필요하여 재생할 때에는 계산하는 시간이 단축되는 장점이 있다.

특징형상에 의한 부품서술방법은 정의된 특징형상들을 활용하여 설계하는 것을 의미한다. 특징형상은 기계부품의 형상을 구성한 부분집합으로서 설계 특징 또는 제조 특징을 갖는다. 특징형상에 기초한 설계를 부품의 서술에서 사용하는 것은 먼저 설계자의 의도를 보다 분명하게 확인하기 위함이다. 또 부품을 구성하고 있는 형상들의 스펙을 단순하게 하고, 부품의 특성을 간결하게 묘사하여 제공하기 위해서 특징형상에 기초한 설계를 한다.

특징형상들은 기하형상을 근거로 하여 표면특징형상과 체적특징형상으로 구분할 수 있다. 먼저 표면특징형상은 2차원 또는 3차원 표면들에 의해 특징형상들을 정의한 것으로써, 2D 도면에서나 CAD시스템의 서피스모델링에서 구멍의 종류들이나 기어, 필렛 등이다. 체적특징형상은 3차원의 폐쇄된 체적으로 정의되는 특징형상으로, CSG 모델링을 할 때 가장 많이 사용된다. 대표적인 예는 구멍, 보스 단순슬롯, 티(T) 슬롯, 도브테일(dovtail) 슬롯, 포켓 등이다.

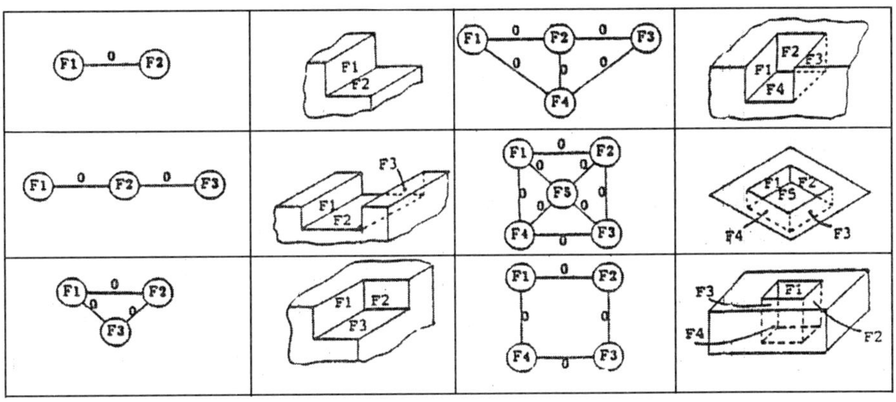

[그림 8.11] AAG에 의한 특징형상의 표현 예

적용분야에 근거하여 특징형상들을 분류할 수도 있으며 설계특징형상과 제조특징형상이 바로 그들이다. 설계특징형상들은 설계할 때 의미를 갖는 특징형상들이며, 구멍, 모따기, 홈(groove), 카운터싱크(counter sink), 카운터보어(counter bore) 등이 있다. 제조특징형상들은 제조할 때 의미를 갖는 특징형상들로써, 구멍, 홈, 카운터싱크(counter sink), 카운터보어(counter bore), 포켓(pocket), 구멍팁(hole tip)등이 있다. 이러한 설계특징형상과 제조특징형상은 서로 중복될 수도 있다. 하나의 특징형상이 설계와 제조에서 동일하게 사용될 수도 있다는 말이다.

공정계획을 위한 특징형상에 기초한 설계시스템을 개발할 때 주의해야 할 사항은 먼저, 시스템은 사용자가 새로운 특징형상을 설계할 수 있도록 개발되어야 한다. 둘째, 특징형상들은 자신의 기술적 특성을 정의할 수 있는 방법을 포함해야 한다. 셋째, 공정계획에서 사용하기 위해서는 보다 많은 형상추론을 수행할 수 있어야 한다. AAG(Attributed Adjacency Graph)에 의하여 특징형상들을 표현한 예가 그림 8.11과 같다.

(2) 공정계획을 위한 부품서술방법

1) 코드

부품을 서술하여 부품의 설계특성, 특징형상 및 제조특성을 나타낼 때 일련의 순서가 부여된 번호로써 변성형 공정계획 시스템에서 주로 사용한다. APPAS, GENPLAN, M-GEPPS 같은 일부 창성형 공정계획 시스템에서도 입력방법으로서 부품코드를 이용하기도 하는 창성형에서 사용하는 코드는 훨씬 더 상세한 정보를 갖는다. 그리고 상용코드시스템으로는 OPITZ, DCLASS, MULTICLASS, KK3 등이 있다.

코드는 간결하므로 쉽게 다룰 수가 있고, 전체 부품을 나타내는 코드는 포괄적인 정보를 담고 있으므로 공정순서를 결정하는 데에 적합하다. 하지만, 상세한 작업의 정보들을 요구할 때에는 표면들에 대한 코드 부여가 불가피하다. 한 표면에는 표면형상, 치수, 표면다듬질정도, 치수공차 및 형상공차의 정보를 필요로 하는 데, 소프트웨어를 통하여 자동으로 이러한 표면정보를 코딩한다는 것은 어려운 일이다. 코드는 유한개로 제한되기 때문에 상세하고 정확한 형상 정보 및 치수공차정보를 제공하기에는 부적합하다고 할 수 있다.

2)특수서술언어(Special descriptive language)

공정계획시스템을 위해서 사용되는 부품서술언어는 시스템에 적합하도록 상세하게 제조방법과 관련한 부품설계의 정보를 제공하기도 한다. 공정계획에서 수행하는 모든 기능을 위해 필요로 하는 부품의 정보들을 서술함으로써 사용범위는 공정계획에만 제한하여 사용하므로 제한적이지만, 공정계획의 효율을 높여준다. 아래는 공정계획을 위해 사용되는 대표적인 부품서술언어들을 보여준다[33].

CIMS/PRO 시스템은 CIMS/DEC 시스템의 입력을 사용하여 공정계획을 수행한다. CIMS/DEC 시스템은 부품을 구성한 표면을 형성하기 위하여 스위핑(sweeping)으로 면의 평행이동과 회전을 통해 체적을 만들며 부품을 서술한다. 표면은 윤곽요소들을 연결함으로써 구성되며, 이들 윤곽요소는 일정한 방향을 갖는 직선요소들이고 그림 8.12는 그 예를 보여준다. 표면다듬질정도와 같은 가공기술적인 정보들은 각 윤곽요소들과 함께 저장된다. CIMS/PRO에서는 형상의 인식 모듈이 평면, 원통, 나사가 있는 축, 구멍, 홈과 같은 가공되는 표면들을 자동으로 인식한다. 26종류의 서로 다른 형태의 가공 표면들의 특성이 제공된다. 모든 가공되는 표면은 미리 정해진 몇 개의 접근 방향을 집합적으로 갖고 있으므로, 그들에 대한 공구의 접근에 대해서도 정보를 제공한다. 이러한 입력 언어는 회전 스윕(sweep)에 의해 회전형상부품들을 모델링할 수도 있고 평행이동 스윕에 의해서 상자모양의 부품들을 모델링할 수도 있다. 물론 이 시스템은 축 형상요소가 없는 회전형상부품들에 대한 모델링을 훨씬 더 강력하게 할 수 있다. 하지만 복잡한 부품인 경우에는 모델링하기가 매우 어렵다.

CIMS/PRO와 유사한 접근방법을 사용하는 부품서술언어는 기호통합방법(Syntactic method)에 의한 것이다. 이 방법은 방향성이 있는 직선과 곡선들의 요소인 기본 프리미티브를 사용한다. 부품의 경계를 서술할 때는 문자스트링으로 표현되는 프리미티브들의 집합으로 구성한다. 문자스트링은 왼쪽에서 오른쪽으로 프리미티브들을 작성하여 모은 것이다. 이 방법은 부품을 특징짓는 문자스트링들을 쪼개어 분리할 수 있으므로, 이를 이용하여 부품군을 형성하는 데에 적합하다. 하지만 기술적인 정보들은 제공되지 않으므로 창성형 공정계획을 위해서는 부적합하다. 그림 8.13은 기호통합방법에 의한 부품서술을 보여준다.

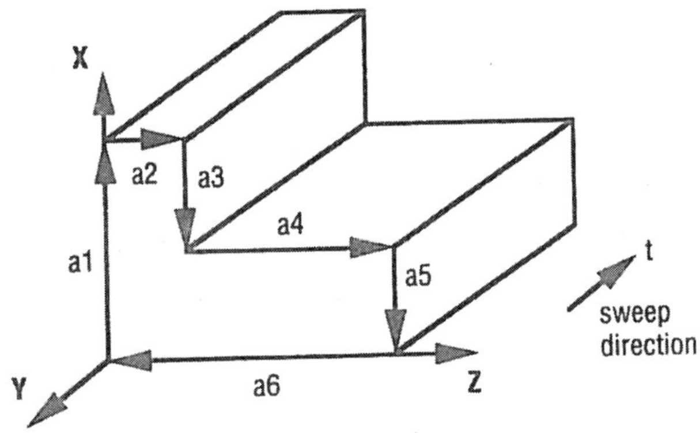

[그림 8.12] CIMS/DEC 시스템에 의한 부품서술

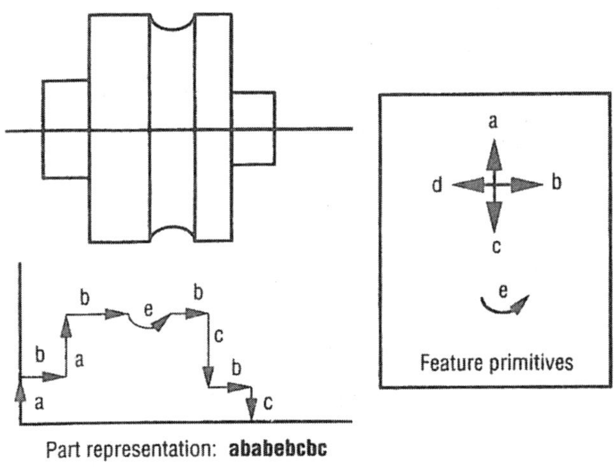

[그림 8.13] 기호통합방법에 의한 부품서술

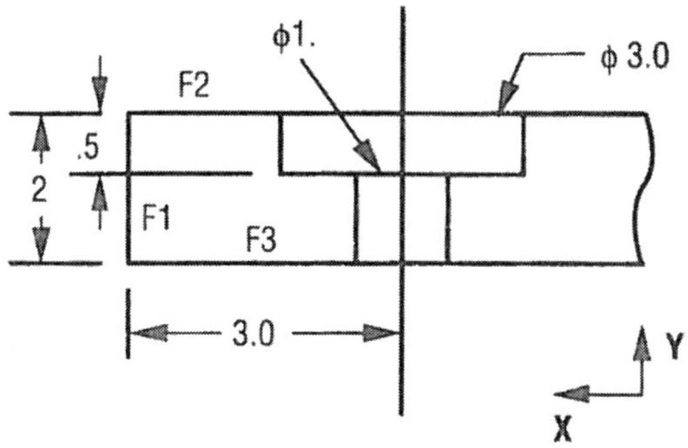


```
(F1 (type face) (direction xp) (quality 120))
(F2 (type face) (direction yp) (quality 64))
(F3 (type face) (direction ym) (quality rough))
(H1 (type countersunk-hole) (diameter 1.0)
    (countersik-diameter 3.0)
    (starting-from F2) (opening-into F3))
(distance H1 F1 3.0)
(countersink-depth F2 H1 0.5)
```

[그림 8.14] GARI에 의한 부품서술의 예

GARI는 공정계획에서 인공지능기법을 가장 초기에 적용한 것 중의 하나로써, 부품을 서술할 때 탭이 있는 구멍, 카운터싱크 구멍, 보어, 홈, 노치, 면 등과 같은 특징형상들의 집합을 기초로 부품을 서술한다. 그림 8.14는 이러한 서술방법의 예를 보여주고 있다. 이런 특징형상들은 직경, 표면다듬질정도, 거리, 직각도, 공차 등의 시스템에서 약속한 단어(system words)를 사용하여 서술한다. 특징형상들 사이의 관계는 'starting_from'이나 'opening_into'와 같은 속성으로 서술한다. 부품 생산에 필요한 공정과 기계들은 규칙을 적용하여 결정할 수 있으며, 공정과 기계능력이 저장된 지식베이스에는 동일한 시스템의 용어를 사용하여 저장해 놓는다. 따라서 지식베이스를 탐색하면 공정과 기계에 대한 의사결정을 할 수 있다. 하지만 부품이 갖는 특징형상을 서술하는 것은 제조에 관한 전문적인 기술을 어느 정도 보유할 때 가능하다. 이 방법은 공정계획 고유의 업무를 위해서는 적합하지만, 입력은 수작업으로 진행되어야 하므로 복잡한 형상들을 가진 부품은 이런 수작업에 의한 과정이 매우 지루하고 힘든 일이다.

AUTAP 시스템은 기하학적 요소와 기술적인 요소를 사용하여 부품을 서술한다. 그림 8.15는 이러한 부품서술방법의 한 예를 보여준다. 실린더, 원추와 같은 기하학적 요소들을 사용하는 것과 함께 구멍의 형태 등과 같은 하위요소들을 사용한다. 이런 요소는 핵심단어와 속성으로 표현된다. 기하학적 요소들은 주요 윤곽의 특성을 표현하고 종속요소들은 이들을 상세하게 서술한다.

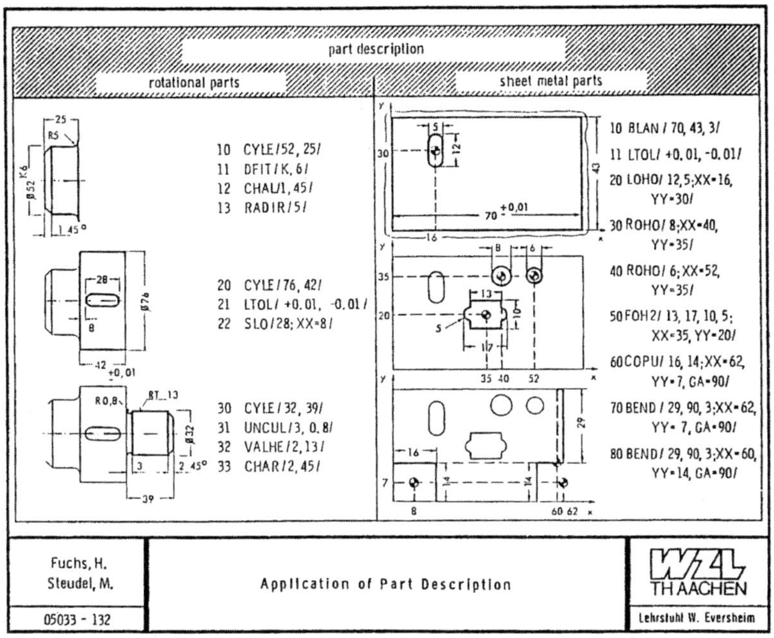

[그림 8.15] 회전형상부품에 대한 AUTAP 부품서술의 예

3) CAD 모델

앞서 언급한 부품서술방법들은 공정계획의 여러 기능들을 위한 정보를 제공하지만, 부품을 서술할 때 여전히 수작업으로 하나 이상의 형상들을 표현해야 한다. 한 부품은 CAD시스템을 이용하면 효과적으로 모델링을 할 수 있으며, CAD시스템의 내부 데이터 표현 방법이 컴퓨터에 적합한 형식을 제공한다. CAD 모델을 공정계획의 입력으로 사용하는 것은, 설계도를 코드로 변환하거나 다른 부품서술형태로 변환할 때 수고해야 할 사람의 노력을 경감할 수 있도록 도와준다. 오늘날 산업계에서는 CAD시스템을 적극적으로 사용하므로, 공정계획의 입력정보로 CAD 모델을 사용하면 여러 가지 장점이 있을 수 있다. 하나의 CAD 모델은 부품의 설계에 대한 모든 상세 정보들을 갖고 있다. 그것은 모든 공정계획의 기능을 수행하는 데 필요한 정보들을 갖고 있으나, CAD 모델로부터 가공되는 표면을 인식하도록 하는 알고리즘은 아직 개발되지 않고 있다. AUTOPLAN이나 GENPLAN 같은 여러 다른 시스템들은 CAD 시스템의 데이터베이스를 대화식으로 사용하여 공구와 고정구 선택을 위한 입력정보로 활용한다.

8.2.2 의사결정논리의 표현법

창성형 공정계획 시스템에서 주요한 구성요소들 중 하나는 공정계획논리와 지식이다. 이것은 공정계획자가 공정계획의 여러 기능들을 수행할 때, 어떻게 의사결정을 논리적으로 하느냐에 대한 것이다. 공정 선정, 가공기계의 선정, 공구 선정, 가공순서의 결정과 같은 공정계획의 기능들은 컴퓨터가 수행하도록 하기 위해서 프로그램 코딩을 해야 한다. 이들 코딩을 수월하게 하기 위해서, 의사결정논리에 사용되는 형식과 구조에는 여러 방법들이 사용되었다. 공정 선정을 위한 의사결정논리는 어떻게 한 공정이나 여러 공정들이 선택되는 지를 결정한다. 따라서 공정의 능력을 설계도면의 정보들과 결합시키는 것이 필요하다. 공정 능력은 'IF ( ) THEN ( )'으로 표현할 수 있으며 이런 표현은 컴퓨터 프로그램에서는 논리문으로 번역된다. 사실 핸드북이나 표로 제공되는 정보들은 컴퓨터 프로그래밍 언어를 사용하여 쉽게 코딩할 수 있다. 그렇지만 이런 프로그램은 매우 길게 되고 비효율적이 될 수 있다. 특히 이런 프로그램은 수정해야 할 상황이 발생할 경우에도 프로그램 수정을 제 때에 제대로 할 수 없으므로 유연성이 거의 없게 되고 이런 구조는 공정계획에서 쓸모없게 될 가능성이 많다.

공정계획의 의사결정 구조를 서술하는 데에 여러 방법들이 사용될 수 있다. 지식표현방법은 의사결정 논리에 직접 관계한다. 여기서 정적인 형태의 데이터는 표현(representation)이 되며, 데이터의 동적인 사용은 의사결정 논리가 되는 것이다. 이들 의사결정 논리의 구조는 애매모호하지 않게 분명해야 하고, 중복되어서는 안 되며, 완전한 구조이고, 추후에 확장이 가능한 구조로 구성되어야 한다. 공정계획에 대표적으로 사용되는 의사결정 논리는 다음과 같은 표현 방법이 있다.

- 의사결정나무
- 의사결정표
- 인공지능

(1) 의사결정나무

의사결정나무는 나무의 구조가 갖는 뿌리, 가지 등을 빌려와서 의사결정에 사용하기 때문에 붙여진 이름이다. 공정계획에서는 의사결정나무로 자연스럽게 여러 기능들을 표현할 수 있다. 조건에 해당하는 내용은 나무의 가지 위에 두고, 조건에 따라 미리 정해진 행위는 가지의 교차점에서 확인할 수 있다. 의사결정나무는 의사결정표와 같이 여러 가지 조건들이 조합되어 여러 가지 행위들을 유발할 때 이들의 관계를 잘 표현하는 방법이며, 매우 체계적인 의사결정을 하게 한다. 예를 들면, 다음과 같이 의사결정을 한다고 하자.

- 만일 비가 내리면 나는 아케이드에 가서 비디오 게임을 할 것이다.
- 만일 비가 내리지 않고 더우면 나는 해변으로 갈 것이다.
- 만일 비가 내리지 않고 덥지 않으면 나는 친구와 소풍을 갈 것이다.

이들에 대한 의사결정나무는 다음 그림 8.16과 같다.

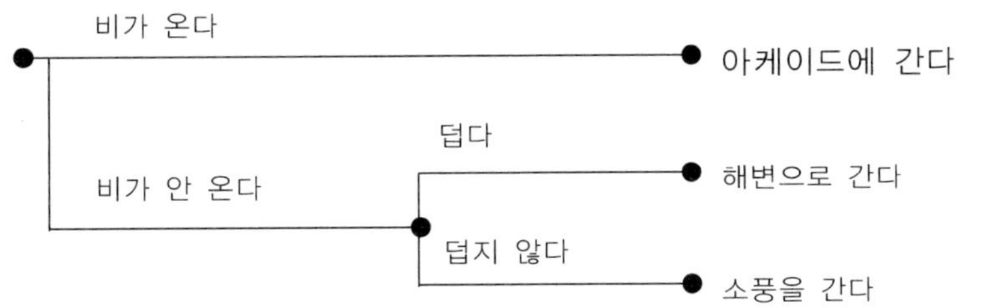

[그림 8.16] 의사결정나무의 예

의사결정나무는 컴퓨터 코드로 표현하거나 데이터로 표현할 수 있다. 하나의 의사결정나무가 컴퓨터 코드로 표현될 때는 나무가 바로 프로그램을 위한 흐름도로 변환될 수 있다. 나무의 뿌리(root)는 출발 마디(node)이며, 가지(branch)는 의사결정 마디이다. 하나의 가지는 의사결정을 위한 문장을 가지며 이 문장은 참(true)일 수도 있고 거짓(false)일 수도 있다. 각 교차점은 참인 조건에 대하여 행위를 하는 구획(block)을 보여준다. 거짓인 조건에서는, 다른 가지로 가거나, 그 과정을 끝마치게 한다. 거짓 조건이 다른 가지를 포함할 때, 이들 두 가지는 OR 노드로부터 갈라진다고 말할 수 있다. 의사결정 문장은 하나의 술어이거나 수학적 표현이 될 수도 있다.그림 8.17은 의사결정나무와 이에 대응하는 프로그램의 흐름도를 보여준다. 그리고 흐름도를 이용하여 프로그램을 작성할 수 있으며, 프로그램의 코드는 의사코드로 그림 8.18과 같이 나타낼 수 있다. 이러한 언어 형식은 창성형 공정계획에서 자주 사용되는 의사결정나무의 구축을 쉽게 해 준다. FORTRAN이나 PASCAL을 사용한 프로그래밍 언어들이 범용 알고리즘을 위하여 사용되어 왔다. APPAS는 의사결정나무를 사용한 공정계획 시스템의 대표적인 예이다. 하지만 이 접근방식은 실행하기는 쉽지만, 확장작업이 개발자보다는 프로그램을 작성하는 사람에게 난해할 가능성이 많다.

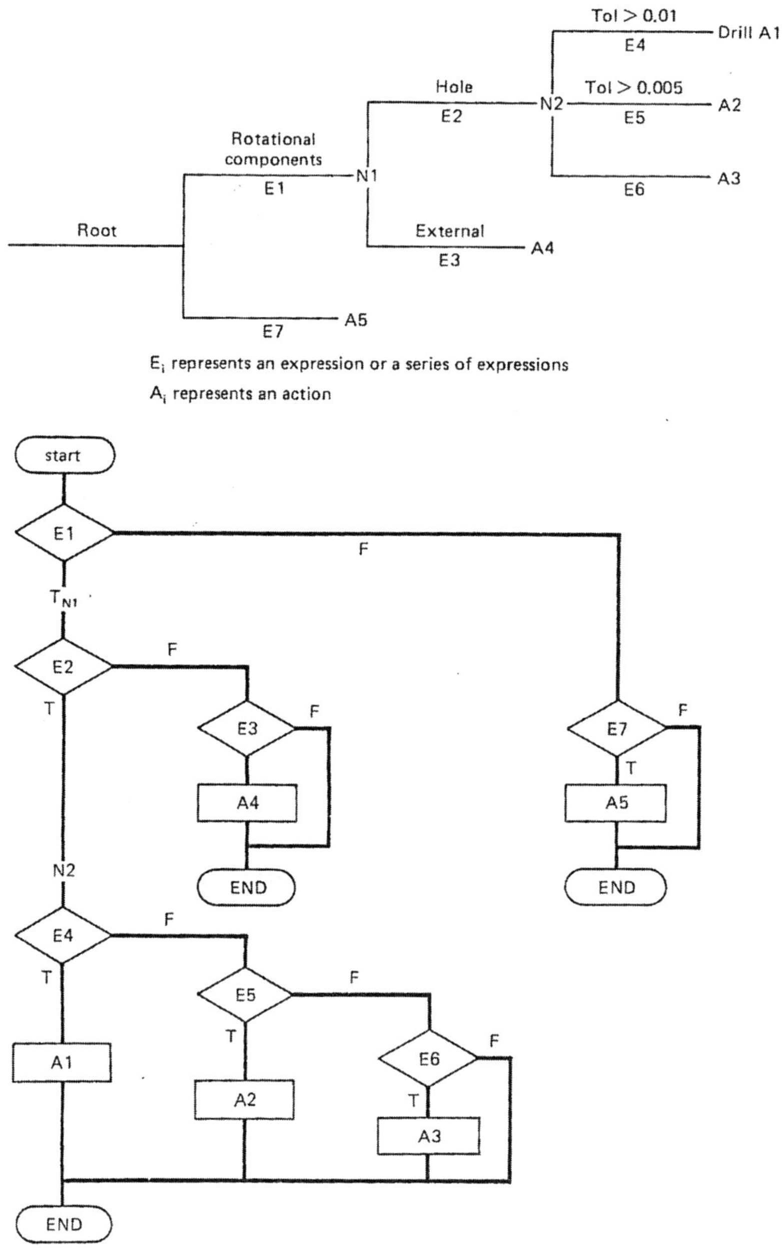

[그림 8.17] 의사결정나무와 흐름도

```
;루트
;
      IF E1 then do N1 enddo
      else if E1 then do A5 enddo
      else endif endif stop
;노드  N1
;
procedure N1
if E2 then do N2 enddo
       else if E3 then do A4 enddo
       else endif endif return
;노드  N2
;
procedure N2
if E4 then do A1 enddo
       else if E5 then do A2 enddo
       else if E6 then do A3 enddo
       else endif endif endif return.
```

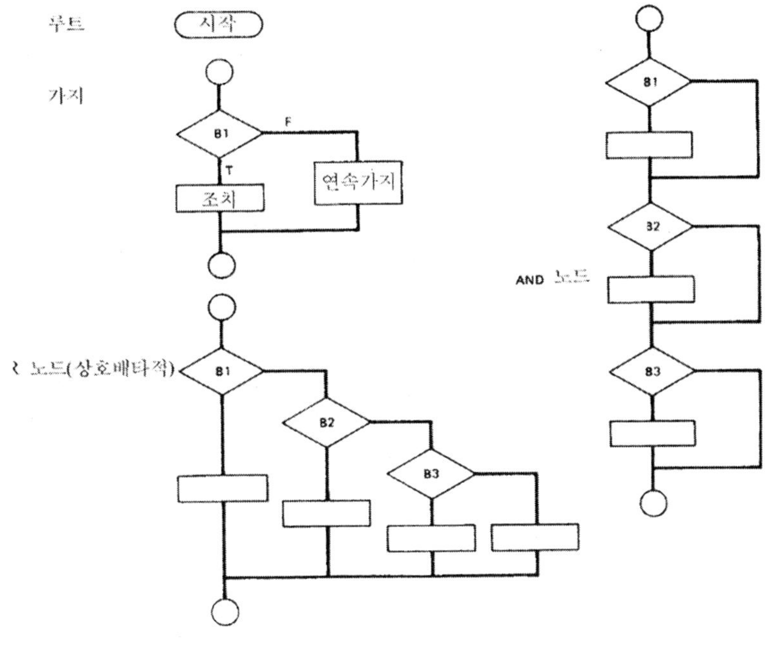

[그림 8.18] 흐름도의 의사코드

(2) 의사결정표

의사결정표는 복잡한 공학적인 데이터들을 표현하는 일반적인 방법으로 오래 전부터 많이 사용되어 왔다. 의사결정표는 컴퓨터를 이용하여 쉽게 실행될 수 있다. 의사결정나무에서 언급한 그림 8.16의 의사결정표에서의 표현은 표 8.1과 같다.

[표 8.1] 의사결정표의 예

온도		덥다	덥지않다
날씨	비가 온다	비가 안온다	비가 안온다
아케이드에 간다	X		
해변에 간다		X	
소풍 간다			X

공정계획을 위해 의사결정표를 사용하는 것은 의사결정표를 실행하거나 표의 작업을 관리하기 위해서 사전 작업을 필요로 한다. 이들은 컴퓨터 언어를 이용한 것일 수도 있고 전처리 프로그램을 앞서 작성해보는 것일 수도 있다. 그러한 소프트웨어를 일반적으로 의사결정표용 언어라고 하며, 기본 언어, 의사결정표 및 외부 언어로 구성된다. 이들 중의 핵심은 의사결정표이고 공정계획과 관련한 의사결정표의 예는 표 8.2와 같다.

[표 8.2] 공구 선정 의사결정표의 예

Dia.≤ 0.5	T	T	T	T	F	F	F	F	F	F	F	F
0.5 <Dia.≤ 1.0	F	F	F	F	T	T	T	T	T	F	F	F
1.0 <Dia.≤ 2.0	F	F	F	F	F	F	F	F	F			
10 <Dia.	F	F	F	F	F	F	F	F	F			
T.P. ≤ 0.002	F	F			F	F	F	F	T	F	F	
0.002<T.P.≤0.01	F	F			F	F	T	T	F	F		
0.01<T.P.	T	T	F	F	T	T	F	F	F	T		
Tol≤0.002	F		F	T	F		F	T	T	F	F	T
0.002<Tol≤0.01	F			F	F		T	F	F	F	T	F
0.01<Tol	T	F		F	T	F	F	F	F	T	F	F
Drill	1	1	1	1	1	1	1	1	1	1	1	1
Ream		2										
Semifinish Bore				2				2	2			2
Finish Bore			2	3		2	2	3	3		2	3
Rapid Travel			3						4		3	4

상기 의사결정표에서 직경과 진위치도와 공차 정보의 조건에 따라 공구 선정이 달라짐을 알 수 있다. 예를 들면 구멍 형상이 있을 때 가공기술적인 정보로써 직경이 0.5이하이고 진위치도가 0.02이고 공차가 0.02이면 그 구멍은 상기 의사결정표에서는 드릴을 선택하여 가공하면 됨을 보여준다. 마찬가지로 다른 조건에 따라 다양한 행위들이 선택되고 공정계획의 한 기능이 실행된다.

이미 앞의 여러 의사결정표에서 보았듯이 표의 구성은 수평선을 기준으로 수평선의 위쪽은 조건 영역이고, 아래쪽은 행위 영역으로 나누어진다. 그리고, 수직선을 기준으로 좌측에는 꼬리표(Tag, stub)의 영역이고 우측은 엔트리들의 영역으로 구분된다. 표 8.3은 표의 구성을 나타낸다.

즉 조건부와 실행부로 나뉘는 의사결정표는 공정계획의 기능들에 관한 지식을 표에서 잘 표현할 수 있다. 의사결정표에서 하나의 열(column)은 하나의 규칙을 의미한다. 그리고 동일한 열에서의 행들은 and 를 의미한다. 의사결정을 위한 구칙들은 의사결정표의 엔트리 부분에 있는 열들에 의해서 구분된다.

[표 8.3] 의사결정표의 구조

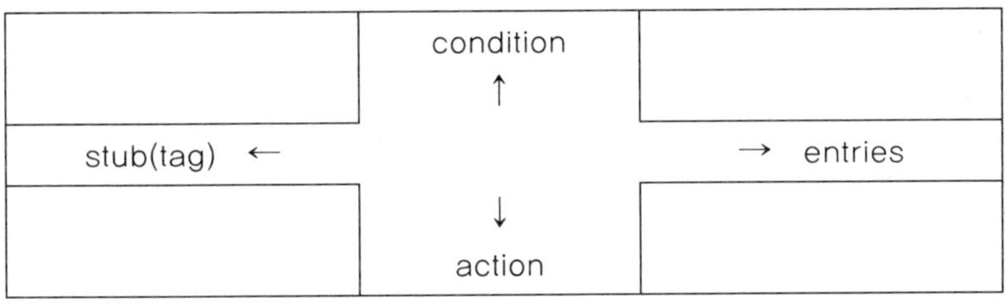

1)제한된 엔트리의 의사결정표

조건부의 꼬리표는 조건이 변수의 숫자이거나 구체적인 값을 의미하도록 명확한 것을 지정해준다. 조건부의 엔트리는 단지 참(T)이거나 거짓(F)을 표시하고 때에 따라서는 참이나 거짓과는 관계없는 의미로 아무 것도 표시하지 않는 방법으로 엔트리를 작성한다. 앞의 표 8.2가 한 예를 보여준다.

2)확장된 엔트리의 의사결정표

조건부의 꼬리표가 조건의 값이 아닌 대표명(identification)을 명시하며, 조건부의 엔트리는 값들을 작성한 구조를 갖는다. 표 8.4는 확장된 엔트리를 갖는 의사결정표의 예를 보여준다.

[표 8.4] 확장된 엔트리의 의사결정표

Temperature		≥80	〈80
Weather	Raining	Not Raining	Not Raining
Go to the arcade	X		
Go to beach		X	
Go to picnic			X

3) 혼합용 엔트리의 의사결정표

혼합용 엔트리의 의사결정표는 행위에 있어서 무순의 행위들 뿐 아니라 순서가 정해진 행위들을 갖추고 있다. 순서가 정해진 행위들은 일련번호가 각 행위의 엔트리상에 할당된다. 표 8.5는 그 예를 보여준다. 무순의 행위들은 일련번호를 필요로 하지 않는다. 따라서 단지 'X' 기호가 의사결정표에 사용된다. 비어있는 행위 엔트리인 경우는 어떤 작업도 선택되지 않는다는 것을 의미한다.

[표 8.5] 순서가 있는 행위 엔트리의 의사결정표

True position 〉 0.01	T	T	
True position ≤ 0.01			
Dimensional Tol. 〉 0.1	T		
Dimensional Tol. ≤ 0.1		T	
Drill	X	1	
Ream		2	
Bore			

의사결정표를 작성할 때는 몇 가지 고려해야 할 사항이 있다. 첫째로 완성도가 있어야 하고, 들째로 정확해야 하며, 셋째로 중복성을 최대한 줄여야 하고, 넷째로 일관성이 있어야 한다. 예를 들면 표 8.6과 같은 의사결정표가 작성되었다고 하자. 이 경우에 규칙 A와 규칙 B를 살펴보면 중복이 되는 조건임을 알 수 있다. 규칙 A는 조건 4에 대한 참 또는 거짓에 상관하지 않고 적용되는 규칙이므로, 규칙 B를 포함하는 경우이다. 따라서 두 개의 규칙을 하나의 규칙으로 줄일 수 있다. 또한 규칙 A와 규칙 C를 비교해 보면 서로가 일관성이 없음을 알 수 있다. 조건 1을 중심으로 살펴보자. 규칙 A는 조건1이 참인 경우 행위 1을 실행하게 하는 규칙이고, 규칙 C도 또한 조건1이 참이면 행위 2와 3을 실행하게 하는 규칙이다. 따라서 두 종류의 규칙은 조건1이 참일 때 서로 다른 행위를 하도록 모순된 규칙임을 알 수 있다.

[표 8.6] 중복 규칙의 예

조건 1	T	T	T
조건 2			
조건 3	T	T	
조건 4		F	
행위 1	X	X	
행위 2			X
행위 3			X

또한 무한루프에 빠지지 않도록 의사결정표를 작성해야 한다. 무한루프를 구성한 의사결정표의 예는 표 8.7과 같다.

[표 8.7] 무한루프의 의사결정표

	A	B	C	D
True position 〉 0.01	T			
Tolerance 〉 0.01	T	F	F	
S.F. ≧ 60		T		
Diameter = 0	F	F	F	T
Drill	X			
Ream		X		
Bore			X	
Diameter = 0	X			
S.F. = 60			X	
Terminate				X

단, S.F. = 40 μin, Diameter = 2 in, Tolerance = 0.005 in

표에서 만약 조건이 표면다듬질정도가 40Z이고 직경이 20mm이며 공차가 0.005mm라 할 때의 행위를 선택해 보자. 먼저 조건부의 공차조건에서 규칙 B, C, D가 적용된다. 이어서 표면다듬질정도가 60보다 작은 값이므로 규칙 C와 규칙 D가 적용된다. 마지막 조건인 직경이 20이므로 규칙 C가 선택된다. 이제 행위부에서 보면 규칙 C의 행위는 엔트리가 보링가공을 하고 다시 표면다듬질정도가 60이 된다는 것이다. 따라서 행위부의 행위 엔트리에 따라 새로운 조건이 선정된다. 변경된 조건이 표면다듬질정도 60Z이고 직경이 20mm이며 공차가 0.005mm이므로, 동일하게 적용하면 규칙 B가 선정되어 무한 루프로 빠져들게 된다. 따라서 이런 의사결정표는 피해야 한다.

의사결정표의 크기는 큰 표인 경우에는 읽고 해석하기가 어려우며 프로그램 작성을 할 경우에는 많은 메모리를 요구하므로 의사결정의 효율을 떨어트리는 원인이 된다. 따라서 의사결정표는 가능하면 작은 크기로 구성하는 것이 좋다. 의사결정표를 축소하기 위한 방법은 먼저 규칙들 중에서 조건부의 조건이 서로 하나가 다르고 공동 행위를 취하도록 구성된 규칙이면 서로 하나로 뭉칠 수 있다. 합병된 규칙은 주건부의 서로 다른 조건 엔트리를 '참이나 거짓과는 상관하지 않는다'는 조건으로 지정하면 된다. 표 8.8의 예에서 규칙 A와 규칙 C의 조건들 중에서 조건 1의 경우가 합병되는 규칙이다. 축소위한 두 번째 방법은 의사결정표가 여전히 큰 치수일 때 그 표를 쪼개어서 다시 표를 작성하는 것이다.

[표 8.8] 규칙을 합하는 의사결정표

	A	B	C
조건 1	T		F
조건 2		F	
조건 3	F	T	F
조건 4	F	T	F
행동 1	X		X
행동 2		X	
행동 3		X	

=>

	A	B
조건 1		
조건 2		F
조건 3	F	T
조건 4	F	T
행동 1	X	
행동 2		X
행동 3		X

표 8.9는 쪼개는 과정을 보여주고 있다.

[표 8.9] 둘로 나누는 의사결정표

	A	B	C	D	E
조건1	T	T	F	F	F
조건2	F	T			
조건3			T	F	F
조건4				T	F
행동1	X		X		
행동2		X	X		X
행동3				X	X

쪼개기(A,B) (C,D,E)

조건 1	T	F
표 1	X	
표 2		X

	A	B
조건 2	F	T
행동 1	X	
행동 2		X

	C	D	E
조건 3	T	F	F
조건 4		T	F
행동 1	X		
행동 2	X		X
행동 3		X	X

(3) 인공지능에 의한 표현

인공지능은 컴퓨터 사이언스에서 다루는 주요 분야 가운데 한 분야이다. 인공지능은 보통 사람의 지능과 관계되는 기능들을 수행하는 장치(device)의 능력을 의미하며, 공정계획에서 사용가능한 인공지능의 분야는 부품을 서술한 것들에 대한 자동 해석 분야와 공정계획의 개발 자체에 전문가시스템을 사용하는 분야이다. 여기서 전문가시스템은 문제가 있을 때 문제의 여러 대안의 행위들을 제시하기 위하여 전문지식을 이해하고 특수영역의 지식을 사용하는 능력을 보유한 툴(tool)이다.

공정계획에서 수행할 여러 문제들은 전문가시스템을 이용하여 해법을 찾을 수 있다. 공정계획의 문제들은 상당한 경험을 기초로 한 것이고, 공정계획자인 전문가의 주관에 따른 의존도가 매우 높으며, 장기간에 걸쳐 획득한 전문지식을 사용하므로 전문가시스템을 이용한 업무수행에 적합하다. 전문가시스템을 구성한 구성요소들은 첫째로 전문영역에 관계하는 사실(facts)을 저장하는 지식베이스, 둘째로 추론을 이끌

어내기 위한 규칙들, 셋째로 규칙을 야기하고 일관성을 유지하며 모순시의 해결방안을 제시하는 추론 구조의 세 가지가 있다. 그림 8.19는 기본적인 전문가시스템의 구조를 보여주고 있으며, 이들을 공정계획에 적용한 전문가 공정계획 시스템의 구성은 그림 8.20과 같다.

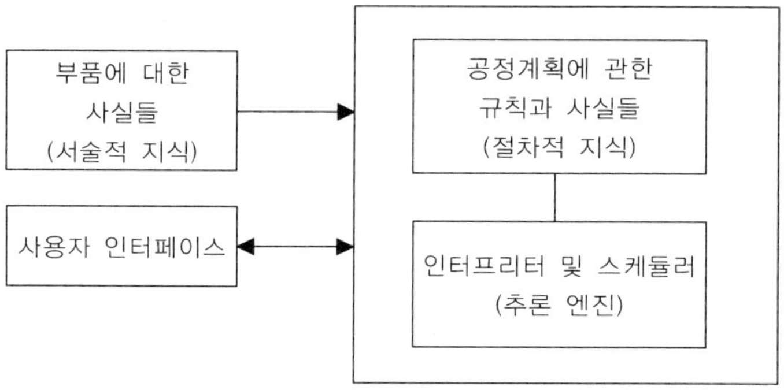

[그림 8.19] 전문가 시스템의 구조[33]

전문가시스템에서 지식을 표현하고 규칙을 표현하는 데에는 여러 방법들이 사용되었지만, 대표적인 것은 생산규칙이다. 이 방법은 가장 범용의 지식표현방법이다. 기본 개념은 조건과 행위가 하나의 집합으로 구성된 형태이며, 단순히 IF (조건) THEN (행위) 의 규칙으로 표현된다. 이 방법은 여러 공정계획 시스템에서 사용해 왔으며, 공정계획의 지식을 코드화하는 데에 많은 장점이 있다. GARI, TOM, PROPLAN, XCUT 등에서 공정계획 지식의 코드화를 사용하였으며, 규칙에 기초한 공정계획 시스템은 공정선정, 공구선정, 고정구 설계 및 셋업, 공정순서결정 및 작업계획, 가공데이터선정 및 CNC 밀링가공에 사용되어왔다.

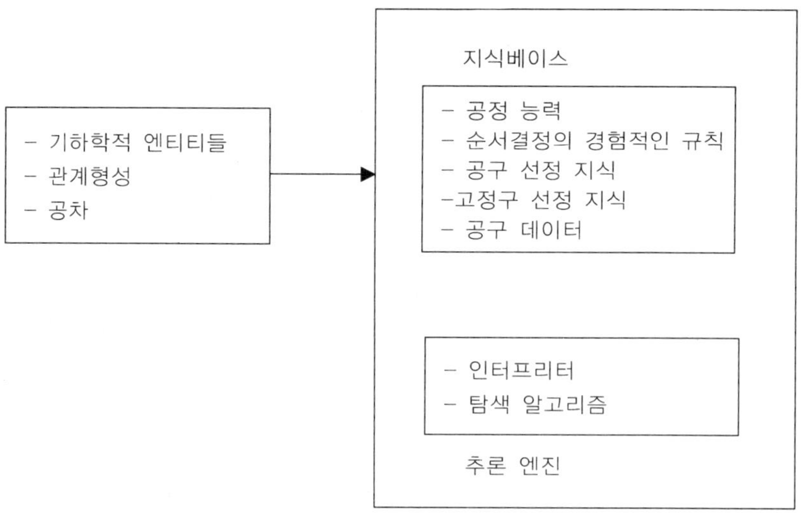

[그림 8.20] 전문가 공정계획 시스템

창성형 공정계획 시스템의 세 번째 구성요소는 데이터베이스와 알고리즘이다. 공정계획에서 수행할 기능이 여러 가지 있으므로 데이터베이스도 또한 여러 종류가 있다. 그림 8.21은 공정계획에서 수행할 기능과 이를 위해 필요한 데이터베이스의 관계를 보여주고 있다. 이들은 CAD인터페이스를 위한 CAD 데이터베이스로부터, 소재 선정 및 데이터베이스, 공정선정, 기계선정, 공구선정, 고정구 방법 선택을 위한 각각의 데이터베이스를 가지며, 이들은 사용하는 범위에 따라 일부를 갖기도 하며, 회사에서 운용하고자 하는 범위에 따라 잘 정리하여 사용하기도 한다.

데이터베이스는 구축될 때 가능하면 컴퓨터에 적합한 형태로 구성하며, 알고리즘은 시스템에서 안내자 역할을 하며, 계산업무를 수행한다. 공정계획의 알고리즘이 적용되는 영역을 찾아보면 사용 동력과 윤활제를 포함한 최적절삭조건의 산출, 공정매개변수로써 가공속도, 절삭깊이 및 이송의 영역을 대상으로 한다.

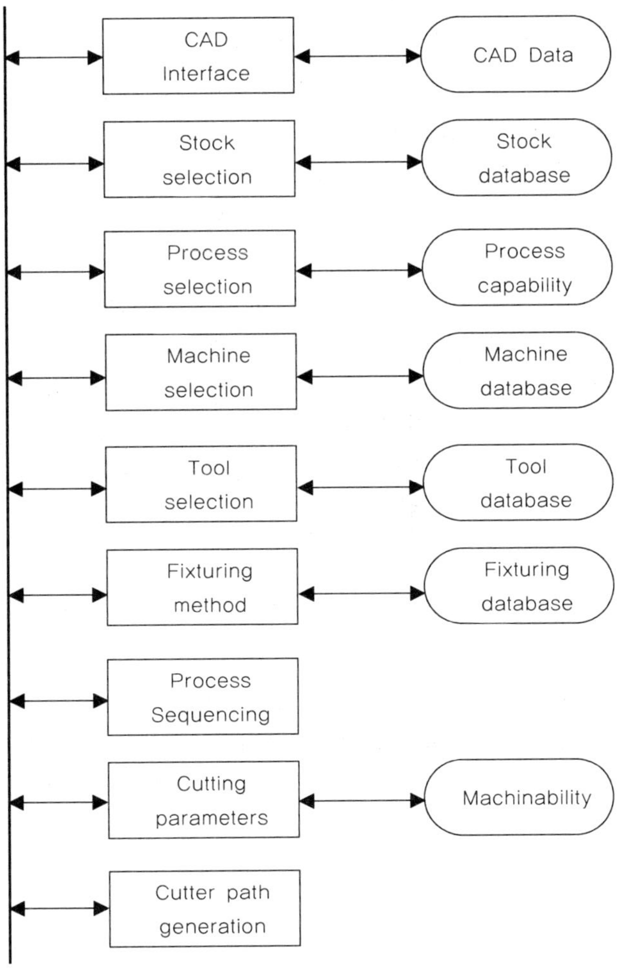

[그림 8.21] 공정계획 기능과 대응 데이터베이스

8.3 자동형 공정계획(Automated Process Planning)

공정계획의 세 번째 접근방법은 자동형 공정계획 시스템이다. 이 방법은 하나의 공학설계모델인 CAD 데이터로부터 하나의 완전한 공정계획을 직접 생성할 수 있는 공정계획을 의미한다. 공정계획의 의사결정을 수행할 때에 사람의 개입을 완전히 배제하는 방법이다. 자동형 공정계획 시스템은 두가지 특징을 갖고 있다. 하나는 CAD 인터페이스의 자동화이고, 다른 하나는 완전히 지능적으로 공정계획 본연의 업무를 수행하는 것이다.

지금까지 연구되어 온 CAD 데이터의 입력방법은 세 가지 중요한 방법이 있다. 하나는 일반적인 범용 CAD 모델을 사용하며 제조특징형상을 CAD모델로부터 인식하기 위하여 인터페이스를 개발하는 것이다. 범용 CAD 모델로는 완전하고 분명한 데이터를 제공하기 위하여 솔리드 모델이 사용된다. 이 방법의 장점은 범용 CAD 모델러가 설계를 위해서도 사용될 수 있다는 것이다. 하지만 복잡한 특징형상을 인식하기에는 매우 어려운 문제가 발생한다.

두 번째 방법은 특별히 설계된 CAD 모델을 사용하는 것이다. 이 설계 모델은 제조공학자가 즉각적으로 인식가능한 형상들을 통합하는 모델이다. 이런 형상들은 제조작업에서 얻을 수 있는 설계형상들이며, 특징형상에 기초한 설계라고 부를 수 있다. 제조지향의 CAD 구조를 생성하며, 작업할 공정과 직접 관련있는 표면들의 집합인 특징형상들을 직접 사용하여 부품을 설계하므로, 설계자는 제조를 통해 얻을 수 있는 특징형상만을 사용해야 한다는 단점이 있다. 그리고 제조기술자를 중심으로 한 설계가 되므로 설계과정에서 어려움이 발생할 수 있으며, 특징형상의 개념을 정립할 때 설계공학자와 제조공학자의 특징형상에 대한 견해 차이로 인한 어려움도 발생할 수 있다. 아직까지 이러한 개념을 도입한 시스템은 완전한 자동화를 위해 고려해야 할 부분이 많다.

세 번째 방법은 혼합형(hybrid) 접근방법이다. 두 종류의 설계모델을 사용하며 이들 사이의 연결을 위해 포인터가 사용된다. 먼저 설계는 특징형상에 기초한 모델러를 사용하여 설계한다. 특징형상 모델은 경계 모델로 변환되고, 경계 모델 상에서 기하학적 추론이 실행되므로 설계단계에서 제한되는 여러 제약조건들을 줄이게 된다. 설계에서의 특징형상들이 시스템에서는 인식되어 있으므로 기하학적 추론이 보다 용이하게 된다.

복습문제

1. 공정계획의 접근방식에는 어떤 종류가 있나?
2. 변성형 공정계획의 수행절차를 설명하여라.
3. 창성형 공정계획의 구성하는 요소들을 열거하여라.
4. 자동형 공정계획의 주요한 개발요소 2가지는?
5. 공정계획을 위한 논리전개에서 의사결정트리와 의사결정표의 역할은 무엇인가?
6. 공정계획의 의사결정논리를 표현하는 방법은 어떤 종류가 있는가?
7. 부품의 형상 중에 직경 0.4, 진위치도 0.001 공차 0.001을 만족시켜야 할 형상이 있다. 이 형상을 만들기 위해서는 어떤 작업이 필요한지 표 8.2를 사용하여 구하여라.
8. 7에서 구한 내용을 의사결정나무를 이용하여 작성하여라.

part 9

공정계획 시스템 및 자동화

컴퓨터 통합생산시스템은 시스템을 구성하는 설계, 제조, 관리의 자동화 및 통합화를 수행하는 시스템을 말한다. 따라서 설계와 제조의 통합화를 위해 이들을 연결하는 역할을 하는 공정계획의 자동화는 컴퓨터 통합생산시스템을 위해 당연히 수행되어야 할 분야이다. 공정계획의 자동화는 컴퓨터의 활용 정도에 따라, 변성형, 창성형, 자동형 공정계획으로 구분할 수 있으며 이들을 통칭 컴퓨터이용 공정계획(Computer Aided Process Planning : CAPP)이라 하였다.

컴퓨터이용 공정계획은 독립적으로 작동되기도 하고, 다른 시스템과 연계되어 작동되기도 하여 지금까지 많은 공정계획 시스템이 개발되었다. 이들은 기능에 따른 분류가 되어 개발되기도 하였고, 회전형상부품 또는 비회전형상부품의 대상부품의 구분에 의해 적용범위를 제한하여 개발되기도 하였다. CAPP시스템은 여러 가지 장점이 있다. 첫째로 공정을 합리화한다. 즉, 부품도면을 제작할 공정의 선정이 컴퓨터를 이용하므로 사람에 간섭을 최대한 배제하므로 일관성이 있고 논리적이며 최적의 공정을 선택하는 기능을 갖고 있기 때문이다. 둘째로 공정계획자가 입력했어야 할 많은 입력부분들을 컴퓨터가 대신하므로 작업에서의 에러를 줄이며 여러 가지 서류업무들을 줄이는 역할을 한다. 셋째로 공정계획 시간이 보다 짧아진다. 즉, 각종 입력정보의 전산화, 공정계획 기능 자체의 전산화로 인해, 입력 시간을 단축하므로 계획수립 시간이 단축되는 것이다. 넷째로 다른 응용 프로그램과 통합화를 하여 가공데이터 시스템을 개발한다.

이 장에서는 지금까지 개발되어 온 공정계획시스템을 살펴보고, 동시공학의 개념을 사용하여 설계부문에서 제조를 고려한 설계(Design For Manufacture : DFM)를 수행해 온 분야를 소개한다. 또한 공정계획과 다른 기능의 통합화에 대해 논의하고, 공정계획의 자체 기능개발에서 한걸음 더 나아가 개발한 공정계획의 평가를 어떻게 할 것인가에 대한 내용을 소개하고자 한다.

9.1 컴퓨터이용 공정계획시스템

9.1.1 CAM-I CAPP

미국의 MCDonnell Douglas Automation Co.가 CAM-I(Computer Aided Manufacturing-International)와 계약하여 개발한 프로그램을 CAM-I 가 1976년에 변형시킨 것으로 미국 내의 여러 회사에서 널리 응용하고 있는 시스템이다. CAM-I CAPP은 전형적인 변성형 공정계획 시스템으로 이 시스템의 논리는 부품을 코딩하고 분류하는 데 집단화 기술 방법을 근거로 하여 부품그룹을 형성하게 한다. 각 부품그룹은 하나의 표준공정계획을 설정한다. 프로그램의 실행은 이미 수록된 데이터파일을 검색하고 이들의 수정을 통하여 이루어진다. 그리고 부품에 관한 정보의 입력 및 출력은 부품그룹분류기술에 의한 코딩시스템을 사용한다. 그림 9.1은 CAM-I CAPP 시스템의 흐름도를 나타낸다.

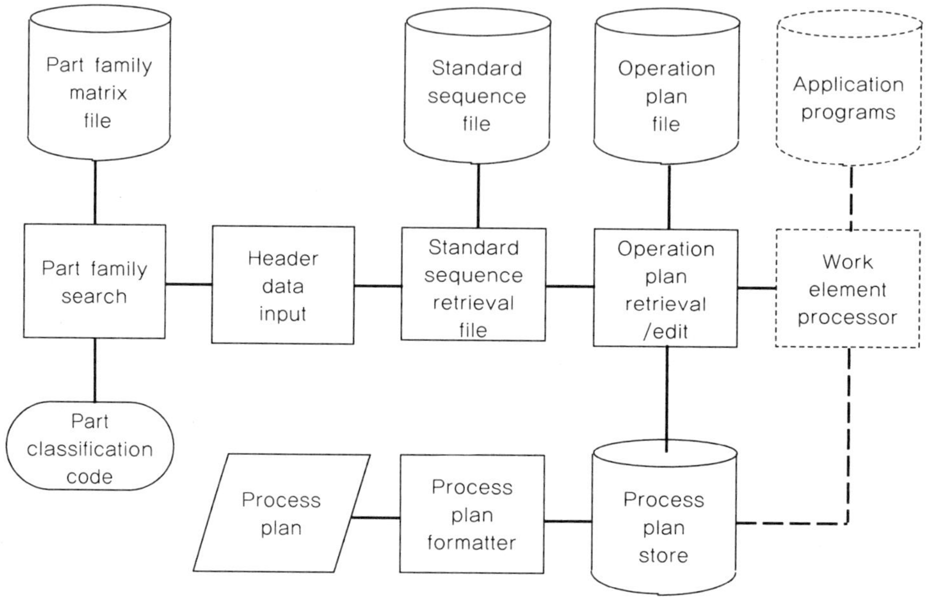

[그림 9.1] CAM-I CAPP 시스템의 흐름도

9.1.2 APPAS와 CADCAM

APPAS(Automated Process Planning And Selection)은 창성형 공정계획 시스템이다. 그리고 CADCAM은 APPAS가 확장된 시스템이다. APPAS는 표면을 묘사하는 데 있어서 다른 시스템들과 구별되는 데 각 표면은 하나의 특별한 코드에 의하여 각각의 가공되는 표면에 대하여 상세한 기술적인 정보들을 묘사한다. 가공되는 하나의 표면은 전형적으로 30-40개의 속성을 가지는 데이터문자를 사용하여 묘사된다. 이 시스템은 머시닝센터 또는 컴퓨터총합생산시스템에서 부품의 가공이 가능하도록 설계된 것으로 구멍과 홈(slot)과 평면(Plane surface)의 세가지 기하학적 특징을 갖는 부품에 대하여 공정계획을 창성한다.

CADCAM은 APPAS와 연결하기 위하여 CAD의 단말기를 사용하며 공정을 선택하기 위하여 의사결정표의 논리를 사용한다. APPAS와 CADCAM은 모두 포트란 언어를 사용하여 작성했다.

9.1.3 ACAPS

ACAPS(Automated Coding And Process Selection)는 1980년 펜실베니어 주립

대학교에서 Emerson과 Ham에 의하여 개발된 반창성형 공정계획 패키지이다. 사용자가 터미널 상에서 대화형으로 정보를 입력하여 작동하는 시스템으로, 가공될 각 부품에 집단화기술코드번호를 할당하고 코드번호로 각 부품그룹들을 인식하게 된다. 이 때, 부품그룹은 공정의 유사성에 근거하여 형성된다. 공정의 선정 및 순서결정은 주공정과 2차공정 선정모듈에서 행해진다. 모듈적 구조를 가진 ACAPS시스템은 DEC PDP-10 미니컴퓨터를 사용하여 개발하였는데 사용하는 언어는 FORTRAN-IV이다. 그림 9.2에 ACAPS시스템의 흐름도가 나타나 있다.

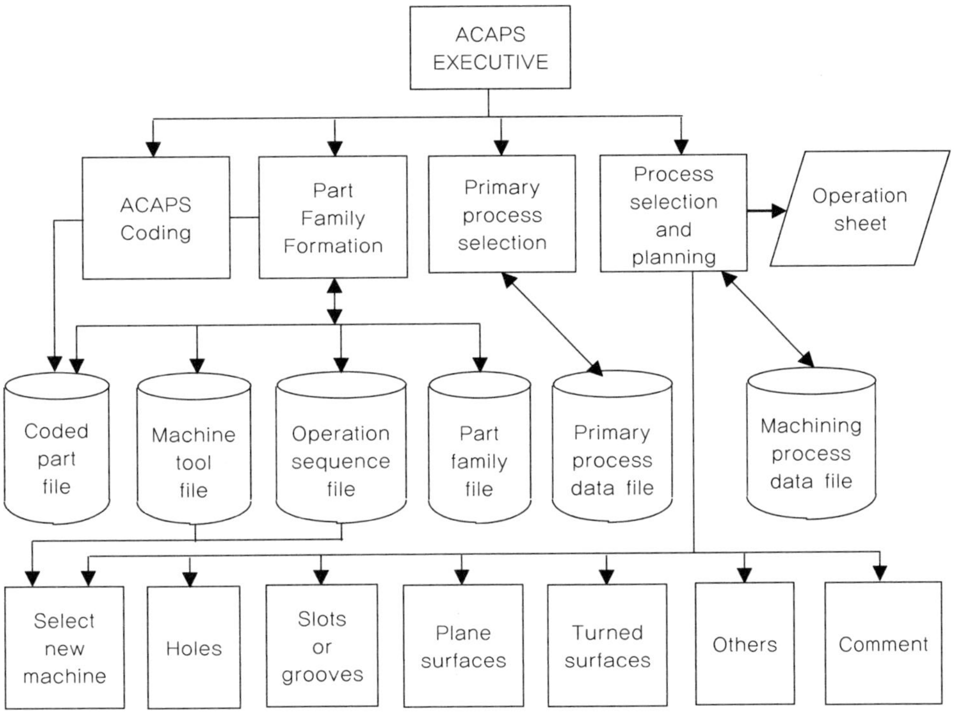

[그림 9.2] ACAPS시스템의 흐름도

9.1.4 AUTAP

CAD/CAM 시스템의 총합화를 위해서 1980년에 서독의 아헨공대에서 개발하여 상용화한 다목적용 공정계획시스템들 가운데 하나이다. 이 시스템의 특징은 자재선택, 공정선정, 공정순서결정, 공작기계선택, 선반에서의 척 선택, 부품 프로그램의 작성이 가능하다는 점이다. 다른 시스템과 비교해 볼 때 유일하게 부품을 묘사하는 언어를 사용하는 데, AUTAP의 입력은 바로 부품을 구성하는 데 사용하는 기본 특징형상들이다. 제일 먼저 부품에 대한 기술을 하며, 가장 외부에 있는 윤곽선을 파악하여 이 정보를 보유하고 있는 현재의 재료들과 비교하여 원재료를 선택하게 한다. 사용자가 만든 의사결정표의 논리를 근거로 하여 공정이 선택되고 공정순서가 정해지며, 공작기계가 선정된다. AUTAP시스템은 회전형상부품만 아니라 평판에 대한 공정계획도 가능하다. 그림 9.3은 회전형상부품에 대한 AUTAP시스템의 흐름도를 나타낸 것이다.

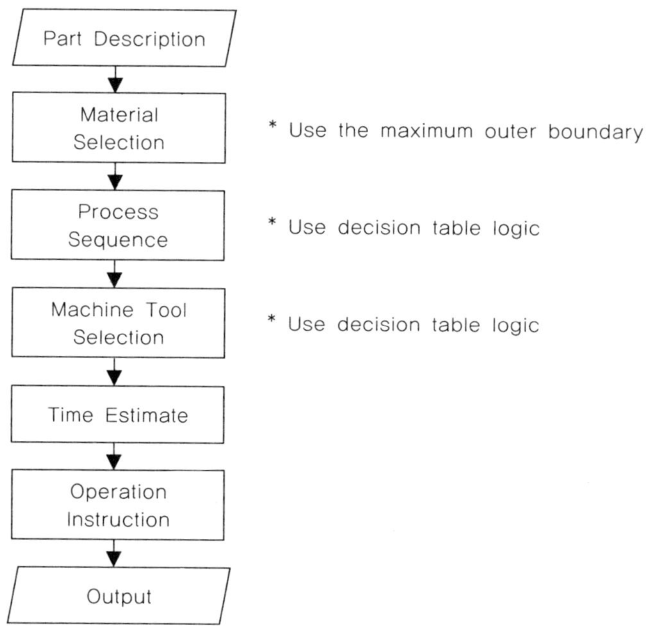

[그림 9.3] AUTAP시스템의 흐름도

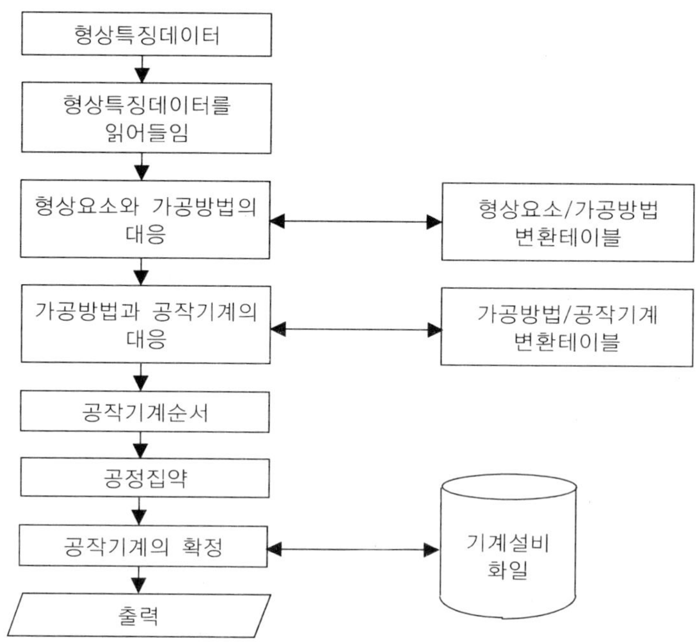

[그림 9.4] DMOS/PROP의 흐름도

9.1.5 DMOS/PROP

DMOS/PROP(Diversified Manufacturing and Operation System/PROcess Planning)은 1982년부터 3년동안 일본의 기계진흥협회에서 개발한 DMOS 가운데 하나인 서브 시스템으로 반창성형 시스템이다. 본 시스템은 6단계를 거쳐서 공정을 출력하도록 구성되었는 데, 먼저 특징형상데이터인 특징형상코드를 공정계획용 처리형태에 따라 읽어들이고 특징형상 코드를 주코드로 하여 의사결정표의 변환테이블에 의해 가공방법을 선택하게 된다. 다음으로 선택된 가공방법에 따라 재정렬을 한다. 동일한 가공법 또는 동일한 기종등은 집약을 하여 가능한 한 최소의 기종으로 가공이 행해지도록 한다. 마지막으로 기계설비 파일을 참조하여 소재 형상, 주치수 및 롯트 크기 등을 고려하여 가공이 가능한 공장기계를 선정하고 DMOS/PROP의 표준공정이 출력된다 이 시스템의 흐름도는 그림 9.4와 같다.

9.1.6 ACPSAP

ACPSAP(Automated Coding Process Selection And Planning) 시스템은 1984년 펜실베이너 주립대학교의 Abadi에 의해 개발된 반창성형 공정계획 시스템이다. ACAPS시스템을 기초로 하여 개발된 시스템으로서 회전 및 비회전형상부품 모두에 사용될 수 있다. 부품의 코딩은 KK-3시스템으 fqusghks시킨 15자리의 코딩시스템을 사용한다. 집단화기술의 개념 하에서 필요한 공정순서의 유사성을 근거로 하여 부품그룹행렬을 형성하며 이미 주어진 기본적인 주요공정들에 대하여 비용과 평균가공 작업시간을 측정한 후 주공정이 사용자에 의해 선택된다. 이 시스템은 VAX 11/780 시스템 상에서 작성하도록 설계되었고 사용한 언어는 포트란77이다. 그림 9.5는 ACPSAP 시스템의 흐름도를 보여주고 있다.

9.1.7 MICRO-CAPP, MICRO-GEPPS

공정계획을 작성하기 위해 각각 변성형과 반창성형 접근방식을 사용한 MICRO-CAPP 및 MICRO-GEPPS는 1985년 펜실베니어 주립대학교에서 Wang과 Wysk 에 의해 개발된 공정계획 시스템으로, 개인용 컴퓨터와 호환이 되는 컴퓨터 상에서 작동되도록 개발되었다. MICRO-CAPP 시스템은 공정계획을 작성하고 저장하는 데 대화형의 방법을 사용하며 CAPP을 더욱 발전시킨 시스템이다. 시스템논리는 부품들을 부품그룹으로 형성하기 위하여 가공부품의 코딩 및 분류에 집단화 기술의 개념을 사용한다. 사용자에 의해 작성되는 표준공정계획은 본 시스템 파일에 주어지며 필요할 때마다 검색하며 수정하게 된다. 그림 9.6의 흐름도를 따르는 MICRO-GEPPS 시스템은 CNC선반과 바머신(Bar Machine)을 사용하여 생산되는 부품에 대하여 공정계획을 수립할 수 있도록 특별하게 개발된 컴퓨터 프로그램이다. 각 공작물에는 먼저

KK-3 코딩시스템을 사용하여 하나의 집단화 기술의 코드가 할당된다. 입력되는 코드의 유효성을 확인한 후에 가공치수, 공차 등의 필요한 입력데이터를 입력하면 최종 부품형상에 필요한 작업 및 작업순서가 정해지며 작업지시서가 작성된다.

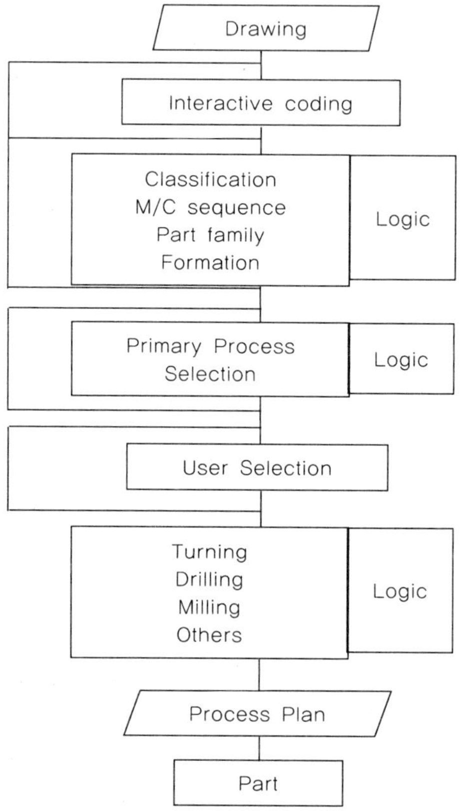

[그림 9.5] ACPSAP 시스템의 흐름도

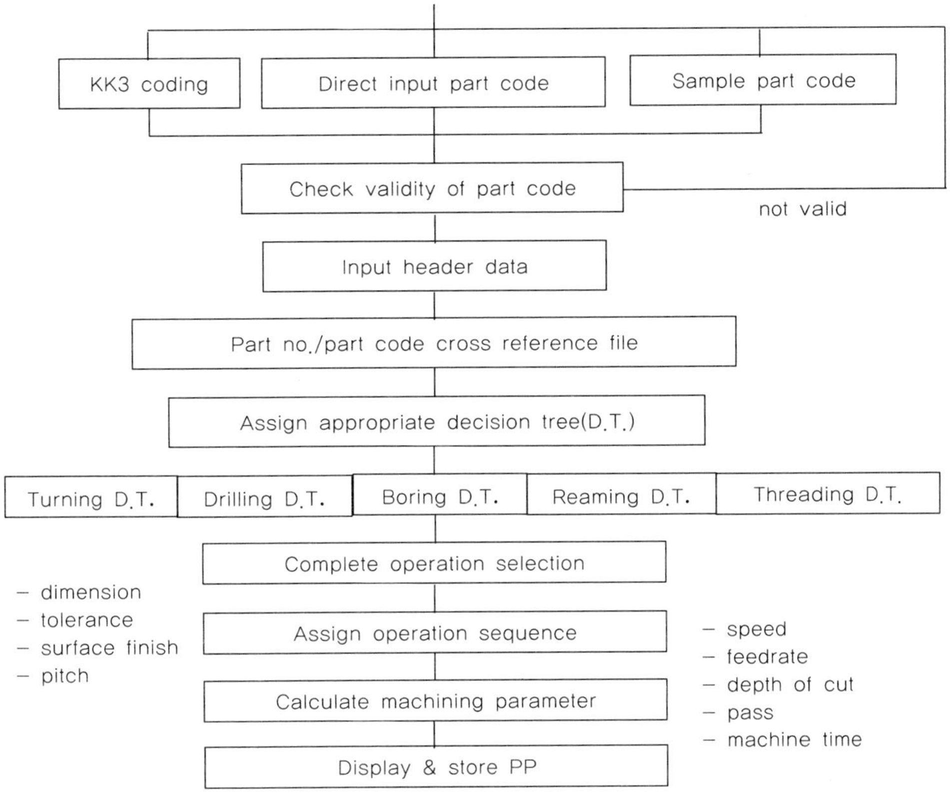

[그림 9.6] MICRO-GEPPS 시스템의 흐름도

9.1.8 TIPPS

TIPPS(Totally Integrated Process Planning System)는 APPAS 및 CADCAM에서 발전된 CAD와 창성형 공정계획 시스템을 하나로 통합되게 묶은 공정계획 시스템이다. 대상 부품은 밀링, 연삭, 드릴링, 보오링, 리이밍 및 다른 구멍을 가공하는 공정들을 필요로 하는 각형 부품들로서, 이들은 그 경계(Boundary)에 의해 특징형상이 표현된다. TIPPS는 CAD 모델을 직접적인 입력으로 사용하며 대화형으로 커서를 제공하여 면들을 확인하고 공정에 관한 지식은 단순한 부품묘사언어인 PKI(Process Knowledge Interpreter)를 사용하여 기술한다. 본 시스템은 모듈별로 구성되어 있으며 각 모듈 상호간의 저보전달이 가능하도록 데이터들을 적절히 입출력함으로써 전체의 공정계획을 얻게 된다. 그림 9.7은 TIPPS의 구조를 보여주고 있다.

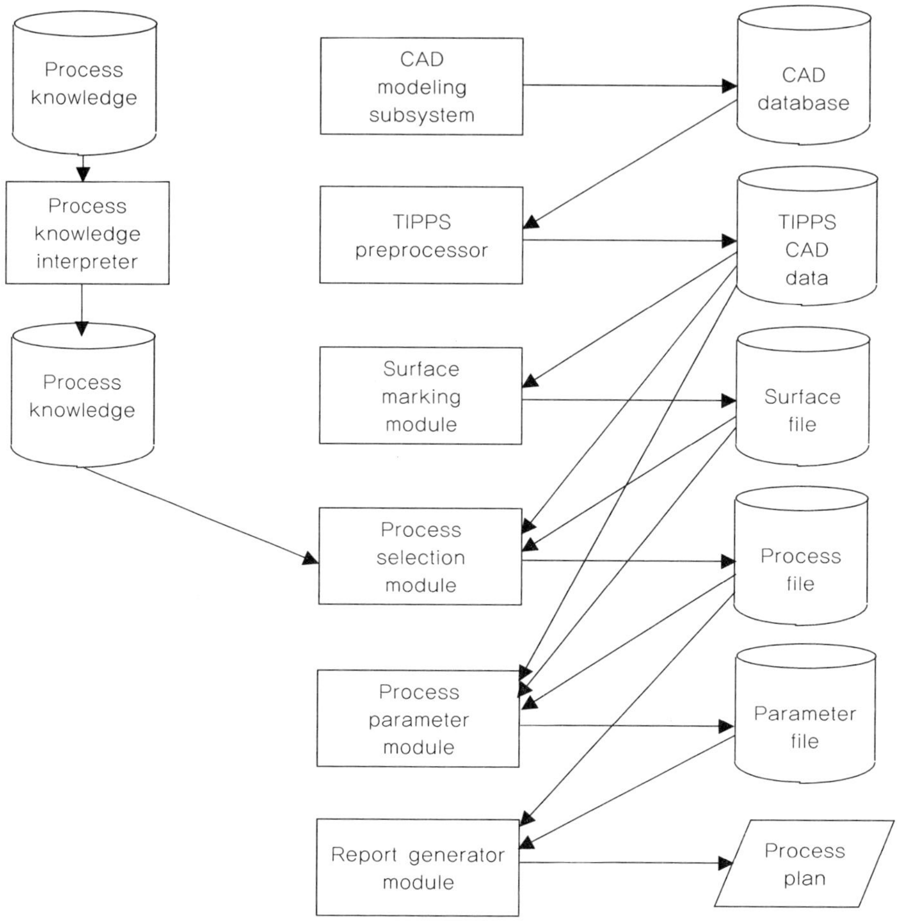

[그림 9.7] TIPPS의 구조

9.1.9 CAPP_NCL

CAPP_NCL시스템은 CAD 인터페이스된 자동공정계획 시스템이다. 수치제어선반에서 가공되는 대칭인 회전형상부품을 대상으로, CAD시스템으로부터 입력된 부품에 관한 정보를 데이터변환모듈을 통해 변환하여 서술한 부품서술 데이터베이스의 생성, 부품을 구성한 형상특징인식, 형상특징에 따른 가공공정 및 작업선정, 공작기계의 선정, 가공을 위한 준비작업인 작업준비계획 그리고 작업계획을 수행하는 6개의 모듈과 부품의 일반적인 정보들을 입력하는 모듈 및 작업지시서를 출력하며 저장하는 모듈로 구성된 공정계획시스템이다. CAPP_NCL시스템의 전반적인 흐름도는 그림 9.8과 같고, 각 모듈별 기능을 살펴보면 다음과 같다.

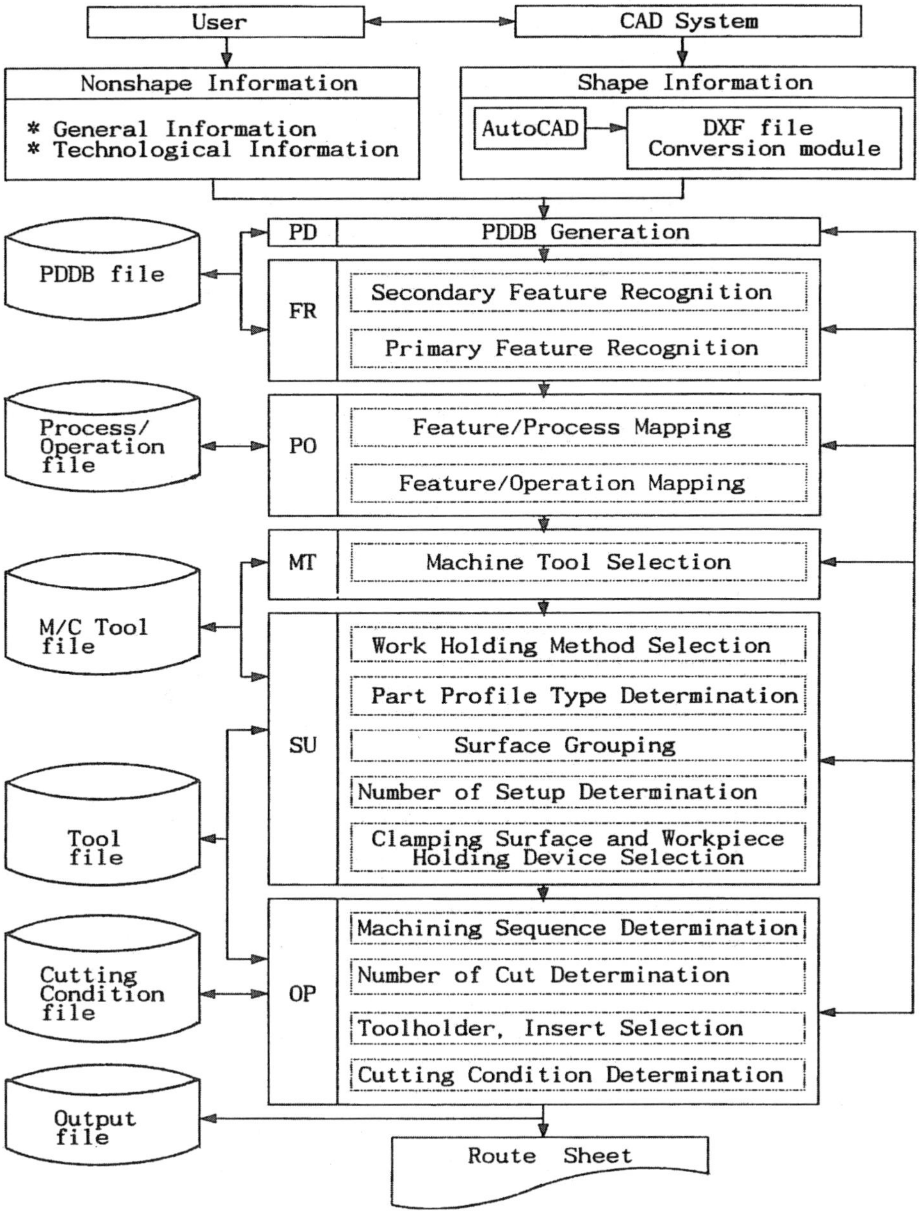

[그림 9.8] CAPP_NCL 시스템의 흐름도

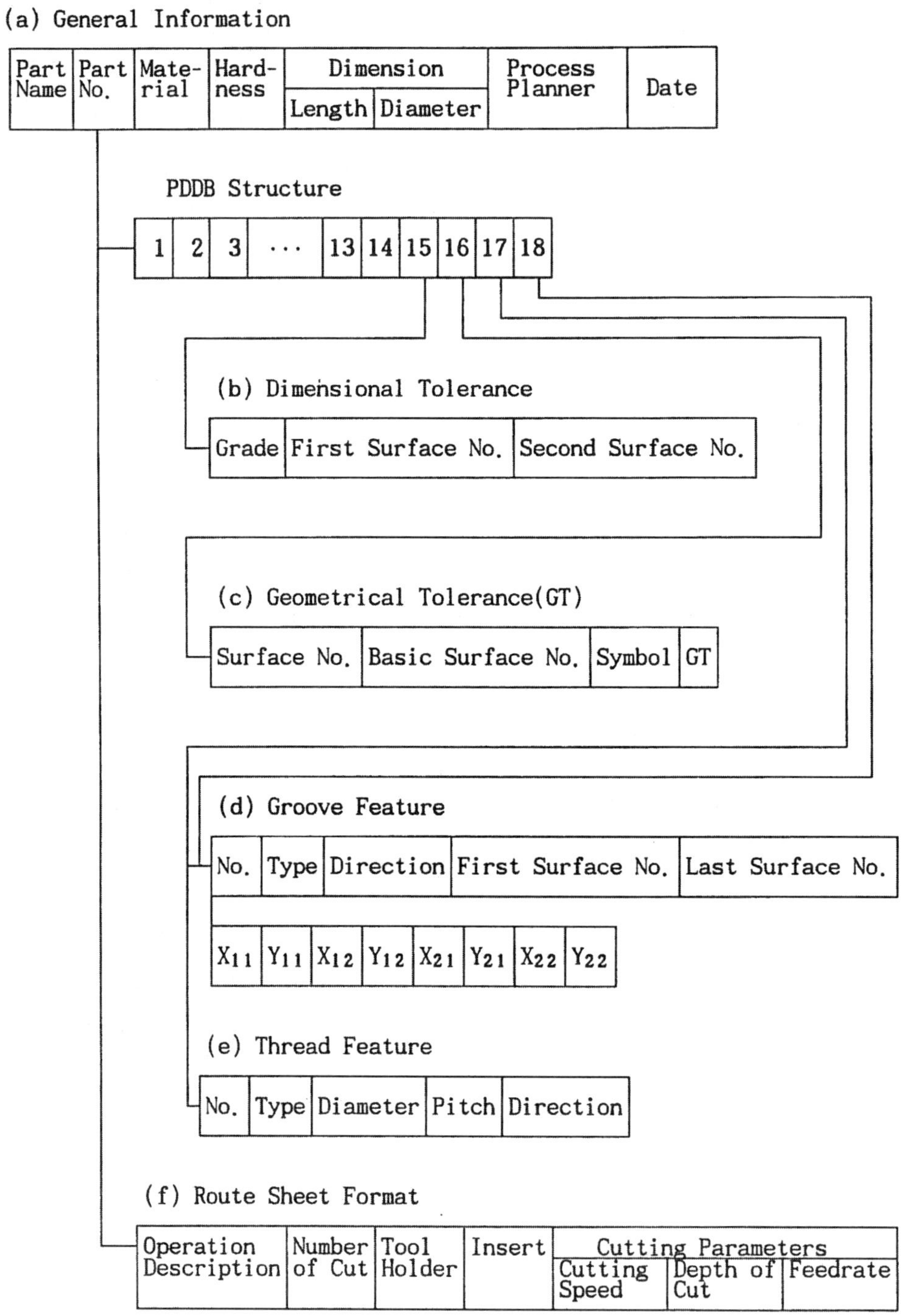

[그림 9.9] CAPP_NCL 시스템의 데이터 구조

그림 9.8에서 PD모듈은 AutoCAD로 그린 부품의 데이터들이 저장된 DXF화일로부터 형상정보를 자동적으로 읽어들이고 사용자와의 대화에 의해 비형상정보들을 읽

어들인 후, 데이터변환모듈을 통해 형상정보들을 공정계획에 필요한 부품정보로 생성하여 부품서술 데이터베이스에 저장하는 기능을 수행한다. 여기서 비형상정보들은 일반정보인 부품명, 품번, 재질, 경도, 길이 및 지름, 공정계획자, 작성일에 관한 데이터들과 기술적인 정보인 표면다듬질정도, 치수공차, 기하공차들로 구분되어 입력된다. 입력된 데이터 중 일반정보는 그림 9.9의 데이터구조를 가지며, 기술적인 정보들은 PDDB구조에 따라 필드번호 14, 15, 16에 저장되며, 이들 중 치수공차와 기하공차는 각각 그림 9.9(b), 그림 9.9(c)와 같은 데이터구조를 갖는다. FR모듈은 PD모듈에서 생성한 PDDB정보들을 입력정보로 하여 형상인식규칙에 의해 부품의 형상특징을 인식하는 모듈이다. 인식한 각 표면의 형상특징들은 PDDB의 필드번호 17에 형상특징을 의미하는 약어로 저장되며, 만일 하나의 표면이 홈형상과 측면형상의 2종류 형상특징인 경우에는 필드번호 17과 18에 각각 측면형상과 홈형상을 의미하는 약어를 저장한다. 또한 홈형상은 여러 종류가 있으며 각각은 다른 형상특징들과는 달리 1개 이상의 표면으로 구성되고 홈의 폭과 방향에 따라 가공방법과 사용공구 등이 다양하므로 이러한 정보들을 인식하기 위해 그림 9.9(d)와 같은 데이터구조에 따라 홈과 관련한 데이터들이 저장된다. 나사형상인 경우도 나사의 종류, 호칭지름, 피치, 방향에 관한 데이터들이 그림 9.9(e)와 같은 데이터구조에 따라 저장된다. PO모듈은 전문가시스템의 형식을 적용하여 공정과 작업을 선정하는 모듈이다. 이 모듈은 FR모듈에서의 형상특징들을 인식한 후, 각 표면의 형상특징에 관한 사실(Fact)들과 자료집과 전문가와의 인터뷰를 통하여 얻은 공정 및 작업에 관한 지식들을 통합화하여 형상에 따른 공정 및 작업의 의사결정규칙을 획득하였으며, 획득한 지식의 표현은 IF-- THEN-- 형식의 Rule을 사용하였으며, 이러한 Rule의 형식은 다음과 같이 표시된다.

〈 공정계획용 Rule의 형식 〉

IF ((가공면의 형상이 원통면) 이고 (가공면위치가 외부))
THEN (가공면의 가공방법은 외면선삭)

MT모듈은 공작기계에 관한 정보가 저장된 데이터화일로부터 공정계획에 필요한 NC선반을 선정하는 모듈이다. 공작기계에 관한 정보로는 공작기계의 기종, 최대가공길이, 최대가공지름, 바아 소재의 최대가공지름, 주축속도범위, 표준공구규격, 공작기계 최대출력 등에 관한 정보로 구성되어 있다. SU모듈은 5개의 서브모듈로 구성되어 있으며, 작업준비계획에 관한 정보를 제공한다. 공작물고정방법의 선정모듈(SU1)에서는 품명과 부품의 치수에 의해 척작업 또는 센터작업이 정해지며, 부품윤곽형태의 결정모듈(SU2)에서는 PD모듈의 출력정보와 Y좌표값의 최대 및 최소를 기준으로 하여 외부 및 내부의 윤곽형태를 결정하는 모듈이다. 표면그룹화모듈(SU3)에서는 PD모듈의 기하정보로부터 외부면그룹과 내부면그룹에 속한 표면들을 우측그룹과 좌척그룹으로 분리하는 기능을 가지며, 작업준비횟수의 결정모듈(SU4)은 척, 소재, 공구, 기계에 관한 정보들과 SU1, SU2, SU3모듈에서 결정된 정보들을 입력정보로 하여, 작업준비횟수와 척킹위치를 정하는 모듈이다. 클램핑면 및 공작물고정구의 선정모듈(SU5)에서는 SU1, SU2, SU3, SU4모듈에서 얻은 정보들로부터 클램핑면과 척킹형식을 선정하는 모듈로서, 작업계획모듈의 중요한 입력정보를 제공한다.

OP모듈은 개발된 CAPP_NCL시스템의 마지막 모듈로서 제조를 위한 상세한 정보를 제공한다. 이 모듈은 앞서 언급한 5개의 모듈로부터 얻은 정보들을 입력으로, 상세한 작업순서를 결정하는 모듈(OP1)과 절삭횟수의 결정모듈(OP2), 공구선정모듈(OP3), 그리고 절삭조건의 선정모듈(OP4)의 4개의 서브모듈로 구성되며, 이들 중 공구에 관한 모듈인 OP3은 공구홀더 및 인서트의 선정과 관련이 있으며, 공구홀더와 인서트의 선정에 필요한 전문가의 지식을 획득하여 규칙을 적용한 모듈이다. OP모듈의 결과에 따라 출력되는 작업지시서는 품번에 따라 그림 9.9(f)와 같은 데이터구조를 가지고 출력된다.

9.1.10 CAPP시스템의 분류

지난 1980년대를 기준으로 개발되어 온 CAPP시스템을 여러 가지 분류기준에 의해 구분하면 아래 표 9.1에서 표 9.4와 같다[33].

[표 9.1] 제품의 종류에 따른 CAPP시스템 분포

대상제품	1986년		1988년	
	개발시스템 수	백분율%	개발시스템 수	백분율%
회전형상부품	25	81	21	75
비회전형상부품	21	68	17	61
판금가공품	19	61	11	39
부피성형품	10	32	5	18
전자조립품	13	42	8	29
기계조립품	–	–	7	25
기타부품	12	39	4	14

[표 9.2] CAPP시스템의 고유기능수행의 분포

기능	1986년		1988년	
	개발시스템 수	백분율	개발시스템 수	백분율
공정순서 결정	30	97	28	100
소재 선정	16	52	10	36
공작기계 선정	24	77	25	89
공구 선정	21	19	17	61
가공매개변수 결정	20	65	14	50
절삭공구 경로	10	32	6	21

[표 9.3] CAPP시스템의 종류별 분포

종류	1986년		1988년	
	개발시스템 수	백분율%	개발시스템 수	백분율%
변성형(V) 공정계획	4	14	4	14
창성형(G) 공정계획	16	52	6	21
지식베이스(K) 공정계획	24	77	3	11
V-G 혼합형 공정계획	21	19	6	21
G-K 혼합형 공정계획	20	65	2	7
V-G-K 혼합형 공정계획	10	32	5	18
기타	0	0	2	7

[표 9.4] 입력정보에 기준한 CAPP시스템의 분포

입력정보 형태	1986년		1988년	
	개발시스템 수	백분율%	개발시스템 수	백분율%
집단화기술 코드	4	14	6	23
CAD 데이터베이스	16	52	6	23
B-Rep/솔리드 모델	24	77	3	12
원래 치수 데이터	21	19	6	23
관계형 데이터베이스	20	65	2	8
특수 형태	10	32	4	15
기타	0	0	2	8

9.2 제조를 고려한 설계(DFM) 및 공정계획

기계설계 및 제조의 분야에서 과거부터 있어온 전통적인 설계공학자의 인식은 '설계자인 우리가 부품을 설계한다. 제조공학자는 설계한 것을 그대로 만들기만 하라'는 것이었다. 오늘날 이러한 개념은 그림 9.10과 같이 설계공학자가 큰 벽의 한 쪽 부분에 앉아서 설계하며, 설계의 결과를 큰 벽 너머의 제조공학자에게로 던지는 것, 즉 '설계와 제조 사이에는 큰 벽이 있고 이것을 넘어서야 하는 방법'으로 인식되어왔다 [37]. 이와 같은 구조 하에서는, 제조공학자는 설계 단계에서 관여하지 않았으므로 다양한 설계결과로 인해 발생하는 제조문제들을 해결해야 하는 어려움에 직면한다. 이런 문제를 해결하는 수단 중 하나는 제조공학자들과 설계 단계에서 협의하는 것이다. 이러한 팀워크에 의한 결과는 발생할 수 있는 많은 문제점들을 피하게 한다. 이러한 팀은 동시공학(Concurrent Engineering) 팀으로 불리며 이들은 설계 단계에서 제조를 고려하여 설계를 하는 것이다.

동시공학은 1989년 미국에서 최초로 사용하였으며, 제품설계와 제조공정의 개발에 관련된 공학 기술적인 활동을 통합화하여 병렬적 처리를 수행하는 개념이며, 동시공학의 목표는 제품수명주기와 관련된 사항을 설계 단계에서 고려하여 최대 효율과 경제성과 품질향상을 꾀하는 것이다. 이를 제품수명주기에 영향을 주는 여러 분야들 중 제조분야로 축소하여 고려하면, 설계 단계에서 제조를 고려한 설계(Design For Manufacture : DFM)를 수행하는 것을 의미한다. 오늘날 많은 기업체에서는 설계의 중요성을 인식하고 있다. 그들이 인식하는 중요한 이유 중 하나는 설계 자체는 많은 비용이 들어가지 않지만 최종제품 비용의 70% 이상이 설계 단계에서 결정되기 때문이다.

[그림 9.10] 전통적 설계와 제조

이 절에서 언급하는 제조를 고려한 설계는 설계도면이 주어졌을 때 컴퓨터를 이용하여 공정(작업) 지시서를 제공하는 것이고 이는 공정계획을 수행함을 의미한다. 즉, 부품설계도면이 주어졌을 때 컴퓨터를 이용하여 주어진 제약조건 하에서 부품을 가공하기 위한 최적의 방법을 비용과 시간을 고려하여 선정하는 것이다. 여기서 주어진 제약조건이라 함은 사용할 수 있는 공작기계, 절삭공구 치공구 등 제조도구의 현실적인 사용가능유무나 고장유무에 따른 제약을 의미한다. 이러한 업무를 수행하는 도구들 중 하나는 Boothroyd Dewhurst 사에서 개발한 절삭가공용(machining) 소프트웨어이므로 이 절에서는 이러한 절삭가공용 소프트웨어를 소개하며 편의상 절삭공정계획 소프트웨어 프로그램이라 한다[38].

절삭공정계획 소프트웨어는 가공할 부품들에 대하여 소요되는 가공시간과 비용을 산정해 주는 데, 이러한 비용과 시간은 초기 설계 단계에서 상대적인 비용을 추정하고, 공정계획과 작업계획을 수정하는 데 활용할 수 있다. 이 프로그램은 먼저 원자재, 또는 주조나 단조에 의해 제공되는 공작물로부터 부품가공에 필요한 데이터들을 하나씩 얻어내게 된다. 공정계획자는 원재료나 공작기계를 선택할 수 있으며, 원재료나 공작기계는 데이터베이스에 저장되어 있고 공정계획자가 편집할 수 있다. 공정계획자는 각 작업에 필요한 절삭공구의 종류 및 재료, 절삭 치수, 도면상의 표면거칠기를 직접 선택하여 입력할 수 있다. 이 프로그램은 재료의 라이브러리에서 절삭 속도와 이송 속도의 기본 데이터를 변경할 수 있고, 재료의 경도나 절삭의 크기를 필요에 따라 적합한 값으로 수정하며 이어서 가공시간을 계산하게 된다. 공작기계의 출력, 최대 주축속도, 최대 절삭깊이가 주어졌을 때, 이들에 맞게 제약조건들이 수정되고 공구접근방법과 초과운행의 결과 값들이 화면에 나타난다. 만약 절삭작업이 여러 번 요구된다면 절삭횟수는 자동으로 계산된다. 필요한 경우에는 공정계획자가 선택한 조건들을 무시할 수도 있다. 절삭공정계획 프로그램의 구조는 그림 9.11과 같다. 그림 9.11에서 보는 바와 같이 프로그램의 결과는 가운데에 위치한 공정표(Process chart) 또는 공정 지시서를 작성하는 것이다. 공정 지시서의 내용은 하나의 부품을 완성하는 데 필요한 공작기계와 작업의 정보들이며, 각 작업에서의 선택된 옵션에 따라서 계산되는 가공시간과 가공비용이다.

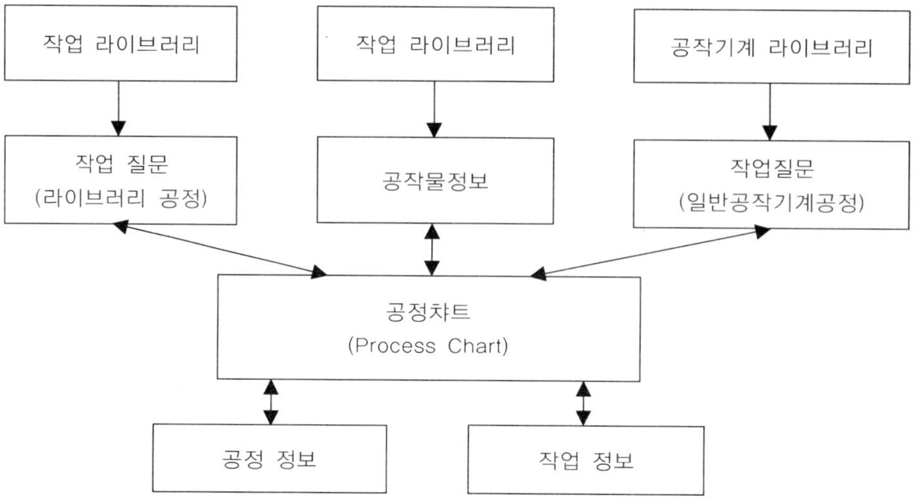

[그림 9.11] 프로그램의 구조

공정 지시서를 작성하기 위해서 공정계획자는 먼저 공작물을 구체적으로 정의해야 한다. 이 작업은 공작물 정보창에서 행해진다. 작업에 필요한 정보를 질문하는 작업 질문창은 공정지시서에서 열거된 작업들에 대한 구체적인 정보들을 질문하게 된다. 작업 질문창은 두 종류로 분리되는 데, 하나는 일반 공작기계에서의 작업에 대한 질문창이고 다른 하나는 라이브러리 작업에 대한 질문창이다. 이러한 공작물정보, 작업 질문창은 세 개의 편집가능한 라이브러리(데이터베이스)로부터 정보를 얻는다. 라이브러리는 각종 데이터들이 저장된 데이터베이스로서, 공작기계, 재료, 및 작업 라이브러리로 구분된다. 그리고 이들 중 공작기계와 재료의 라이브러리는 상세한 정보창이 있고 프로그램에 사용되는 각종 데이터들을 갖고 있다. 작업 라이브러리는 작업과 설비들에 대한 정보를 가지며, 작업 라이브러리와 연결된 작업계산식의 창은 프로그램 계산에 사용되는 계산식이나 변수들을 저장하여 나타내준다. 이들 외에 그림의 아래에 있는 공정 정보의 창은 공작기계에 대한 모든 정보를 보여주는 창이며, 작업 정보의 창에서는 하나의 공작기계에서 수행할 수 있는 작업들에 대한 결과를 보여준다.

9.2.1 공작물 정보 입력

절삭공정계획 프로그램을 실행하면 공정 지시서(공정 챠트)의 창이 나타난다. 그림 9.12는 완성된 공정 지시서의 한 예이다. 이러한 공정 지시서를 처음 사용하기 위해서는 툴바의 좌상단에 위치한 '새 파일' 아이콘을 클릭하면 된다.

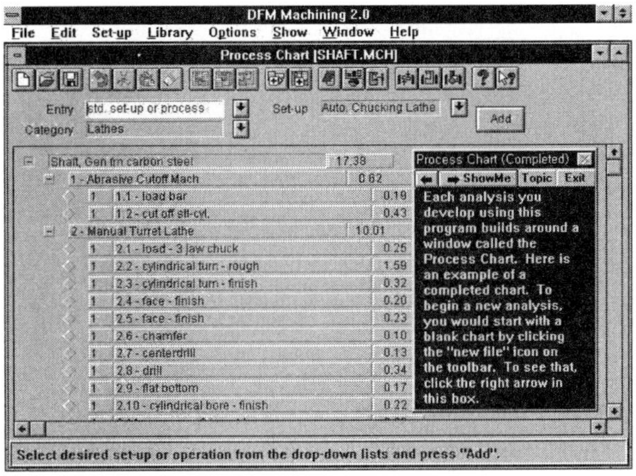

[그림 9.12] 공정 지시서의 예

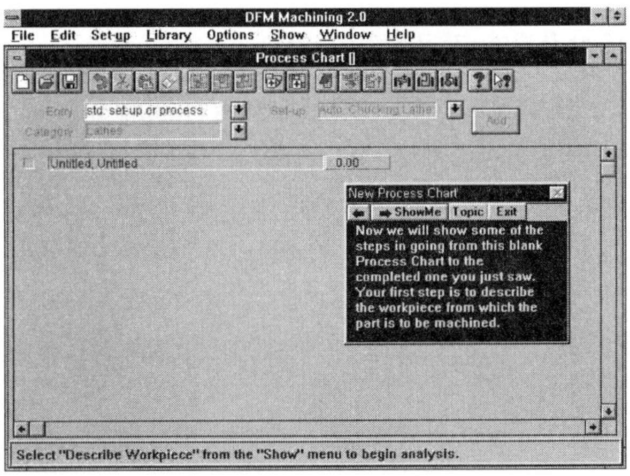

[그림 9.13] 최초의 공정 지시서

그림 9.13은 새 파일 아이콘을 클릭한 후의 최초 공정 지시서로서 아무 정보도 없이 비어있으며, 이것을 작성하는 첫 번째 단계는 가공할 부품의 공작물 정보를 입력하는 것이다. 즉, 그림 9.14와 같이 공작물 정보창을 열어 공작물 정보를 기술하면서 시작한다. 공작물 정보창을 열면 부품명, 품번, 총생산량, 배치생산량들을 입력한다. 그리고 공작물 재료의 종류와 형상, 외곽치수를 선택하거나 입력해준다. 기존의 공작물 재료 비용은 공정계획자가 편집할 수 있다. 공정계획자가 입력한 값들을 프로그램이 활용하도록 오케이(OK) 버튼을 클릭하면 공정 챠트로 돌아간다.

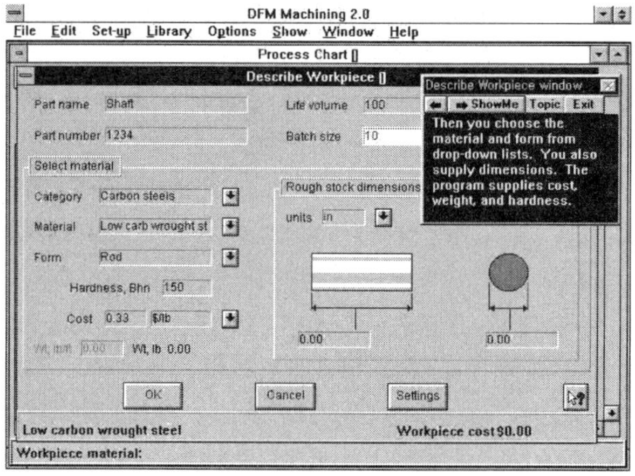

[그림 9.14] 공작물정보 입력창

9.2.2 공작기계와 가공작업의 입력

공작물에 대한 정보를 입력한 후에, 부품 가공에 필요한 툴들과 작업들을 명시해야 한다. 공정 지시서 창에서 일반 공작기계 공정을 선택하고, 구체적인 공작기계 예를 들면 선반을 선택하고 선반 중에서도 구체적인 선반의 종류를 선택한다. 그리고 선반에서 사용된 치공구를 라이브러리 작업에서 선택한다. 그림 9.15와 같은 창의 예제에서는 수동으로 3조 척을 사용하여 공작물을 물리므로 수동장착에서 3조 척을 선택하고, 그리고 원통 가공을 황삭 작업하도록 선택한 내용을 보여준다.

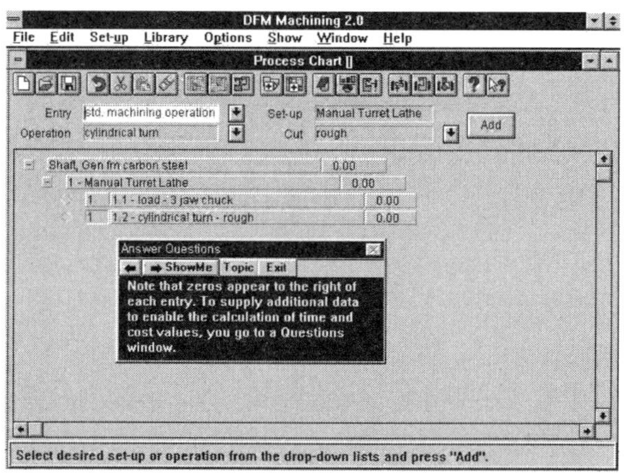

[그림 9.15] 공작기계 및 작업 입력창

절삭공정계획 프로그램은 사용되는 작업 라이브러리 질문창을 통해 입력된 작업에 대한 기본 정보들을 변경할 수 있으며, 그림 9.16은 그림 9.15에서 선택한 3죠 척에 대한 기본 정보의 값을 변경할 수 있음을 보여준다.

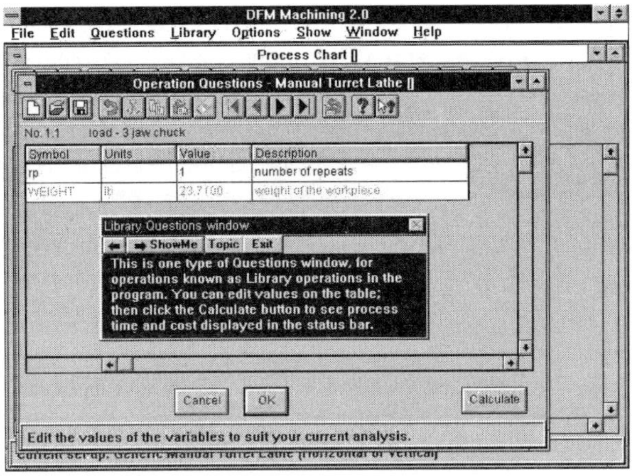

[그림 9.16] 작업 라이브러리 질문창

또 하나의 작업인 원통선삭작업에서도 작업 라이브러리 창을 통해 기본 정보들을 변경할 수 있다. 그림 9.17은 작업을 위한 절삭공구의 재료와, 황삭에서 절삭길이와 깊이의 값을 입력하는 창을 보여준다. 이 프로그램은 모든 표준 가공방법들에 대하여 유사한 질문창을 갖고 있으며 각 창에서 적절한 정보들을 입력하게 한다.

작업 정보들을 입력한 후에 '계산하기(Calulate)' 버튼을 클릭하면, 가공작업의 변수들, 가공시간, 가공비용이 계산되어 창에 나타난다. 앞에서와 같이 공정 지시서로 돌아가기 위해서는 오케이 버튼을 클릭하면 된다. 그림 9.18과 그림 9.19는 이들에 대한 내용이다.

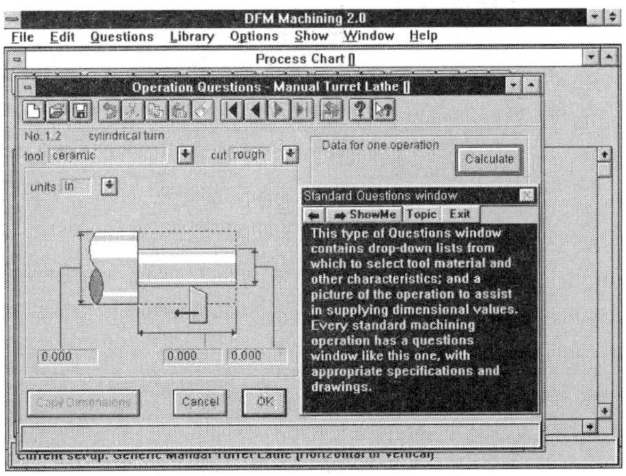

[그림 9.17] 원통선삭 작업 라이브러리에서의 질문창

이와 같이 공정계획을 통해 가공시간 또는 가공비용을 구하기 위해서는 사전에 적용하는 작업들에 대한 기초 데이터의 입력이 필요하다.

절삭공정계획 프로그램은 공정계획자에게 많은 유연성을 제공한다. 그 중에 하나가 공정계획자가 공작물을 가공하는 작업순서를 작성한 후에, 다른 작업을 추가하거나 순서를 바꾸어야 할 경우가 생길 때 그러한 작업의 추가나 순서변경을 가능하게 한다는 것이다. 그림 9.20은 공작기계에서 행해지는 작업을 입력한 후에 각 작업에 대한 가공시간과 비용이 계산되어 제공된 하나의 공정 지시서가 작성된 예이다. 그런데, 이렇게 작성한 공정 지시서의 작업 정보들 중 chamfer 작업의 순서가 잘못 입력된 경우에는 이 작업을 원하는 가공순서로 이동할 수 있으며, 그림 9.21은 그 예를 보여주는 창이다.

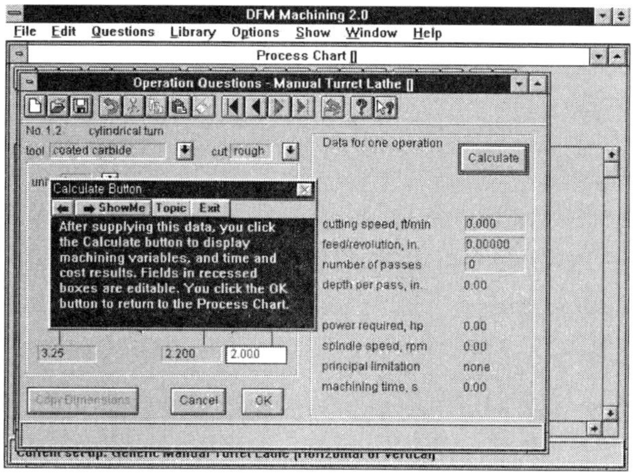

[그림 9.18] 한 작업을 위한 입력정보 계산창

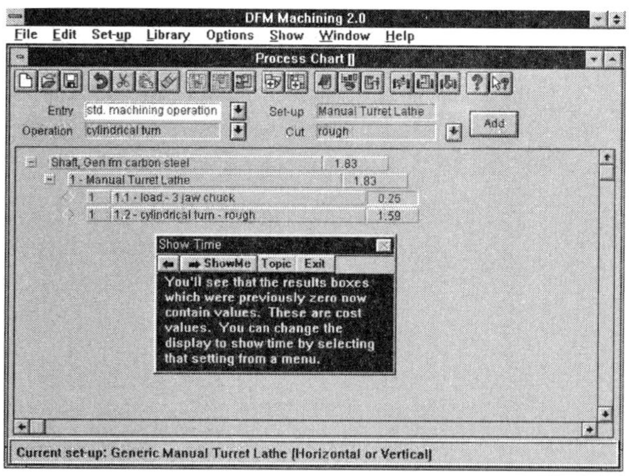

[그림 9.19] 공작기계와 관련 작업에서의 가공비용 산출 결과의 예

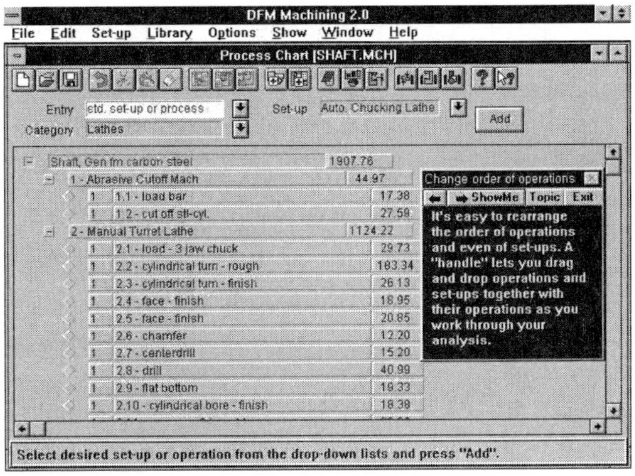

[그림 9.20] 공정 지시서의 작성.

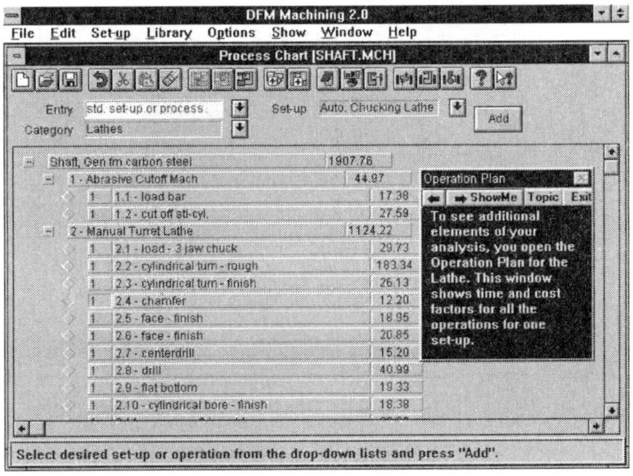

[그림 9.21] 공작기계내의 작업순서가 변경된 공정 지시서

9.2.3 공정정보와 작업정보 편집

선택한 공작기계정보와 기계에서 수행되는 구체적인 작업들에 대한 정보는 공정정보 창과 작업정보 창에서 나타난다. 보여주기 메뉴에서 공정정보를 선택하면 그림 9.22와 같이, 선택한 공작기계와 관련된 생산량, 경도, 단위시간당 가공비용, 총 작업시간을 담은 창이 나타난다. 그리고 공작기계에서 더 많은 정보를 확인하기 위해 표의 열(column)들을 스크롤하면 부품개당 제작비용, 준비시간, 및 시간당 준비비 등의 정보를 담은 창이 나타난다.

그림 9.21과 같은 공정 지시서에서 공작기계를 변경할 필요가 있을 때는 툴바에 있는 공작기계 변경 버튼을 클릭함으로써 공작기계를 변경할 수 있다. 먼저 그림 9.23은 수동 터릿 선반을 사용하여 작업한 공구가 마모되었을 때 하나의 부품당 공구마모비를 보여주는 창이며, 그림 9.24는 터릿 선반을 다이니치선반으로 변경하였을 때 관

련된 비용과 시간이 자동으로 변경됨을 보여주는 창이다.

공정에서 공작기계를 선택한 후에 작업설정 메뉴에서 작업정보를 편집을 하면 그림 9.25와 같은 창이 나타난다. 이 창은 그림 9.22에서 공작기계 정보를 스크롤하여 많은 정보를 확인할 수 있는 것처럼 스크롤하면, 작업과 관련한 상세한 정보들, 즉 각 작업에 대한 작업횟수, 공구교환시간, 공구이동시간, 순수작업시간, 일반작업시간(공구이동과 순수작업시간의 합), 작업비용, 공구비용 등의 정보를 알 수 있다.

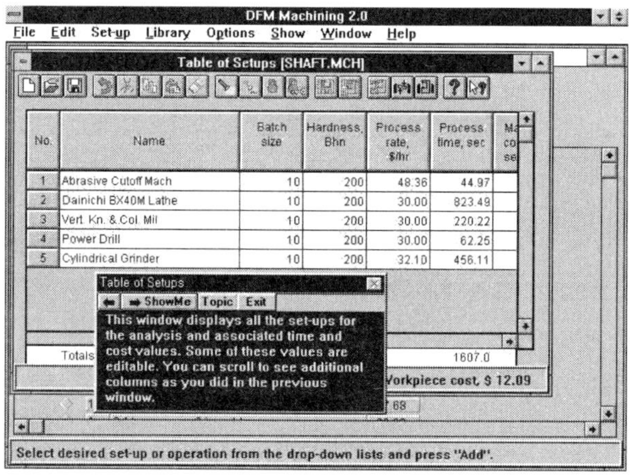

No.	Name	Batch size	Hardness, Bhn	Process rate, $/hr	Process time, sec
1	Abrasive Cutoff Mach	10	200	48.36	44.97
2	Dainichi BX40M Lathe	10	200	30.00	823.49
3	Vert. Kn. & Col. Mil	10	200	30.00	220.22
4	Power Drill	10	200	30.00	62.25
5	Cylindrical Grinder	10	200	32.10	456.11
	Totals				1607.0

[그림 9.22] 공정정보의 내용

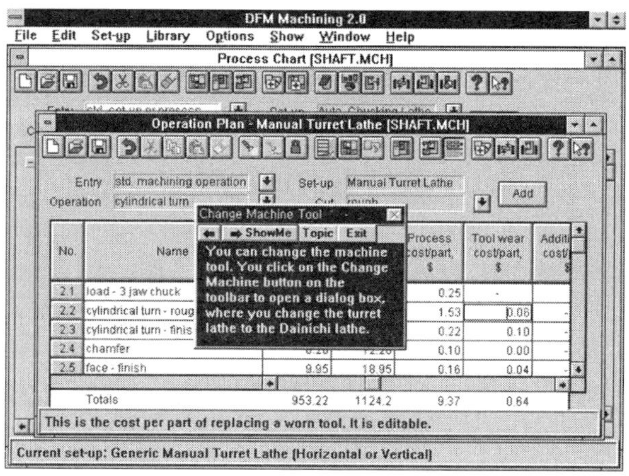

No.	Name			Process cost/part, $	Tool wear cost/part, $
2.1	load - 3 jaw chuck			0.25	-
2.2	cylindrical turn - roug			1.53	0.06
2.3	cylindrical turn - finis			0.22	0.10
2.4	chamfer			0.10	0.00
2.5	face - finish	9.95	18.95	0.16	0.04
	Totals	953.22	1124.2	9.37	0.64

[그림 9.23] 수동 터릿 선반의 공구마모비용 산출 창

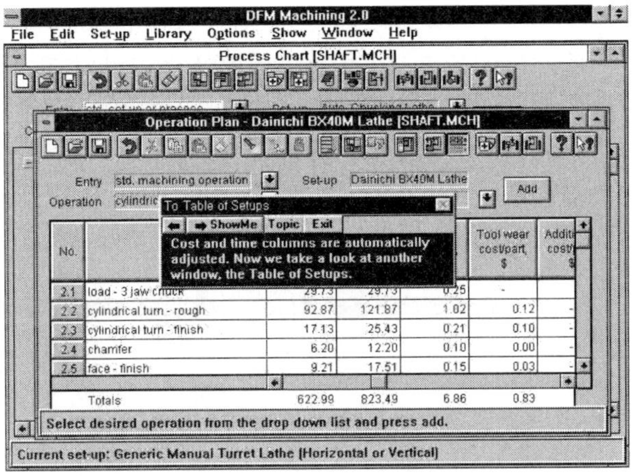

[그림 9.24] 그림 9.23의 공작기계를 변경한 창

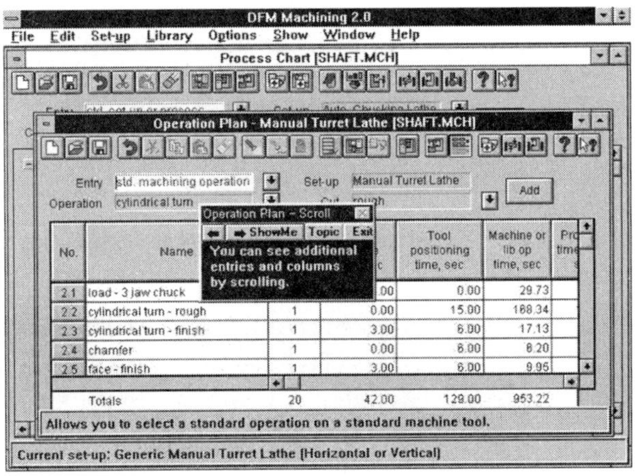

[그림 9.25] 작업정보의 내용

9.2.4 라이브러리 활용법

(1) 공작기계 라이브러리의 활용

절삭공정계획 프로그램은 라이브러리를 사용하며 일반 공작기계의 정보들을 저장해 놓고 있다. 사용하는 공작기계의 종류는 선반, 밀링 기계 등 7가지가 있다. 각 대표 공작기계는 하나의 범용기계와 그 이상의 특수기계를 데이터로 저장해 놓고 있다. 공정계획자는 작업환경이 언제든지 변할 수 있고 이에 따라 사용할 공작기계도 변할 수 있으므로 이러한 가변성을 고려하여 공작기계의 추가나, 라이브러리에 있는 공작기계의 기초 데이터를 수정하여 저장할 수 있다. 이렇게 변경된 데이터의 저장 및 활용은 현실을 충분히 반영할 수 있는 좋은 프로세스라 할 수 있다.

먼저 라이브러리 메뉴에서 공작기계를 선택하여 상세한 정보 편집을 선택하면 공작기계에 대한 상세한 정보들이 담긴 창이 그림 9.26과 같이 나타난다. 여기서는 다이니치선반에 대한 내용으로, 작업자 일인당 취급하는 공작기계의 수, 동시에 진행될 부품의 개수 등의 정보를 저장하고 있으며 이들 값을 작업장에서 사용하는 공작기계의 종류에 적합하게 변경하여 사용할 수 있다. 그림 9.27은 다이니치 선반에 변경된 값을 적용한 결과를 보여주는 창이다.

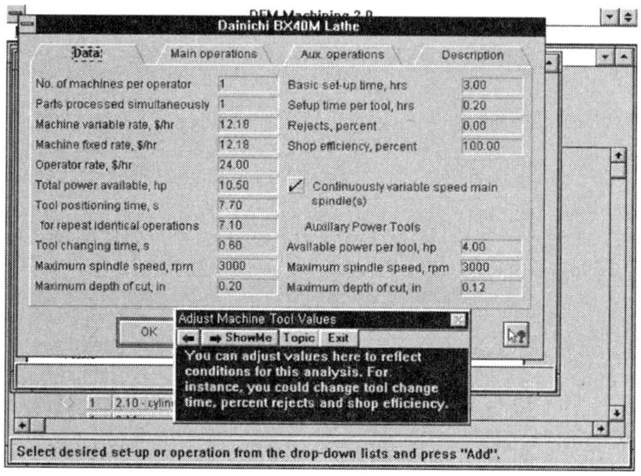

[그림 9.26] 공작기계의 상세정보 창

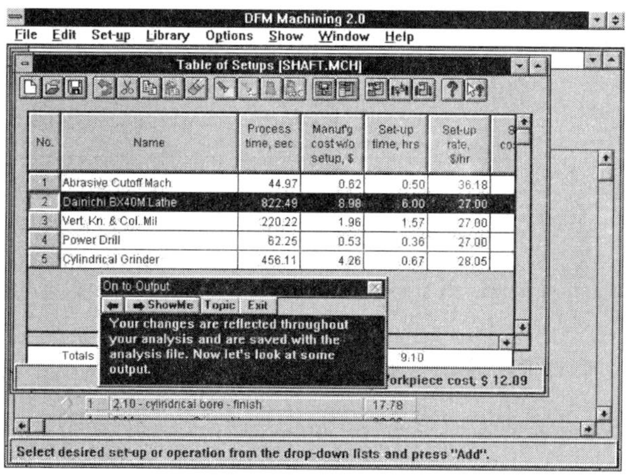

[그림 9.27] 공작기계의 정보 변경에 따른 적용 창

(2) 작업 라이브러리의 활용

작업 라이브러리에서는 공정계획자가 일반 공작기계(온라인)이나 특수기계(오프라인)에서 수행되는 표준작업이 아닌 비표준작업에 관계하는 데이터를 저장하게 한다. 여기서는 라이브러리 메뉴에서 작업을 선택하여 시작한다. 공정계획자의 선호도에

따라 정의한 작업 정보를 변경하거나, 공작기계를 추가할 수 있다. 그림 9.28은 작업 라이브러리를 보여준다. 절단 기계에서 진행되는 각 작업들에 대한 정보를 저장하고 있음을 알 수 있다. 그림 9.29는 작업 라이브러리에서 기계를 선택하였을 때 재료 절단을 위해 사용되는 생산시간과 비용 산출식을 보여준다.

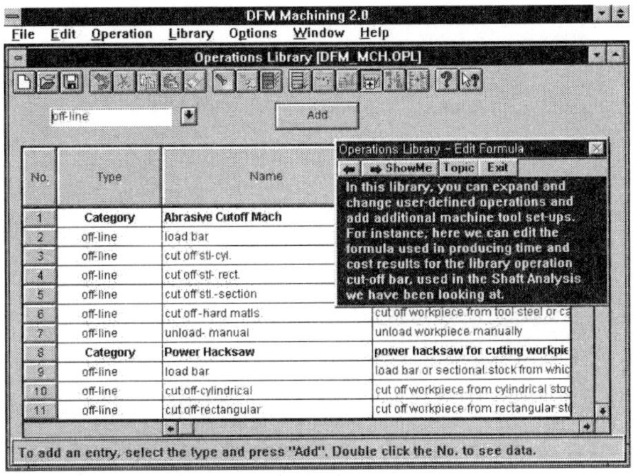

[그림 9.28] 작업 라이브러리의 내용 창

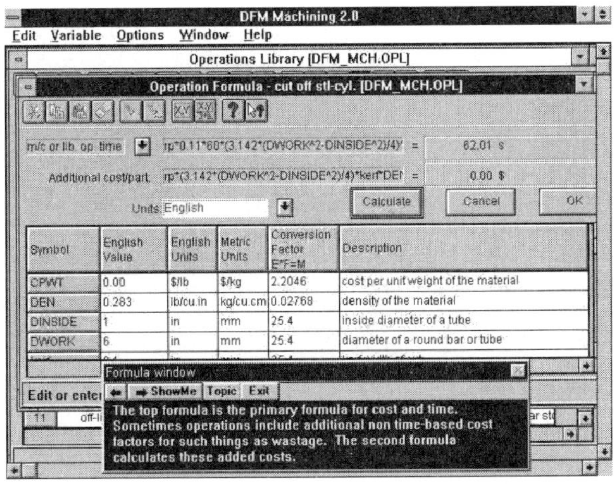

[그림 9.29] 작업 라이브러리의 작업시간과 비용 산출식

(3) 재료 라이브러리의 활용

재료 라이브러리에는 기본으로 19개 종류의 재료에 대한 절삭 및 연삭의 기계가공을 위한 데이터가 포함되어 있다. 각각은 일반 재료와 하나 이상의 특수 재료의 비용과 가공데이터를 포함하고 있다. 공작기계의 라이브러리처럼 공정계획자는 재료를 추가하거나 수정할 수 있는 구조로 되어 있다.

재료의 라이브러리 메뉴를 선택하고 상세정보 편집을 선택하면 그림 9.30과 같은 창이 나타난다. 창의 윗부분에서 경도의 부분에 데이터를 변경하고 선삭에서의 입력값인 절삭깊이를 변경하면, 절삭속도와 이송값이 프로그램 내부의 계산식에 의해 변경된다. 물론 재료 라이브러리에서도 앞의 공작기계에서와 같이 새로운 재료를 추가할 수 있다.

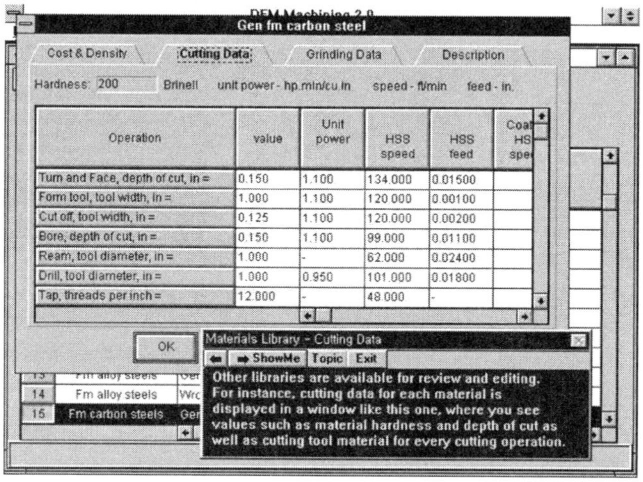

[그림 9.30] 재료의 데이터 변경

9.2.5 그래프 및 보고서 활용법

한 부품을 가공하는 데에는 여러 종류의 재료가 선택되고, 다양한 공작기계가 선택되어 사용될 수 있다. 절삭공정계획 프로그램은 다양하게 선택된 재료와 공작기계들을 한 눈에 서로 비교하는 기능을 그래프를 통해 제공한다. 그림 9.31은 하나의 축 부품을 가공하기 위해 세 종류의 공작기계를 사용한 경우에 각 기계에서의 공정계획을 수립한 결과를 보여주고 있다. 그리고 각 기계에서도 표준공작기계에서의 작업준비시간과 가공시간, 일반 공작기계에서의 작업준비시간과 가공시간을 그래프로 보여주고 있다.

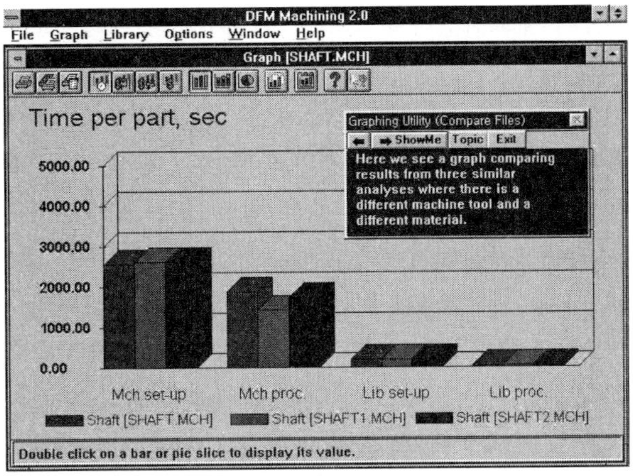

[그림 9.31] 그래프 비교

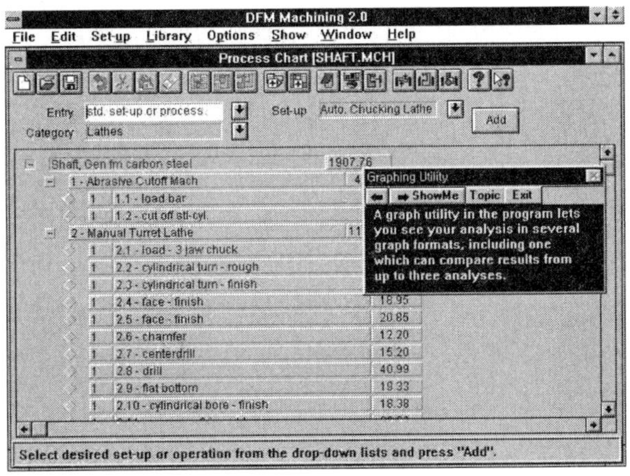

[그림 9.32] 공정표(공정 지시서)

이상과 같이 공정계획의 결과는 공정 지시서의 형태로 또는 다양한 보고서 형식을 갖추어 제공된다. 그림 9.32는 부품에 대한 공정계획의 결과를 공정 지시서로 작성한 것을 보여준다.

9.3 공정계획 평가를 위한 방법

공정계획은 제품설계에 따른 설계도면 정보들을 이용하여 제조에 필요한 공정, 기계, 작업 및 가공순서에 관한 정보들을 제공하며, 컴퓨터 하드웨어와 소프트웨어의 발전으로 많은 연구자들은 지난 수십년 동안 공정계획의 여러 기능들의 자동화에 관한 연구를 수행해 왔다[39-41]. 제조공학자는 공정계획의 결과인 작업순서에 따라 설계도면 상에 주어진 부품의 형상, 치수 및 공차를 얻기 위해 공작물을 가공하는데,

이 때, 부품의 제조경쟁력을 갖추기 위해서는 설계도대로 최대한 가공함으로써 불량품을 최소화해야 한다. 하지만 가공한 부품의 품질확인은 그 결과에 따라 많은 시간과 비용이 든다. 즉, 결과가 품질불량인 경우에는 새로운 조건으로 재가공하거나 폐기 처분해야 하므로 더욱 많은 시간과 비용이 필요하게 되어, 오늘날과 같은 쾌속생산 시대에서는 경쟁력이 있는 부품을 생산할 수 없게 된다. 따라서 가공 전에 공정계획을 이용한 제조시뮬레이션을 통해 사전의 품질검증을 수행함으로써 문제를 최소화할 수 있다. 즉, 공정계획대로 가공할 경우에 설계도면의 요구사항과 일치하게 가공되는지, 또는 그 요구사항을 만족시키지 못하고 불량품이 가공되는지, 또는 요구사항보다 더 정밀한 치수공차로 가공되어 불필요한 과다가공시간이나 과다생산비용이 제공되는지를, 실제적인 생산 전에 확인함으로써 부품 경쟁력을 확보할 수 있다. 하지만 이러한 공정계획을 적용했을 때 그 결과의 평가에 대한 연구는 매우 미흡하다.

공차표(Tolerance Chart : TC)는 공작물의 가공순서를 그래프에 표현하는 한 방법[42]으로 가공순서에 따라 제조시뮬레이션을 수행함으로써 결과치수 및 공차를 제공하며, 공차계획을 수립하는 전통적인 방법으로 사용되어 왔다. 따라서 공차표의 정보를 이용하면 공정계획에 따른 가공치수 및 공차가 설계도면의 치수 및 공차를 만족하는지를 알 수 있으므로 제조시뮬레이션의 한 도구로서 사용할 수 있다. 이러한 공차표에 관한 연구로서 Marks(1953)는 최초로 설계사양과 결과치수를 공차표에 수작업으로 작성하였으며, 특히 연삭작업에 대한 공작물의 변화량 계산에 연구의 초점을 두었다[42]. 이 시기의 일부 공정계획자들은 지루한 업무인 수작업에 의한 공차누적 및 작업치수들의 계산속도를 향상하는 기법들에 관심을 두어왔다. 이후 컴퓨터 응용기술의 발달로 공차표 작성에 컴퓨터를 이용한연구가 진행되었다. 특히 수작업에 의한 공차표 작성의 문제를 해결하기 위해 그래프이론방법[43], 행렬나무방법[44], 리스트 표현방법[45] 및 대수적 방법[46] 등 다양한 기법이 사용되었다.

이 절에서는 기계가공부품을 대상으로 공차표 상에 주어지는 공정계획의 결과가 설계사양을 만족하는 정도를 정량적으로 평가하는 공정계획의 품질 측정 및 개선에 관하여 설명한다[50]. 이를 위해, 먼저 공차표의 정보를 이용하는 데, 이는 공차표에 주어진 정보들을 분석함으로써 설계도면의 치수 및 공차정보와, 공정계획의 결과에 따른 제조 결과치수 및 공차정보를 비교할 수 있기 때문이다. 이어서 뿌리나무 표현법을 이용하여 결과치수 및 공차에 관계하는 가공면들과 작업들을 파악한다. 그리고 설계공차와 제조공차의 일치 여부를 확인함으로써 공정계획의 품질을 정량적으로 산출해주는 품질계수를 정의하였으며, 이를 이용하여 한 공정계획의 품질을 평가해 줄 절차를 설명하고, 또한 두 공차가 일치하지 않는 경우에 공차 재할당을 통해 공정계획의 품질을 개선하는 기법을 소개하며 사례연구에 적용해 본다.

9.3.1 공차표와 뿌리나무

(1) 공차표

공차표는 공작물의 공정계획에 따른 가공순서를 그래프에 표현하는 한 방법[43, 55]으로서 공작물의 가공결과치수 및 공차를 제공한다. 그림 9.33은 공차표의 한 예이다[47]. 그림 9.33의 공차표에서 공정계획의 결과인 작업순서 및 작업은 좌측 윗표에 표현하였고, 설계치수 및 공차는 좌측 아래표에 표현하였다.

Seq. No.	Operation No.	Operation Name
1	10	Turning
2	10	Turning
3	10	Turning
4	10	Turning
5	20	Turning
6	30	Grinding
7	40	Grinding
8	50	Grinding
9	60	Grinding

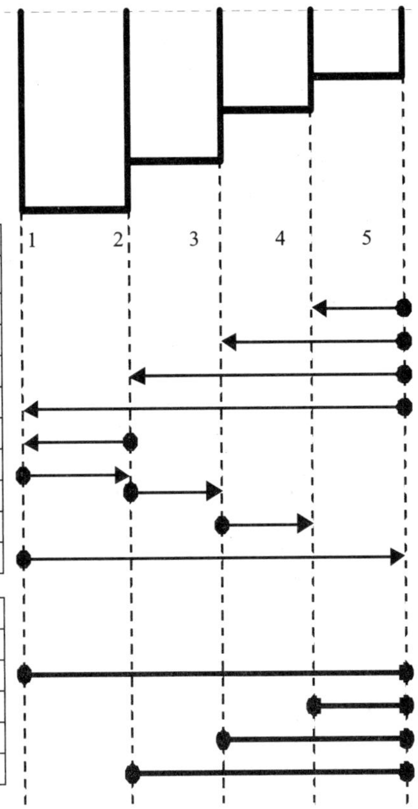

Working Dim. Mean	Working Dim. ±Tol.	Stock Removal Mean	Stock Removal ±Tol.	Stock Removal Chain
0.979	.003	Solid		
1.994	.003	Solid		
3.003	.003	Solid		
4.031	.010	Solid		
1.008	.004	.020	.017	-5,4,-3
1.000	.001	.008	.005	-6,5
1.000	.003	.017	.014	-7,-6,5,3,-2
1.000	.015	.032	.029	-8,-7,-6,5,3,-1
4.000	.001	.011	.008	-9.5.3

B/P Dimension Mean	±Tol..
4.000	.005
1.000	.020
2.000	.009
3.000	.002

Resultant Dimension Mean	±Tol.	Chain
4.000	.001	9
1.000	.020	9,-8,-7,-6
2.000	.005	9,-7,-6
3.000	.002	9,-6

[그림 9.33] 공차표

그림 9.33에서, 각각의 작업은 가공기호와 작업데이타를 포함하고 있는 하나의 선으로 표현된다. 가공기호는 데이텀과 절삭면을 가르키는 화살표로서, 화살표 상의 하나의 작은 원은 데이텀 면을 나타내고 화살머리 부분은 절삭면을 나타낸다. 또한 작업순서대로 가공시뮬레이션을 수행함으로써 각 작업의 결과치수가 계산을 통해 우측 윗표에 표현되는데, 공작물 절삭량에 따른 공차누적을 계산하고, 이들 공차누적 값을 각 작업에 따른 공작물 절삭량과 비교한다. 그리하여 그 작업 후에 남은 재료가 다음 작업을 위해 충분한 지를 확인하는데 사용된다. 또한 공차표는 가공하는 동안의 중간

작업치수 및 결과치수를 계산하는데 사용된다. 가공시뮬레이션의 결과로서 작업결과 치수 및 공차누적은 그림 9.33의 우측 아래표에 표현된다. 이들 값은, 한 부품이 설계도면의 사양에 맞게 가공되는 지를 확인하기 위해 좌측 아래표의 설계공차 값과 비교된다.

(2) 뿌리나무

하나의 그래프는 일련의 모서리와 정점들로 표현할 수 있다. 하나의 나무(tree)는 사이클을 갖지 않는 연결된 그래프이다. 하나의 뿌리나무(rooted tree)는 단 하나의 뿌리라는 정점과 그 외의 여러 정점과 모서리를 가진 나무로써, 뿌리 외의 정점은 잎(leaf)으로 부르고, 한 정점에서 잎까지의 경로인 모서리는 가지(branch)이다.

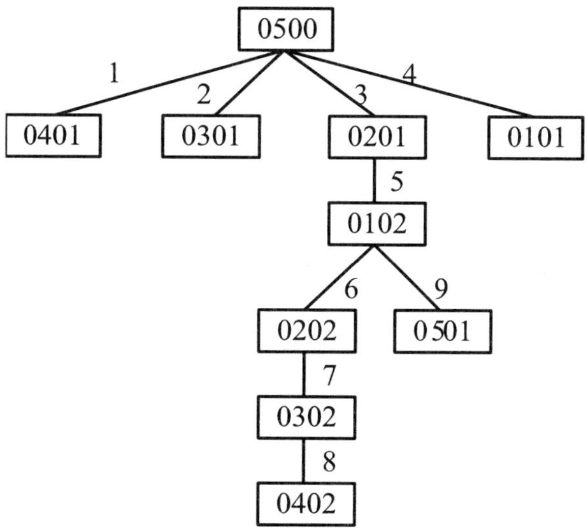

[그림 9.34] 그림 9.33의 뿌리나무 표현

공차표의 작업순서는 이와 같은 하나의 뿌리나무를 이용해서 표현할 수 있다[10]. 그림 9.34는 그림 9.33의 공차표에서의 작업순서 및 작업을 하나의 뿌리나무로 표현한 것이다. 그림 9.34에서 각 정점은 하나의 데이텀 면 또는 가공면이며, 최초의 정점은 첫 번째 데이텀 면으로서 뿌리나무의 유일한 뿌리이다. 모서리는 두 정점을 연결하는데, 이 경우 시작 정점은 한 작업을 위한 데이텀 면을 나타내고, 끝 정점은 가공되는 면을 나타낸다.

정점은 네 개의 자릿수를 갖는 숫자로 표현된다. 처음 두 개의 자릿수는 도면에 나타난 각 표면의 번호들로서 이들은 공차표의 그림에서 왼쪽부터 오른쪽으로 일련번호가 순차적으로 주어진다. 나머지 2개의 자릿수는 한 표면을 절삭할 때 나타나는 다양한 표면 거칠기의 가공면들을 순차적인 일련번호에 의해 나타낸 것이다. 즉, 하나의 표면에 대해 초기 절삭이면 01의 값을, 그 다음의 절삭이면 02의 값으로 표현한다. 두 정점을 연결하는 하나의 모서리는 하나의 작업 및 가공치수를 나타낸다. 따라서 공차표에 나타난 두 표면 사이의 가공치수 및 공차는 뿌리나무에서의 두 정점을 연결하는 경로 상에 놓여있는 모든 가공작업들의 결과로서 얻어진다. 그러므로 두 표면 사이의 가공치수 및 공차를 계산하기 위해서는 그들 사이의 경로에 관계하는 모든 모서리들을 인식해야 한다. 예를 들면 그림 9.33의 공차표에서 작업순서에 따라 표면번호 3과 4 사이의 최종 가공결과치수 및 공차는, 그림 9.34의 뿌리나무에서 가공면번호 0302와 0402 사이의 치수 및 공차인 데, 이들에 관계하는 모서리들은 선행 가공된 면들인 0500, 0201, 0102, 0202사이의 번호이다.그리고 0302와 0402 사이의 절삭량과 그 공차는 이들 선행 가공된 면들의 치수 및 공차의 영향을 받으며 그 값은 각각 0.032와 0.029이다.

(3) 결과치수공차와 하위뿌리나무

공차표에 주어진 정보 중 하나는 작업순서에 따라 가공된 결과치수 및 공차이다. 공정계획의 품질은 작업순서에 따라 가공된 결과치수공차(Manufacturing resultant Tolerance: MT)와 설계치수공차(Design dimensional Tolerance: DT)의 비교 결과에 따라 평가할 수 있다. 이들 두 공차가 다르면, 결과치수공차의 산출에 관여한 가공작업 및 가공면, 가공치수 및 공차들을 파악하여 수정 가능한 정보들을 수정함으로써 두 공차의 차이를 최소화하여 양질의 부품을 생산함으로써 품질을 높일 수 있다. 왜냐하면, 설계치수공차보다 큰 값의 결과치수공차는 불량품을 생산하며, 설계치수공차보다 작은 값의 결과치수공차는 불필요하게 정밀한 가공의 결과이므로 높은 생산비용이나 많은 생산시간이 요구되기 때문이다.

이 절에서는 공정계획의 결과에 따른 결과치수공차가 설계치수공차보다 작은 경우에 공정계획의 품질을 평가하도록 하였다. 이 경우, 결과치수공차에 관여하는 정보들인 가공작업, 가공순서, 가공면, 작업치수 및 공차들은 뿌리나무를 탐색함으로써 인식할 수 있다. 즉, 하나의 결과치수 및 공차에 관여한 정보들은 먼저 결과치수 및 공차에 관여한 두 표면들을 구한 후, 그들을 연결해주는 역경로를 파악한 후, 이 경로 상에 있는 모든 가공면, 작업, 작업치수 및 공차들을 구하면 된다. 그리고 이 때 얻어지는 역경로는 공차표의 뿌리나무의 일부분으로서 하위뿌리나무(Sub-Rooted Tree : SRT)라 한다. 그림 9.33의 예에서 만일 결과치수 및 공차가1.000 ± 0.02일 때, 그림 9.34의 뿌리나무에서 해당되는 가공표면은 0402와 0501이다. 따라서 이들에 관계하는 하위뿌리나무는 역경로에 의해 그림 9.35와 같고 관련된 라인번호의 집합은 {3,5,6,7,8,9} 이고 관련 작업은 여섯 종류이다.

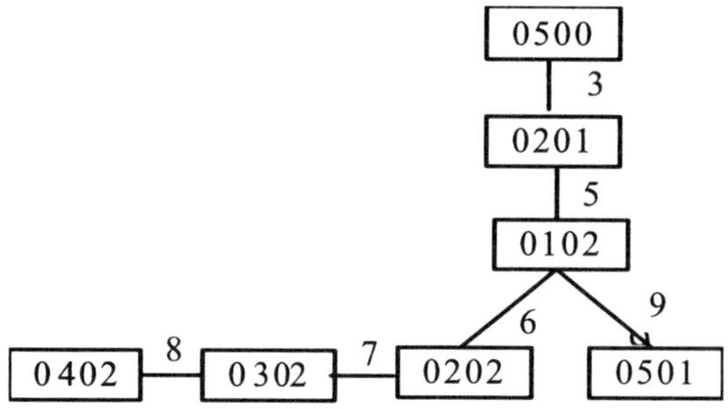

[그림 9.35] 하위뿌리나무

9.3.2 공정계획의 품질평가방법

(1) 품질계수

이 절에서는 공정계획의 품질을 정량적으로 측정하기 위하여 품질계수를 정의한다. 또한 정의된 품질계수에 의해 측정된 공정계획의 품질을 개선할 필요가 있으면, 공차 재할당을 통하여 품질을 개선하는 방법에 대해 연구하였다. 이를 위해 본 연구에서는 기계가공품을 대상으로 하며, 공차표에 주어진 설계도의 정보와 공정계획의 결과인 작업순서 및 작업에 관한 정보는 정확하며, 그 순서에 따라 가공된다고 가정한다.

공정계획의 품질계수는 공정계획의 작업순서에 따라 가공되는 작업결과 치수공차와 설계도에 주어진 치수공차의 일치하는 정도를 나타내는 값으로, 이전의 연구[49]에서 품질계수를 제안하였는데, 이 경우의 품질계수는 결과치수 및 공차에 영향을 미치는 작업의 사용횟수가 제대로 반영되지 않아 보다 정확한 공정계획의 품질을 산출할 수 없었으므로, 이 절에서는 이를 반영하여 수정된 품질계수를 식 ①과 같이 제안한다. 이 식은 두 종류의 가중치요소를 사용한다. 하나는 작업에 관한 것이고, 다른 하나는 각 작업을 통해 가공되는 가공면들의 수에 관한 것이다. 작업의 가중치 요소는 각 작업의 난이도나 중요도에 영향을 받으며, 가공면의 수는 하나의 치수공차가 최종결과치수공차에 영향을 미치는 정도와 결과치수공차가 얻어지기까지 사용된 중간치수공차들을 반영한 식이다.

$$Q = (1 - \sum_{i=1}^{m}\sum_{j=1}^{n} \delta_i w_{ij}) * 100 \ (\%) \qquad ①$$

식 ①에 사용된 여러 기호들의 의미는 다음과 같다. δi는 i번째 작업에 관계하는 기호이며, 0또는 1의 값인데, 두 종류의 치수공차 값이 서로 같으면 그 값은 0이고, 그렇지 않으면 1이다. 기호 m은 총 작업의 수이고, n은 작업 I 를 통해 얻는 치수공차의 개수다. 기호 Wij 는 I 번째 작업에서 얻어지는 j 번째 치수공차의 가중치로서 Wij = Wi * Sij 의 식으로 얻어진다. Wi 는 i번째 작업의 가중치로서 작업의 난이도에 따라 그 값이 정해진다. 그리고Sij 는 i번째 작업의 j번째 가지의 사용횟수로서 n(Sij) / {n(dti) + n(SSij) - 1} 로 주어진다. 기호 n(Sij)는 두 치수공차가 다른 경우에 사용된 가지로서 i번째 작업을 통해 얻은 가지 j의 사용횟수이고, n(SSij)는 두 치수공차의 상이함에 관계없이 i번째 작업을 통해 얻은 가지 j의 총 사용횟수이며, n(dti)는 i번째 작업을 통해 가공되는 치수공차의 횟수이다.

식(1)을 적용함으로써 공정계획의 품질을 산출하며 그 절차는 다음과 같다.

- [단계1] 공차표를 바탕으로 뿌리나무를 작성한다.
- [단계2] 공차표로부터 부품가공에 사용되는 모든 작업의 수와 각 작업에서의 모든 가공치수 및 공차에 관계하는 라인번호의 집합을 구한다. 예를 들면 그림 9.33의 모든 작업의 수는 6개이고 작업 번호 10의 관련 라인번호의 집합은 {1,2,3,4}이다.
- [단계3] 결과치수공차와 설계치수공차를 하나씩 비교함으로써 서로 다른 경우의 치수공차 및 가공면 번호를 구한다.
- [단계 4] 역경로를 이용하여 서로 다른 치수공차에 관계하는 하위뿌리나무를 구하고, 작업의 수 및 관련 라인번호를 구한다.
- [단계5] 품질계수 식(1)을 적용하여 공정계획의 품질을 산출한다.

(2) 품질개선

결과치수공차가 설계치수공차보다 적은 경우에는 가공된 부품의 형상특징들이 불필요할 정도로 정밀하게 가공된 형상특징들로써, 이 경우의 공정계획은 불필요하게 높은 생산비용을 발생시킨다. 따라서 이런 경우에 정밀 가공의 형상특징들을 설계도대로 가공하게 공정계획을 수정함으로써 공정계획의 품질을 개선할 필요가 있다. 그 절차는 다음과 같다.

- [단계1] 결과치수공차와 설계치수공차를 비교한다. 두 치수공차가 같은 경우의 하위뿌리나무(S-SRT)를 구한다.
- [단계2] 두 치수공차가 모두 같으면 [단계6]으로 간다. 그렇지 않으면, 두 치수공차가 서로 다른 경우의 하위뿌리나무(D-SRT)를 모두 구한다. D-SRT의 마지막 가지의 두 치수공차의 차이값의 절대값들을 계산한다.
- [단계3] 두 치수공차의 차이값들 중 최소값을 갖는 가지(m-branch)를 인식한다.
- [단계4] m-branch가 S-SRT의 가지들 중 하나이면 m-branch를 제외하고 [단계1]로, 그렇지 않으면 [단계5]로 간다.
- [단계5] m-branch의 공차에 두 치수공차의 차이값을 더하여 공차를 결과치수공차에 재할당한다. D-SRT를 제외하고 [단계1]로 간다.
- [단계6] 공차 재할당을 통해 새로운 SRT를 작성한다. 멈춘다.

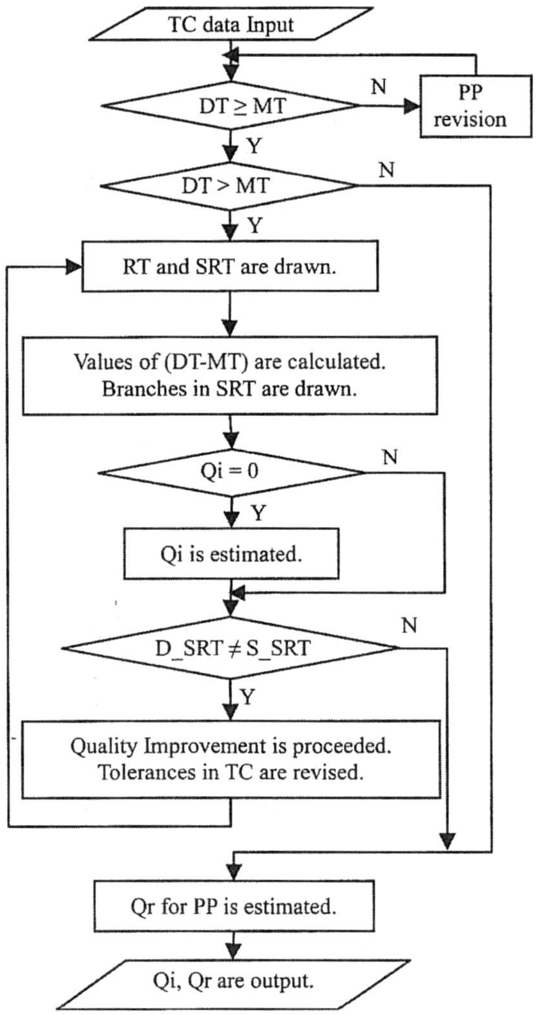

[그림 9.36] 공정계획의 품질 측정을 위한 흐름도

(3) 품질개선을 적용한 품질평가기법

공차표의 정보를 기초로, 뿌리나무표현, 품질계수, 품질개선을 통합함으로써 공정계획의 품질을 평가하는 절차를 다음과 같이 제안한다.

- [단계1] 공차표의 정보 및 초기값을 입력한다.
- [단계2] 결과치수공차가 설계치수공차보다 크면 공정계획을 수정하고, 그렇지 않으면 [단계3]으로 간다.
- [단계3] 모든 설계치수공차와 결과치수공차를 비교한다. 그들이 모두 같으면 [단계 8]로, 그렇지 않으면 [단계4]로 간다.

- [단계4] 공차표를 이용하여 뿌리나무와 하위뿌리나무로 표현한다.
- [단계5] DT-MT의 값을 계산한다. 가공작업의 수 및 한 작업에서 가공되는 가공면들의 수를 구한다.
- [단계6] 품질계수 식 (1)을 적용하여 품질계수를 구한다.
- [단계7] S_SRT와 D_SRT가 같으면 [단계8]로 가고, 그렇지 않으면 공차재할당을 통한 품질개선의 절차를 적용한다. 두 치수공차가 다른 경우의 모든 SRT를 결합한 SRT(C_SRT)와 그 때의 작업의 수를 구하고, SRT에 속한 라인번호들의 집합을 구한다. C_SRT에서 각 가지의 총 사용횟수와 각 가지의 두 치수공차가 다른 경우에 사용된 횟수를 구하여 품질개선의 절차를 수행한다. [단계4]로 간다.
- [단계8] 품질계수 식(1)을 적용하여 품질계수를 구한다. 멈춘다.

이상의 절차를 흐름도로 나타내면 그림 9.36과 같다.

(4) 적용의 예

이 절에서는 제안한 공정계획의 품질평가 및 개선절차를 그림 9.37의 공차표 예에 적용한다. 그림 9.37의 뿌리나무 표현은 그림 9.38과 같다. 작업의 수는 7종류이다. 각 작업에 따른 가공면의 수는 라인번호와 관계하며 다음과 같다.

작업 010은 {4}, 작업 020은 {5,6,7,8}, 작업 030은 {9}, 작업 040은 {10}, 작업 050은 {11}, 작업 060은 {12,13}, 작업070은 {14}이다. 그림 9.37에서 두 치수공차를 비교하면, 세 종류의 치수공차가 다름을 알 수 있다. 첫 번째 서로 다른 치수공차는 그림 9.38의 뿌리나무에서 가공면번호 0101와 0303사이에 관계한다. 두 번째 서로 다른 치수공차는 가공면번호 0203, 0403 사이의 값들과 관계가 있다. 세 번째 서로 다른 치수공차는 0503과 0303사이에 관계한다. 세 종류의 서로 다른 치수공차를 결합한 하위뿌리나무는 그림 9.39와 같고, 관련된 라인번호의 집합은 {4,5,9,11,12,13,14}이다. 뿌리나무에서 각 가지의 사용횟수는 라인번호의 우측에 표현하였다. 첫번째 값은 총 사용횟수이고, 두번째 값은 서로 다른 치수공차를 가질 때의 사용횟수이다.

Line No.	Op. No.	Working Dimension	
		Mean	±Tol.
1		8.2500	.2500
2		18.8500	.2500
3		28.1000	.2500
4	010	53.9000	.2500
5	020	53.4000	.1300
6	020	44.9000	.1300
7	020	38.8000	.1300
8	020	25.9000	.1000
9	030	53.2000	.0250
10	040	38.2000	.0500
11	050	25.3000	.0500
12	060	53.0000	.0500
13	060	44.3000	.0250
14	070	38.0000	.0250

Design Dimension	
Mean	±Tol.
15.0000	.1200
19.0000	.0800
12.7000	.0750
38.0000	.1000

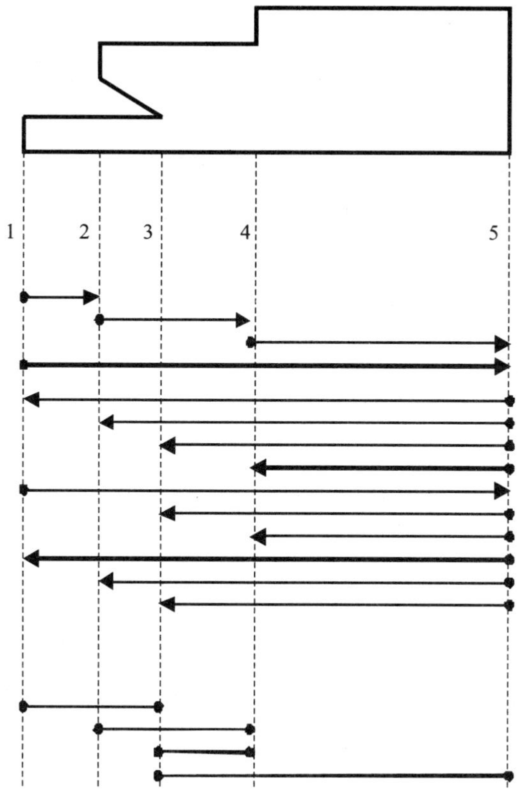

Stock Removal	
Mean	±Tol.
Solid	.2500
Solid	.2500
Solid	.2500
1.200	1.000
.5000	.3800
.7500	.6300
.1300	.1300
1.000	.8500
.2000	.1550
.4000	.3350
.4000	.3050
.2000	.0750
.4000	.3100
.2000	.0750

Resultant Dimension	
Mean	±Tol.
15.0000	.0750
19.0000	.0750
12.7000	.0750
38.0000	.0250

[그림 9.37] 적용 예제

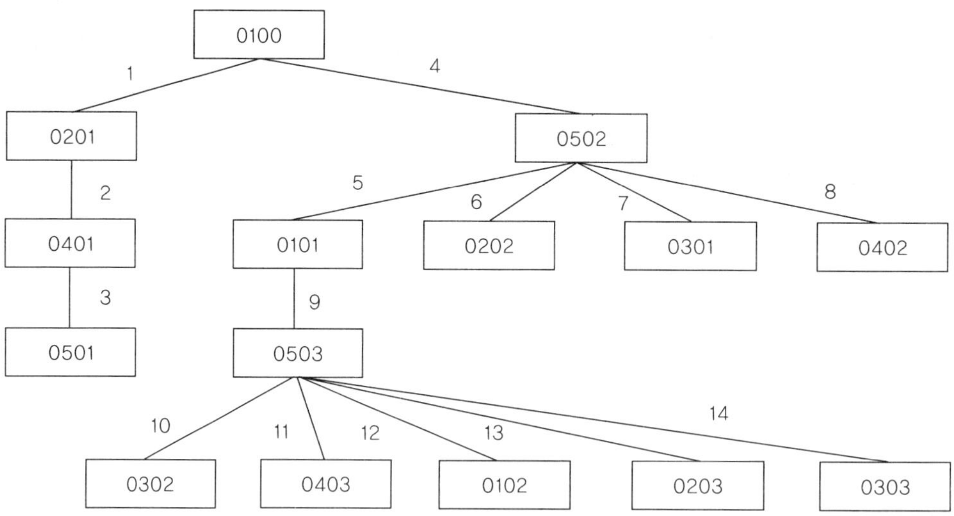

[그림 9.38] 그림 9.37의 뿌리나무 표현

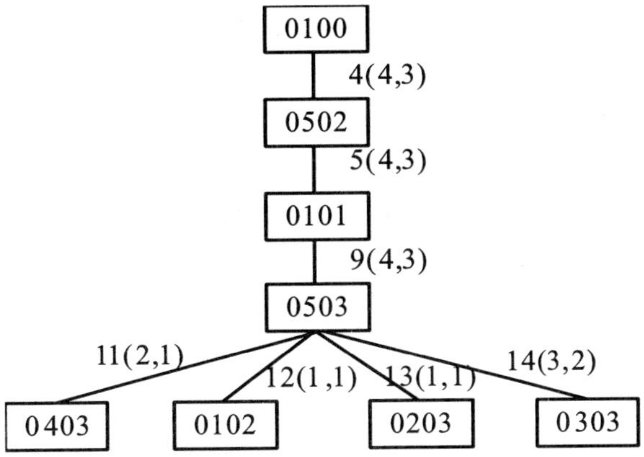

[그림 9.39] 혼합형 하위뿌리나무

그림 9.37의 공차표는 공정계획의 작업순서에 따라 작성되었으며, 공정계획의 품질은 본 연구에서 제안한 절차를 따라 정량적으로 산출된다. 각 작업의 가중치가 동일하다고 하면, n(dt1)=1, n(SS11)=4 이고 n(S11)=3이므로 Wi=1/7, S11=3/4이다. 다른 요소들의 값도 동일한 절차에 의해 산출된다. 따라서 공정계획의 최초품질(Qi)는 41%이다. 그러나 설계치수공차와 결과치수공차가 서로 다른 경우가 세 가지 있으므로 품질개선을 위한 절차가 추가로 적용되고 공차가 재할당된다. 그림 9.39에서 두 치수공차를 비교할 때, 동일한 치수공차에 관계하지 않는 라인번호는 12와 13이며, 이들에 관계하는 결과치수공차들을 재할당하면 각각 0.12와 0.08이며, 이들 값은 설계치수공차의 값과 동일하다. 따라서 이와 같이 공차 재할당 후에 공정계획의 품질을 재산출하면 Qr = 86%임을 알 수 있다. 따라서 공차 재할당 후의 품질이 공차 재할당 전의 최초품질보다 매우 향상되었음을 알 수 있다.

이상을 통해 공정계획의 품질은 제안한 품질평가기법에 의해 측정할 수 있으며 또한 공차 재할당을 통해 공정계획의 품질을 개선하고 여유가 있는 공차로 가공함으로써 생산성 향상을 꾀할 수 있음을 알 수 있다.

9.3.3 요약

이 절에서의 내용은 기계가공품을 대상으로 공정계획의 품질을 정량적으로 측정, 평가하고 품질개선이 필요한 경우에 공차재할당을 통해 품질을 개선하는 방법을 설명하였다. 품질측정의 입력정보는 공정계획의 결과정보인 작업순서, 작업치수 및 공차를 상세히 포함하는 공차표의 정보를 사용하였다. 또한 공차표의 정보들 중 하나인 결과치수공차와 관련이 있는 작업치수 및 공차정보들을 인식하기 위하여 뿌리나무 표현법을 사용하였다. 공정계획의 품질은 작업의 난이도, 하나의 작업을 통해 가공되는 표면들의 수, 그리고 두 종류의 치수공차의 상이도의 값을 파악한 후, 이 절에서 제안한 품질계수를 정의한 식에 따라 정량적으로 측정되며, 필요한 경우에는 공차 재할당을 통해 공정계획의 품질을 개선할 수 있도록 하였으며, 예제를 적용함으로써 그 유효성을 확인하였다.

이 절에서 설명한 방법은 실제 가공에서 발생할 수 있는 불량품을 가공전에 확인할 수 있으며, 불필요한 정밀공차의 제공으로 인한 높은 생산시간과 생산비용을 사전에 파악하고, 공차 재할당을 통해 최적의 가공공차를 제공해주므로 부품 생산성 향상에 유용한 방법으로 사용될 수 있다.

복습문제

1. DFM과 공정계획의 관계를 설명하여라.
2. DFM 소프트웨어에서 구성하고 있는 라이브러리의 종류는?
3. 내부원통면을 가공할 때의 가공방법은 내부선삭이다. 이런 특징형상과 가공방법의 관계를 공정계획용 규칙을 표현하는 IF – THEN _ 의 형식으로 표현하여라.
4. 공정계획의 품질을 평가하는 방법에는 어떤 방법이 있나?
5. 그림 9.33에서 결과치수 및 공차가 3.000 ± 0.002일 때의 하위뿌리나무를 작성하여라.

참 고 문 헌

[1] 조규갑역, 생산시스템공학, 희중당, 1992.

[2] Kim, I. H., CAD Interfaced Computer Aided Process Planning System for Turning Operation, Ph. D Thesis, Pusan National University, 1992.

[3] D. F. Eary and G. E. Johnson, Process Engineering for Manufacturing, Prentice-Hall Inc., 1962.

[4] H. P. Wang, and J. K. Li, Computer-Aided Process Planning, Elsevier, 1991.

[5] E. P. Degarmo, J. T. Black, and R. A. Kohser, Materials and Processes in Manufacturing, 9th Edition, Wiley, 2004.

[6] 진재진 외 4인 공저, 기계공작법, 문운당, 1993.

[7] Cho, K. K., Rho, H. M., and Kim, I. H., "An Automated Process Selection and Sequencing Method in Computer - Aided Process Planning", J. of the Korean Institute of Industrial Engineers, Vol.15(2), Dec., 1989.

[8] C. H. Chang, "Computer-Assisted Fixture Planning for Machining Processes", Manufacturing Review, Vol. 5, No. 1, pp. 15-28, 1992.

[9] I. H. Kim, K. K. Cho, J. S. Oh, and S. H. Lee, "Integration of Fixture Planning with Process Planning for Machining Processes", J. of the KIIE, Vol.21, No.1, pp. 51-65.

[10] Ferreira, P. M., and Liu, C. R., "Generation of Workpiece Orientations for Machining Using a Rule-Based System", Robotics and CIM, Vol.4, No.3/4, pp.545-555, 1988.

[11] Boerma, J. R., "The Design of Fixtures for Prismatic Parts", Ph.D. Thesis, University of Twente, Netherlands, 1990.

[12] Asada H. and Andre B., "Kinematic Analysis of Workpart Fixturing for Flexible Assembly With Automatically Reconfigurable Fixtures", IEEE Journal of Robotics and Automation, RA-1(2), pp.86-94, June, 1985.

[13] Chou Y. C., et al., "A Mathematical Approach to Automatic Design of Fixtures: Analysis and Synthesis", Journal of Engineering for Industry, 111, pp.299-306, 1989.

[14] Englert P. J. and Wright P. K., "Principles for Part Setup and Workholding in Automated Manufacturing", Journal of Manufacturing Systems, Vol. 7, No. 2, pp147-161, 1988.

[15] Hayes C. and Wright P., "Automating Process Planning: Using Feature Interactions Guide Search", Journal of Manufacturing Systems, Vol. 8, No. 1, pp.1-15, 1989.

[16] SaKurai H., "Automatic Setup Planning and Fixture Design for Machining", Journal of Manufacturing Systems, Vol. 11, No. 1, pp.30–37, 1992.

[17] Boerma J. R. and Kals H. J. J., "FIXES, a System for Automatic Selection of Set–Ups and Design of Fixtures", Annals of the CIRP, Vol. 37, No. 1, pp.443–446, 1988.

[18] Boerma J. R. and Kals H. J. J., "Fixture Design with FIXES: the Automatic Selection of Positioning, Clamping and Support Features for Prismatic Parts", Annals of the CIRP, Vol. 38, No. 1, pp.399–402, 1989.

[19] Ong S. K. and Nee A. T. C., "Application of Fuzzy Set Theory to Support Planning", Annals of the CIRP, Vol. 43, No. 1, pp.137–144, 1994.

[20] T. C. Chang and R. A. Wysk, An Introduction to Automated Process Planning Systems, Prentice–Hall Inc., 1985.

[21] J. L. Burbidge, The Introduction of Group Technology, William Heinemann ltd., 1975.

[22] 한석희, 대한민국 기업들이여 프론트로딩하라, pp.388, BB미디어, 2009년 12월.

[23] Li, J., Han, C. and Ham, I., "CORE–CAPP: A Company–Oriented Semi–generative Computer Automated Process Planning System," Proc. of 19th CIRP International Seminar on Manufacturing Systems, pp.219–225, June 1987.

[24] Eversheim, W. and Esch, H., "Automated Generation of Process Plans for Prismatic Parts," Annals of the CIRP, Vol.32/1, pp.361–364, 1983.

[25] Eversheim, W. and Schulz, J., "Strategies of Process Selection for Different Applications of Computer Aided Process Planning, Symposium at the Winter Annual Meetings of the American Society of Mechanical Engineers, pp.55–64, Nov. 1985.

[26] Iwata, K., Kakino, Y., Oba, F. and Sugimura, N., "Development of Non–Part Family Type Computer Aided Production Planning System CIMS/PRO," in Advanced Manufacturing Technology, ed. P. Blake, North–Holland Publishing Company, Amsterdam, pp.171–184, 1980.

[27] Davies, B.J. and Darbyshire, I.L., "The Use of Expert Systems in Process Planning," Annals of the CIRP, Vol.33/1, pp.303–306, 1984.

[28] van't Erve, A.H., and Kals, H.J.J., "XPLANE, Generative Computer Aided Process Planning for Part Manufacturing," Annals of the CIRP, Vol.35, No.1, pp.325–329, 1986.

[29] Milacic, V.R., SAPT – Expert System for Manufacturing Process Planning, Symposium at the Winter Annual Meetings of the American Society of

Mechanical Engineers, pp.43-53, Nov. 1985.
[30] Milacic, V. R., and Urosevic, M., SAPT – Knowledge-Based CAPP System, Robotics & Computer-Integrated Manufacturing, Vol. 4, No.1/2, pp.69-76, 1988.
[31] Milacic, V.R., Urosevic, M., Veljovic, A., Miler, A. and Race, I., "SAPT – Expert System Based on Hybrid Concept of Group Technology," Proc. of 19th CIRP International Seminar on Manufacturing Systems, pp.189-195, June 1987.
[32] Iwata, K. and Fukuda, Y., "KAPPS : Know-How and Knowledge Assisted Production Planning System in the Machining Shop," Proc. of 19th CIRP International Seminar on Manufacturing Systems, pp.287-294, June 1987.
[33] Chang, T. C., Expert Process Planning for Manufacturing, Addison- Wesley Publishing Company, 1990.
[34] Alting, L. and Zhang, H., "Computer Aided Process Planning : The State-of-the-art Survey," INT. J. PROD. RES., Vol.27, No.4, pp.553-585, 1989.
[35] Ham, I., and Lu, S.C-Y., "Computer-Aided Process Planning : The Present and The Future," 38th CIRP General Assembly Keynote Paper, Tokyo, Japan, 1988.
[36] M. E. Mortenson, Geometric Modeling, John Wiley & Sons, 1985.
[37] G. Boothroyd, P. Dewhurst and W. Knight, Product Design for Manufacture and Assembly, Taylor & Francis, 2002.
[38] Boothroyd Dewhurst Inc., Design for Manufacture and Assembly Software (Machining, Ver. 2.2.1), User's Manual, 1999.
[39] Chang, T., Wysk, R., and Wang,H., *Computer-Aided Manufacturing,* Prentice-hall, Second edition, pp.515-587, 1998.
[40] Sadaiah, M., et al, "A Generative Computer-Aided Process Planning System for Prismatic Components," *Int. J. Adv. Manuf. Technol.,* Vol. 20, pp.709-719, 2002.
[41] H. Marri, A. Gunasekaran, and R. Grieve, "Computer-Aided Process Planning : A State of Art," *Int. J. Adv. Manuf. Technol.,* Vol. 14, pp.261-268, 1998.
[42] Zhang, H, *Advanced Tolerancing Techniques,* John Wiley & Sons, Inc. 1997.
[43] Whybrew, K., Britton, G., Bobinson, D.,and Sermsuti-Anuwat, Y, "A Graph-theoretic approach to tolerance charting," *Int. J. Adv. Manuf.*

Technol., 5: 175–183, 1990.

[44] Tang, X. and Davies, B, "Computer aided dimension planning," *Int. J. of Production Research,* Vol.26, pp.283–297, 1988.

[45] Tang, G., Fuh, Y., and Kung, R, "A list approach to tolerance charting," *Computers in Industry,* 22(3): 291–302, 1993.

[46] Ji, P, "An algebraic approach for dimensional chain identification in process planning." *Int. J. of Production Research,* 37: 99–110, 1999.

[47] Ji, P, Xue, J. B., "Process Tolerance Control in a 2D Angular Tolerance Chart", *Int. J. Adv. Manuf. Technol.*, Vol. 20, pp.649–654, 2002.

[48] Britton, G., Thimm, G., Beng, T., and Jiang, F, "A Graph Representation Scheme for Process Planning of Machined Parts." *Int. J. Adv. Manuf. Technol,* 20: 429–438, 2002.

[49] Kim, I., and Dong, Z, "Efficiency Estimation of Process Plan using Tolerance Chart." *Transactions of the Society of CAD/CAM Engineers,* Vol.11(2), pp.148–155, 2006.

[50] Kim, I. H., "A Study on Quality Improvement Method for Manufacturing Process Plan", *Transactions of the Society of CAD/CAM Engineers,* Vol.13(3), pp.235–242, 2008.

[51] Cho, K. K., and Kim, I. H., "A Study on CAD interfaced CAPP System for Turning Operation(I) : Automatic Feature Recognition and Process Selection", J. of the Korean Institute of Industrial Engineers, Vol.17(2), Dec., 1991.

[52] Cho, K. K., and Kim, I. H., "A Study on CAD interfaced CAPP System for Turning Operation(II) : Automatic Setup Planning", J. of the Korean Institute of Industrial Engineers, Vol.18(1), June, 1992.

[53] Kim, I. H., and Cho, K. K., "An Integration of Feature Recognition and Process Planning Functions for Turning Operation", Computers and Industrial Engineering, Vol.27(4), pp.107–110, 1994.

[54] Kim, I. H., "A Study on Cutting Tool Selection Techniques for Rough and Finish Turning Operations", *Transactions of the Society of CAD/CAM Engineers,* Vol.3(4), pp.236–242, 1998.

[55] Oh, S. C., and Kim, I. H., "Automatic Operational Dimensioning and Tolerancing in Process Planning", J. of the Korean Society of Maintenance Engineers, Vol. 10(3), pp. 1–9, 2005.

[56] Kim, I. H., " A study on a drawing method for a dimension and tolerance chart in a machining sequence", J. of IT & Engineering, Vol. 2, 2003.

[57] Oh, S. C., and Kim, I. H., "A genetic algorithm approach for cell formation considering multiple machines in cellular manufacturing system", J. of the Korean Society of Maintenance Engineers, Vol. 5(1), pp. 1–15, 2000.

[58] Oh, S. C., and Kim, I. H., "Ant colony system approach for generalized group technology problem", J. of the Korea Management Engineers Society, Vol. 13(3), pp. 1–9, 2008.

[59] Kim, I. H., "A study on redesign of computer case by use of concurrent engineering", J. of IT & Engineering, Vol. 1, 2002.

[60] Ham, I, Hitomi, K., and Yoshida, T., Group Technology : Application to Production Management, Kluwer–Nijhoff Publishing, 1985.

[61] King, J. R., "Machine–Component Group Formation in Group Technology", 5th International Conference on Production Research, Amsterdam, August, 1979.

[62] Chan, H. M., and Milner, D. A., "Direct clustering algorithm for group formation in cellular manufacture", J. of Manufacturing Systems, Vol. 1(1) pp. 65–75, 1982.

찾아보기

저자약력

김인호

부산대학교 기계설계학과 졸업(공학사)
삼성중공업 근무
부산대학교 대학원 기계공학과 졸업(공학석사, 공학박사)
캐나다 University of Victoria 기계공학과(교환교수)
현재 동명대학교 기계공학과 교수

정가 17,000원

공정계획 및 자동화

2011년 10월 11일 초판 인쇄
2011년 10월 25일 초판 발행

저　자 : 김 인 호
발행자 : 우 명 찬 · 송 준
발행처 : 홍릉과학출판사
주　소 : 서울시 강북구 인수동 455-60
등　록 : 1976년 10월 21일 제5-66호
전　화 : (02)999-2274~5, 903-7037
팩　스 : (02)905-6729
ISBN : 978-89-7283-954-5
e-mail: hongpub@hongpub.co.kr
http://www.hongpub.co.kr

저자와의 협의하에 인지생략